高等院校信息技术规划教材

数据库应用基础教程

安世虎 隋丽红 主编

周恩锋 谭峤 孙青 副主编

清华大学出版社

北京

内 容 简 介

本书按照教育部高等学校计算机基础课程教学指导委员会提出的数据库课程的教学基本要求,介绍数据库技术的相关知识以及 Access 2010 的基本操作和应用。全书分为 8 章,内容包括数据库技术基础、数据库与表、查询、结构化查询语言 SQL、窗体、报表、宏、VAB 与模块。为了方便教与学,针对本书出版了相应配套实验指导教材《数据库应用基础教程——实验与学习指导》。

本书内容翔实、图文并茂,注重基本原理的专业性、基本操作的实用性,既可以作为高等院校非计算机专业数据库课程的教材,也可以供社会各类计算机应用人员与参加计算机等级考试的读者阅读参考。

图书在版编目(CIP)数据

数据库应用基础教程/安世虎,隋丽红主编. —北京:清华大学出版社,2017(2021.7重印)
(高等院校信息技术规划教材)
ISBN 978-7-302-45697-1

Ⅰ. ①数… Ⅱ. ①安… ②隋… Ⅲ. ①关系数据库系统—高等学校—教材 Ⅳ. ①TP311.138

中国版本图书馆 CIP 数据核字(2016)第 288809 号

责任编辑:白立军 李 晔
封面设计:常雪影
责任校对:白 蕾
责任印制:刘海龙

出版发行:清华大学出版社
  网 址:http://www.tup.com.cn,http://www.wqbook.com
  地 址:北京清华大学学研大厦 A 座   邮 编:100084
  社 总 机:010-62770175   邮 购:010-83470235
  投稿与读者服务:010-62776969,c-service@tup.tsinghua.edu.cn
  质量反馈:010-62772015,zhiliang@tup.tsinghua.edu.cn
  课件下载:http://www.tup.com.cn,010-83470236
印 装 者:涿州市京南印刷厂
经 销:全国新华书店
开 本:185mm×260mm 印 张:17.25 字 数:399 千字
版 次:2017 年 1 月第 1 版 印 次:2021 年 7 月第 5 次印刷
定 价:39.50 元

产品编号:068220-01

前言

目前,数据处理已成为计算机应用的主要领域。数据库技术是作为一门数据处理技术发展起来的,在计算机应用中的地位和作用日益重要。许多应用,如地理信息系统、事务处理系统、联机分析系统、决策支持系统、企业资源计划、客户关系管理、数据仓库和数据挖掘等都是以数据库技术作为重要支撑。

在数据库系统中,通过数据库管理系统对数据进行统一管理,为了能开发出适用的数据库应用系统,需要熟悉和掌握一种数据库管理系统。目前,典型的数据库管理系统很多,相对于其他数据库管理系统,Access作为一种桌面数据库管理系统,具有自身突出的特点,有着广泛应用。本书以较新版本的 Access 2010 为例进行讲述。与原来的版本相比,Access 2010 除了继承和发扬了以前版本功能强大、界面友好、操作方便等优点外,在界面的易操作性方面、数据库操作与应用方面进行了很大改进。

全书在编写过程中始终把"加强基础、提高能力、重在应用"作为编写原则,力求概念准确、原理易懂、层次清晰和突出应用。采用应用项目引导式的知识组织方式,以教学管理数据库应用系统为例,围绕"教学管理"数据库设计与实现编排了大量翔实的实例,涵盖了表、查询、窗体、报表、宏、模块等 Access 数据库对象的创建和使用方法,以及 Access 数据库管理与安全技术等内容,各实例既相互独立又可以综合起来形成一个综合实例。全书内容分为 8 章,包括数据库技术基础、数据库与表、查询、结构化查询语言 SQL、窗体、报表、宏和 VBA 与模块。

参与本书编写的人员均在教学一线,具有丰富的教学经验。各章编写分工如下:第 1 章由安世虎编写,第 2 章由朱波编写,第 3 章由谢蕙编写,第 4 章由隋丽红编写,第 5 章和第 8 章由周恩锋编写,第 6 章由谭峤编写,第 7 章由孙青编写,全书由安世虎统稿。由于信息技术的发展日新月异,编者学识水平所限,书中难免有疏漏和不足之处,敬请广大读者不吝赐教,批评指正。

编　者
2016 年 10 月

目录

Contents

第1章

数据库技术基础

本章学习目标

- 了解数据管理技术的发展和当前主流数据库产品;
- 理解数据库系统相关概念及数据库系统各部分之间的关系;
- 熟练掌握关系数据库基础知识;
- 掌握数据库设计方法;
- 了解 Access 2010 所使用的文件类型及 Access 数据库各个对象的作用。

本章首先给出数据库技术概述,再介绍关系数据库基础和数据库设计,最后给出 Access 2010 数据库系统概述和本章小结。

1.1 数据库技术概述

计算机广泛应用于数据处理领域,数据处理的核心是数据管理,数据管理的先进技术是数据库技术。随着计算机应用的普及和深入,数据库技术变得越来越重要。数据库技术是研究数据管理的技术,即研究如何科学组织和存储数据,如何高效地获取和处理数据,以及如何保障数据安全,实现数据共享。数据库技术作为数据管理的最有效的手段,极大地促进了计算机应用的发展。

1.1.1 数据管理技术发展

1. 数据和信息

数据是客观事物特性和特征的符号化表示,有数字、文字、图形、图像、声音等多种表现形式。例如,描述教师特征可以包括姓名、性别、年龄、职称等,张三的性别是男,年龄为36,职称为教授,这里的"张三""男""36""教授"就是数据。其中,"张三""男""教授"是文字表现形式,而"36"是数字表现形式。

数据处理过程包括数据的收集、组织、存储、检索、维护、加工、传播等一系列活动,其基本目的是从大量的、杂乱无章的、难以理解的数据中整理出对人们有价值的数据。

信息是经过数据处理产生的对决策者有价值的具有一定含义的数据。例如,假设某学校人事部门通过收集学校所有教师基本数据,按性别分类计算,得到该校男女教师性别比是 2∶3,男女教师性别比对学校决策者在招聘教师计划制定中具有参考价值。

数据和信息有着不可分割联系,信息是经过数据处理过的数据,数据、数据处理和信息之间的联系如图 1-1 所示。

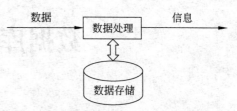

图 1-1　数据、数据处理与信息之间的联系

2. 数据管理技术发展阶段

数据管理是指对数据的组织、存储、检索、维护等工作,是数据处理的基本活动,是数据库技术研究的主要内容。计算机数据管理分为如下 3 个阶段。

1) 人工管理阶段

在 20 世纪 50 年代中期以前,外存储器只有卡片、纸带、磁带等非直接存取数据的存储设备,也没有专门管理数据的软件系统,用户只能直接在计算机裸机上进行操作,数据处理方式是批处理。

(1) 人工管理阶段的主要特征如下:

① 数据由应用程序管理。因为没有管理数据的软件系统,程序设计人员不仅需要设计数据的逻辑结构,还要负责设计数据的物理结构,包括确定数据在计算机中的存储结构、存取方法和输入输出方式等,工作负担极重。

② 数据与程序不可分割。数据由对其进行处理的程序自行携带,一组数据对应一个程序。

③ 各程序的数据彼此独立,不能共享,数据冗余度大。因数据与程序密切结合,不可分割,一组数据对应一个程序,数据不能在各程序之间互相传递。多个应用程序使用相同的数据时,只能各自定义,无法共享,使程序之间存在着大量的冗余数据。

(2) 人工管理阶段应用程序与数据之间的关系如图 1-2 所示。

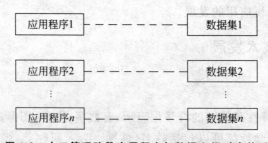

图 1-2　人工管理阶段应用程序与数据之间对应关系

2) 文件系统阶段

20 世纪 50 年代中后期至 60 年代中后期,可以随机访问、直接存取数据的磁盘成为计算机的主要外存储器,软件出现了高级程序设计语言和操作系统。在操作系统中包含了专门对外存储器中的数据进行管理的文件管理系统。计算机不仅用于科学计算,而且

大量用于数据处理,同时磁盘、磁鼓等大容量直接存储设备的出现,使存放大量数据成为可能。

(1) 文件系统阶段主要特征如下:

① 数据由专门的文件管理系统管理。文件管理系统将数据组织成相互独立的数据文件,数据的结构、存取方法等均由文件管理系统负责,应用程序通过文件系统访问数据文件,程序设计人员的负担大大减轻。

② 数据文件之间缺乏联系,数据共享性较差。在文件管理系统中,基本上是一个数据文件对应一个应用程序。当不同的应用程序使用的数据有相同部分时,也只能建立各自的数据文件,而不能实现相同数据的共享,造成数据的冗余度大。这不仅浪费了大量的存储空间,而且对数据进行修改和维护比较困难,容易造成数据的不一致性。

③ 数据独立性差。数据以文件形式组织和保存,由操作系统按名存取,在文件内部,数据实现了在记录范围内的结构化,但各数据文件之间彼此独立,互不相关,在整体上并未实现结构化,因此数据文件的逻辑结构仅适用于与其对应的应用程序,而其他的应用程序则难以使用。若要扩充系统的应用,则必须修改数据文件的结构和与之对应的应用程序。所以数据文件与应用程序之间仍然缺乏独立性。

(2) 文件系统阶段应用程序与数据之间的关系如图 1-3 所示。

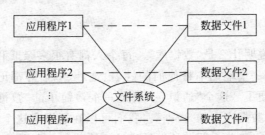

图 1-3　文件系统阶段应用程序与数据之间对应关系

3) 数据库系统阶段

20 世纪 60 年代后期,需要计算机管理的数据量急剧增加,对数据共享的要求日益增强,文件管理系统的数据管理方法已无法满足应用系统的需求。为了实现计算机对数据的统一管理,达到数据共享的目的,出现了数据库系统。

(1) 数据库系统阶段主要特征如下:

① 数据由数据库管理系统统一管理和控制。

② 数据以数据库形式保存,共享性高,冗余度小。

③ 数据具有较高的逻辑独立性和物理独立性。

(2) 数据库系统阶段应用程序与数据之间的关系如图 1-4 所示。

文件系统中的文件与数据库系统中的文件有本质区别:文件系统中的文件是面向应用的,一个文件基本对应一个应用程序,文件之间不存在联系,数据冗余大。数据库系统中的文件是面向整个应用系统,文件之间相互联系,减少了数据冗余,实现了数据共享。

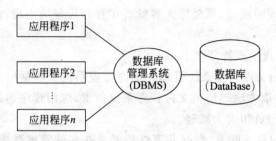

图 1-4　数据库系统阶段应用程序与数据之间对应关系

1.1.2　数据库系统

1. 数据库系统组成

数据库系统(DataBase System,DBS)是指引入数据库技术后的整个计算机系统,它可以有效地管理和存取大量的数据资源,满足多用户、多应用的不同需求。

数据库系统一般由数据库、用户、软件和硬件四部分组成。在软件系统中包括操作系统、数据库管理系统和数据库应用系统。在用户中包括数据库管理员、专业系统开发人员和数据库最终用户。

1) 数据库

首先举个例子来说明什么是"数据库"。每个人都有很多亲戚和朋友,为了保持与他们的联系,我们常常用一个笔记本将他们的姓名、地址、电话等都记录下来,这样要查谁的电话或地址就很方便了。这个"通讯录"就是一个最简单的"数据库",每个人的姓名、地址、电话等就是这个数据库中的"数据"。我们可以在通讯录这个"数据库"中添加新朋友的个人数据,也可以由于某个朋友的电话变动而修改他的电话号码这个"数据"。

本质上,数据库(Data Base,DB)是指按特定的组织形式保存在存储介质上的相关数据集合。在数据库中,数据按照一定的数据模型组织、描述和存储,具有较小的数据冗余度、较高的数据独立性、完整性和一致性,可为多个用户所共享。数据库的性质由数据模型决定,在数据库中数据的组织结构如果满足某一数据模型的特性,则该数据库就是其特性的数据库。Access 数据库中的数据组织结构满足关系模型特性,因此,Access 数据库为关系数据库。

2) 数据库管理系统

数据库管理系统(DataBase Management System,DBMS)是为了数据库的建立、使用和维护而配置的软件系统。它建立在操作系统基础上,实现对数据库的统一管理和控制。DBMS 既要向不同用户提供各自所需的数据,还要承担数据库的维护工作,保证数据库的安全性和完整性,Access 软件就是一种数据库管理系统。

数据库管理系统的主要功能包括以下几个方面:

(1) 数据定义功能。

DBMS 一般提供数据描述语言(Data Description Language,DDL)来定义数据库中的数据对象,如数据库、表的结构和视图等。

（2）数据操纵功能。

DBMS 还提供数据操纵语言（Data Manipulation Language，DML）实现对数据库的基本操作，如数据的插入、修改、删除和查询等。

（3）数据库的运行管理功能。

这是 DBMS 运行时的核心功能，包括存取数据时根据约束条件对数据进行控制和检查，数据使用的并发控制，查询优化，以及发生故障后的系统恢复等。所有这些操作都必须在数据库管理系统的统一管理、统一控制下进行，以保证事务处理的正确性、数据库的有效性以及数据的安全性和完整性。

（4）数据库的建立和维护功能。

该功能包括数据库初始数据的输入、转换功能；数据库的转储、恢复功能；数据库的重组织功能和系统的性能监视、分析功能。

数据库管理系统是数据库系统的重要组成部分，属于系统软件。

3）数据库应用系统

数据库应用系统（Database Application System，DBAS）是利用数据库系统资源，为特定应用开发的应用软件，如教务管理系统、图书管理系统、网上购物系统、网上银行等。

4）数据库管理员

数据库管理员（Database Administrator，DBA）是负责数据库的建立、使用和维护的专门人员。

数据库系统各部分之间的关系如图 1-5 所示。

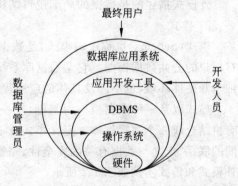

图 1-5 数据库系统各部分之间的关系示意图

2. 数据库系统的三级模式结构

从数据库最终用户角度看，数据库系统的结构可分为集中式结构、分布式结构、客户机/服务器结构和并行结构，即数据库管理系统外部的系统结构。

从数据库管理系统角度看，数据库系统通常采用三级模式结构，即数据库管理系统内部的系统结构。

数据库系统的三级模式是指数据库系统由外模式、模式、内模式三级构成，如图 1-6 所示。

1）外模式

外模式（External Schema）亦称子模式（Subschema）或用户模式。它是数据库的最终用户能够看见和使用的局部数据的逻辑结构和特征的数据视图，是与某一应用有关的数据的逻辑表示。

外模式通常是模式的子集。一个数据库可以有多个外模式。每个用户在应用需求、看待数据的方式、要求数据保密的程度不同，其外模式的描述也会不同。同一外模式可以为某一用户的多个应用系统所使用，但一个应用程序只能使用一个外模式。

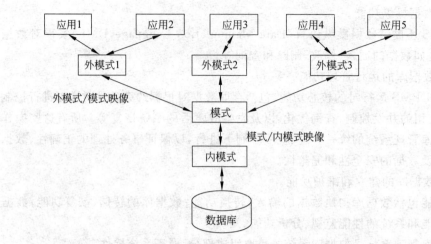

图 1-6　数据库系统的三级模式结构示意图

外模式是保证数据安全的一个有力措施,每个用户只能看到或访问特定的外模式中的数据,数据库中的其他数据都是不可见的。

外模式描述的是数据的局部逻辑结构。

2) 模式

模式(Schema)也称逻辑模式,是数据库中全体数据的逻辑结构和特征的描述,是所有用户的公共数据视图。它是数据库系统模式结构的中间层,既不涉及数据的物理存储细节和硬件环境,也不涉及具体的应用程序或开发工具。一个数据库只有一个模式。

模式以某一种数据模型为基础,统一综合地考虑了所有用户的需求,并将这些需求有机结合成一个逻辑整体。定义模式时不仅要定义数据的逻辑结构,而且要定义数据之间的联系,定义与数据有关的安全性、完整性要求。模式描述的是数据的全局逻辑结构。外模式和模式实例如图 1-7 所示。

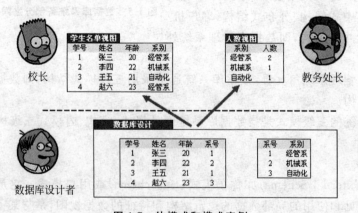

图 1-7　外模式和模式实例

3) 内模式

内模式(Internal Schema)也称存储模式(Storage Schema)。一个数据库只有一个内模式。它是数据物理结构和存储方式的描述,是数据在数据库内部的表示方式。

3. 数据库的二级映像功能与数据的独立性

数据库系统的三级模式是对数据的三个抽象级别,其目的是:把数据的具体组织留给 DBMS 管理,使用户能够逻辑地、抽象地处理数据,而不必关心数据在计算机中的具体表示与存储方式。DBMS 在三级模式之间提供两层映像,以保证数据库中的数据具有较高的逻辑独立性与物理独立性。

1) 外模式/模式映像

对应于同一个模式可以有任意多个外模式,对于每一个外模式,数据库系统都有一个外模式/模式映像,它定义了该外模式与模式之间的对应关系。映像的定义通常包含在各自的外模式的描述中。

当模式改变时,数据库管理员对各个外模式/模式做相应改变,可以使外模式保持不变。因为用户的应用程序是依据外模式编写的,因而应用程序可以做到不加修改,从而保证了数据与程序的逻辑独立性(数据的逻辑独立性)。

2) 模式/内模式映像

因为数据库中只有一个内模式,也只有一个模式,因此,模式/内模式映像是唯一的,它定义了数据库全局逻辑结构与存储结构之间的对应关系。该映像的定义通常包含在模式描述中。

若数据库的存储结构改变了,由数据库管理员对模式/内模式映像做相应的改变,可以使模式保持不变,从而使应用程序也不用经过修改,保证了数据与程序的物理独立性(数据的物理独立性)。

1.1.3 数据模型

数据库是一个结构化的数据集合,这个结构使用数据模型来描述。数据模型是对现实世界的实体及其联系的抽象描述,任何一种数据库管理系统都是基于某种数据模型在计算机上实现的。采用的数据模型不同,建立的 DBMS 也就不同。在数据库系统中,主要的数据模型有三种:层次模型、网状模型和关系模型。

1. 层次模型

层次模型是在数据库系统中最早应用的数据模型,层次模型是用树结构表示实体间联系的数据模型,具有如下特征:

(1) 有且仅有一个无向上联系结点(无双亲),称为根结点;

(2) 除根以外的其他结点有且仅有一个向上(双亲)的联系。

在层次模型中,每个结点描述一个实体型,称为记录型,用来描述实体集。一个记录型可有一个或多条记录,下层每个记录只能对应上层一条记录。结点之间的有向边表示记录之间的联系,如果要存取某一记录型的记录,可以从根结点开始,按照有向树层次逐层向下查找,查找路径就是存取路径。例如,学校的系记录型有计算机系、电子商务系、管理科学与工程系等记录,而计算机系的下层记录有计算机科学、软件工程、网络工程等教研室和数据结构、操作系统、计算机组成原理等课程,软件工程教研室下又有教师和项目,如图1-8所示。

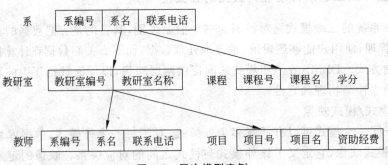

图1-8 层次模型实例

层次模型的优点是层次分明,不同层次之间的关联直接而且简单;缺点是由于数据纵向联系,横向联系难以建立,数据可能会重复出现,造成管理维护不便。层次模型只能表示 $1:n$ 关系,不能直接表示 $m:n$(多对多)关系。

2. 网状模型

网状模型是用网状结构表示实体及其联系的数据模型,以记录型实体为结点,任意两个结点之间都可以发生联系,具有如下特征:

(1) 允许结点有多于一个的父结点;

(2) 可以有一个以上的结点没有父结点。

与层次模型一样,网状模型中的每个结点也表示一个记录(实体)类型,但记录(实体)之间的联系既可以是一对多的联系,也可以是多对多的联系。例如,在教学管理中,学生、教师、课程和教室之间的关系可用网状模型表示,如图1-9所示。

网状模型的表达能力强,可以反映多对多的联系,但是,关联性比较复杂,关联性维护的复杂性比较高。

图1-9 网状模型实例

3. 关系模型

关系模型是用二维表结构来表示实体及实体间的联系,一个关系对应一个二维表,无论实体还是实体之间的联系都用关系来表示,表1-1是"学生"关系,表1-2是学生与课程之间联系——学生选课关系。关系模型是目前最常用也是最重要的一种数据模型,Access就是基于关系模型的关系型数据库管理系统。

表1-1 "学生"关系模型

学　号	姓名	性别	出生日期	系号
2012010102	黎明	男	1990-10-2	11
2012010104	张三	男	1991-07-02	10
2012010101	王萍	女	1991-03-26	11

表1-2 "学生-课程"联系关系模型

学号	课号	成绩
2012010102	C01	90
2012010104	C02	78
2012010101	C02	88

关系模型以严格的关系数学理论为基础,数据结构简单,模型概念清楚,格式描述统一,能直接反映实体之间一对一、一对多和多对多的联系,操作对象和结果均为二维表结构,易学习,易理解,符合使用习惯。

1.1.4　数据库技术发展

1. 数据库系统的分代

数据模型是数据库技术的核心和基础,因此,对数据库系统发展阶段的划分应该以数据模型的发展演变作为主要依据和标志。按照数据模型的发展演变过程,数据库技术从开始到现在,主要经历了三个发展阶段:第一代是网状和层次数据库系统,第二代是关系数据库系统,第三代是以面向对象数据模型为主要特征的数据库系统。数据库技术与网络通信技术、人工智能技术、面向对象程序设计技术、并行计算技术等相互渗透、有机结合,成为当代数据库技术发展的重要特征。

1) 第一代数据库系统——非关系型数据库系统

第一代数据库系统是 20 世纪 70 年代研制的层次和网状数据库系统。层次数据库系统的典型代表是 1969 年 IBM 公司研制出的层次模型数据库管理系统 IMS。20 世纪 60 年代末 70 年代初,美国数据库系统语言协会 CODASYL(Conference on Data System Language)下属的数据库任务组 DBTG(Data Base Task Group)提出了若干报告,被称为 DBTG 报告。DBTG 报告确定并建立了网状数据库系统的许多概念、方法和技术,是网状数据库的典型代表。在 DBTG 思想和方法的指引下,数据库系统的实现技术不断成熟,开发了许多商品化的数据库系统,它们都是基于层次模型和网状模型的。

可以说,层次数据库是数据库系统的先驱,而网状数据库则是数据库概念、方法、技术的奠基者。

2) 第二代数据库系统——关系数据库系统

第二代数据库系统是关系数据库系统。1970 年 IBM 公司的 San Jose 研究试验室的研究员 Edgar F. Codd 发表了题为"大型共享数据库数据的关系模型"的论文,提出了关系数据模型,开创了关系数据库方法和关系数据库理论,为关系数据库技术奠定了理论基础。Edgar F. Codd 于 1981 年被授予 ACM 图灵奖,以表彰他在关系数据库研究方面的杰出贡献。

20 世纪 70 年代是关系数据库理论研究和原型开发的时代,其中以 IBM 公司的 San Jose 研究试验室开发的 System R 和 Berkeley 大学研制的 Ingres 为典型代表。大量的理论成果和实践经验终于使关系数据库从实验室走向了社会,因此,人们把 20 世纪 70 年代称为数据库时代。20 世纪 80 年代几乎所有新开发的系统均是关系型的,其中涌现出了许多性能优良的商品化关系数据库管理系统,如 DB2、Ingres、Oracle、Informix、Sybase 等。这些商用数据库系统的应用使数据库技术日益广泛地应用到企业管理、情报检索、辅助决策等方面,成为实现和优化信息系统的基本技术。

3) 第三代数据库系统——对象-关系模型数据库系统

从 20 世纪 80 年代以来,数据库技术在商业上的巨大成功刺激了其他领域对数据库技术需求的迅速增长。这些新的领域为数据库应用开辟了新的天地,并在应用中提出了一些新的数据管理的需求,推动了数据库技术的研究与发展。

1990年,高级DBMS功能委员会发表了《第三代数据库系统宣言》,提出了第三代数据库管理系统应具有的三个基本特征:

(1) 应支持数据管理、对象管理和知识管理;

(2) 必须保持或继承第二代数据库系统的技术;

(3) 必须对其他系统开放。

面向对象数据模型是第三代数据库系统的主要特征之一;数据库技术与多学科技术的有机结合也是第三代数据库技术的一个重要特征。分布式数据库、并行数据库、工程数据库、演绎数据库、知识库、多媒体库、模糊数据库等都是这方面的实例。

2. 当前主流数据库产品介绍

1) 商业数据库

(1) Oracle数据库。美国Oracle(甲骨文)公司的核心产品,是以高级结构化查询语言为基础的大型关系数据库,占有最大的市场份额,它被广泛用于各个市场领域。在数据库管理功能、完整性检查、安全性、一致性方面都有非常良好的表现。Oracle提供了与第三代高级语言的接口软件PRO*系列,能在C、C++等主语言中嵌入SQL语句及过程化(PL/SQL)语句,对数据库中的数据进行操纵。采用共享SQL和多线程服务器体系结构,在减少资源占用的同时,增强了并发能力,使之在低版本软硬件平台上用较少的资源就可以支持更多的用户,同时,提供了基于角色分工的安全保密管理机制。目前,Oracle数据库的最新版本为11G第二版,无论从数据库性能、安全性、管理、高可用性、容灾等方面,新版本的Oracle软件都有飞跃提升。进入云时代,Oracle Database 12c现已推出,可在各种平台上使用。Oracle Database 12c企业版包含500多个新特性,其中包括一种新的架构,可简化数据库整合到云的过程,客户无须更改其应用即可将多个数据库作为一个整体进行管理。

(2) DB2数据库。美国IBM(国际商用机器)公司的产品,起源于System R和System R*,DB2数据库核心又称作DB2公共服务器。DB2提供了高层次的数据利用性、完整性、安全性、可恢复性,以及小规模到大规模应用程序的执行能力。采用数据分级技术,能够使大型机数据很方便地下载到LAN数据库服务器,使得客户机/服务器用户和基于LAN的应用程序可以访问大型机数据,并使数据库本地化及远程连接透明化。DB2具有很好的网络支持能力,每个子系统可以连接十几万个分布式用户,可同时激活上千个活动线程,对大型分布式应用系统尤为适用。DB2 10.5版本引入了重要的新功能和打包更改,这些更改包括BLU Acceleration、DB2 pureScale Feature、高可用性灾难恢复(High Availability Disaster Recovery, HADR)和轻松升级等。

(3) SQL Server数据库。美国Microsoft(微软)公司的产品,SQL Server是一个可扩展的、高性能的、为分布式客户机/服务器计算所设计的数据库管理系统,实现了与Windows NT的有机结合,提供了基于事务的企业级信息管理系统方案。其采用图形化用户界面,使系统管理和数据库管理更加直观、简单。支持对称多处理器结构、存储过程、ODBC,并具有自主的 SQL 语言。2012 年 3 月推出 SQL Server 2012。Microsoft SQL Server 2014 开发完成,现已提供 SQL Server 2014 正式版下载。SQL Server 2014 提供了众多新功能,其中包括 SQL Server 2014 最先进的功能特色 In-Memory OLTP,能够帮助客户加速业务和向全新的应用环境进行切换。本次发布的 SQL Server 2014,提供 X86 与 X64 两种版本,提供的语言版本有英语、中文、德语、日语和西班牙语。

2) 开源数据库

(1) MySQL 数据库。当今最流行的开放源码数据库之一,MySQL 数据库为用户提供了一个相对简单的解决方案,适用于广泛的应用程序部署,能够降低用户的总体成本。MySQL 是一个多线程、结构化查询语言数据库服务器,其执行性能高,运行速度快,容易使用。MySQL 5.7.2 版本提供了更快的连接速度,更高的事务吞吐量,提升了复制速度,带来了内存仪表和其他增强功能,从而实现了更高的性能和更强的可管理性。

(2) PostgreSQL 数据库。功能齐全、开放源码的对象-关系型数据库管理系统。目前,PostgreSQL 数据库的稳定版本为 8.4 版,具有丰富的特性和商业级数据库管理系统的特质。PostgreSQL 数据库包括了丰富的数据类型支持,其中有些数据类型连商业数据库都不具备,例如 IP 类型和几何类型等。PostgreSQL 数据库是全功能的开源软件数据库,全面支持事务、子查询、多版本并行控制系统和数据完整性检查等特性。PostgreSQL 9.4 版本增强了灵活性、扩展性和性能。

(3) MaxDB 数据库。其前身是企业级的开源数据库 SAP DB,拥有大型数据库的全部特点,与 Oracle 具有一定的兼容性,体积不大,MaxDB 数据库提供的先进性能主要体现在企业级数据库的运用上,具有高性能、可用性、可靠性、可扩展性、易于使用的特性。

3) 国产数据库

(1) DM 达梦数据库,是武汉华工达梦数据库有限公司推出的具有完全自主知识产权的高性能数据库产品。它采用“三权分立”的安全管理机制,安全级别达到 B1 级,并在大数据存储管理、并发控制、数据查询优化处理、事务处理、备份与恢复和支持 SMP 系统等诸多方面有突破性进展和提高。支持多个平台之间的互联互访、高效的并发控制机制、有效的查询优化策略、灵活的系统配置;支持各种故障恢复并提供多种备份和还原方式,具有高可靠性,支持多种多媒体数据类型;提供全文检索功能;各种管理工具简单易用。DM7 采用全新的体系架构,在保证大型通用的基础上,针对可靠性、高性能、海量数据处理和安全性做了大量的研发和改进工作,极大地提升了达梦数据库产品的性能、可靠性、可扩展性,并能同时兼顾 OLTP 和 OLAP 请求,从根本上提升了 DM7 产品的品质。

(2) GBase 数据库,是南大通用数据技术有限公司汇聚多方科研力量推出的自主品牌的数据库产品,具有稳定、实用、高效等特性。GBase 符合国际数据库规范,提供标准的开发接口,参照国际主流数据库产品定义,提供完备的数据存储和数据管理功能。该产品完全满足电子政务信息管理、电子商务交易管理和企业 MIS 等 OLTP 业务需要。GBase 系列产品包括新型分析型数据库 GBase 8a、分布式并行数据库集群 GBase 8a Cluster、高端事务型数据库 GBase 8t、高速内存数据库 GBase 8m/AltiBase、可视化商业智能 GBaseBI、大型目录服务体系 GBase 8d、硬加密安全数据库 GBase 8。

（3）KingbaseES 数据库，是北京人大金仓信息技术股份有限公司在国家"863"计划数据库重大专项和北京市科技计划重大项目支持下研发成功的具有自主知识产权的国产大型通用数据库产品。系统具有完整的大型通用数据库管理系统特征，提供完备的数据库管理功能，支持 1000 个以上并发用户、TB 级数据量、GB 级大对象。系统可运行于 Windows、Linux、麒麟以及 UNIX 等多种操作系统平台，具有标准通用、稳定高效、安全可靠、兼容易用等特点。金仓数据库 KingbaseES 企业版是人大金仓的核心产品，具有大型通用、"三高"（高可靠、高性能、高安全）、"两易"（易管理、易使用）、运行稳定等特点，是唯一入选国家自主创新产品目录的数据库产品，也是国家级、省部级实际项目中应用最广泛的国产数据库产品。

1.2　关系数据库基础

关系型数据库采用关系模型作为数据的组织方式。20 世纪 80 年代以来所推出的数据库管理系统几乎都支持关系模型，已成为目前应用最为广泛的数据库系统。

1.2.1　关系基本术语

1. 关系

一个关系就是一张二维表，每个关系有一个关系名。

2. 元组

二维表中的行称为元组。一行为一个元组，对应存储文件中的一个记录值。

3. 属性

二维表中的列称为属性，每一列有一个属性名。属性值相当于记录中的数据项或者字段值。

4. 域

属性的取值范围，即不同元组对同一个属性的值所限定的范围。例如，逻辑型属性只能从逻辑真或逻辑假两个值中取值。

5. 关系模式

关系模式是关系结构的描述。关系模式的格式如下：

关系名（属性名 1，属性名 2， …，属性名 n）

6. 关键字（亦称键、码）

在表中能够唯一标识一个元组的属性或属性组，称为关键字（Key）。例如在学生关系表中,学号可以唯一地确定一个学生,因此能够作为标识一个元组的关键字。而诸如姓名、性别、出生日期等属性值可能不是唯一的,就不能作为关键字。在实际使用中,有下列几种类型的关键字。

1) 候选关键字(候选键)

一个表中可以有多个关键字,它们中的每一个都称为候选关键字(Candidate Key)。

2) 主关键字(主键)

用户选作元组标识的一个候选关键字,称为主关键字(Primary Key)。

3) 外部关键字(外键)

如果某个表中的某个属性(或属性集合)在另外一个表中是主关键字或候选关键字,则称该属性(或属性集合)为本表的外部关键字(Foreign Key)。

4) 主属性和非主属性

主属性指的是可以做候选关键字的属性;不能做候选关键字的属性则称为非主属性。

7. 主表和从表

主表:以外键作为主键的表。

从表:外键所在的表。

主表和从表通过外键相关联,如图 1-10 所示。

关系 student　(主表)					关系 score　(从表)		
学号(主键)	姓名	性别	年龄		学号(外键)	课号	成绩
99001	张平	男	18		99001	C01	90
99002	张清	男	19		99001	C02	89
99003	刘丽	女	18		99002	C02	70
99004	王平	女	19				

图 1-10　主表和从表通过外键相关联实例图

1.2.2　关系性质

关系性质是关系模型对关系的基本要求,一张二维表格必须满足了关系的这些性质才能成为关系数据库中的一个关系,关系有如下基本性质:

(1) 关系可以为空,即只有结构而无内容(空记录);

(2) 属性和元组是一个关系中不可分割的最小数据单元,不允许行中有行,列中有列;

(3) 同一个关系中,属性(字段)名称不能有相同的;

(4) 同一个关系中,元组(记录)不能有完全相同的;

(5) 同一个关系中,属性和元组顺序可以任意排列;

(6) 不同的属性可在同一个域中取值,但同一个属性中的所有值只能来自同一个域,即数据类型必须相同。

1.2.3 关系运算

关系运算以关系作为运算对象,运算结果也是关系。通过关系运算可以实现数据查询。

关系的基本运算分为两类:传统的集合运算和专门的关系运算,一些复杂的查询需要几个基本运算的组合来实现。

1. 传统的集合运算

传统的集合运算属于二目运算,主要包括并、差、交等,如图 1-11 所示。集合运算要求参与运算的两个关系必须具有相同的关系模式,即它们的结构(属性)相同,并且属性的域(取值范围)也相同。

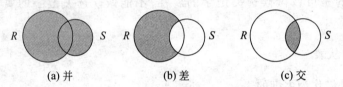

(a) 并　　　　　　(b) 差　　　　　　(c) 交

图 1-11　关系的并、差、交运算

1) 并

两个关系并(Union)运算的结果是将属于这两个关系的所有元组合并在一起,消去重复元组后所得到的元组组成的集合。

例如,设有结构相同的两个关系:选修课程 R 和选修课程 S,如表 1-3 和表 1-4 所示。R 与 S 的并运算就是将选修了课程 R 的学生与选修了课程 S 的学生合并后,组成的一个扩大了的新关系,即选修了 R 和 S 两门课程的所有学生的集合,如表 1-5 所示和图 1-11(a)中的阴影区域。

表 1-3　选修课程 R

学号	姓名	性别	出生日期	学号	姓名	性别	出生日期
10102	张洪	男	1981/09/20	10205	刘庆华	男	1984/04/08
10610	路雪英	女	1982/12/02	10616	林明	男	1983/06/18

表 1-4　选修课程 S

学号	姓名	性别	出生日期	学号	姓名	性别	出生日期
10102	张洪	男	1981/09/20	10106	吕建军	男	1983/06/08
10610	路雪英	女	1982/12/02				

2) 差

两个关系差(Difference)运算的结果是将一个关系中既属于本关系,又属于另一个关系的元组去掉,所余下的元组组成的集合。

表 1-5　*R* 并 *S*

学号	姓名	性别	出生日期	学号	姓名	性别	出生日期
10102	张洪	男	1981/09/20	10616	林明	男	1983/06/18
10610	路雪英	女	1982/12/02	10106	吕建军	男	1983/06/08
10205	刘庆华	男	1984/04/08				

例如,选修课程 *R* 和选修课程 *S* 的差运算就是将选修了 *R* 课程的学生中,又选修了 *S* 课程的学生去除后,所组成的一个缩小了的新关系,即只选修了 *R* 课程的学生的集合,如表 1-6 所示和图 1-11(b)中的阴影区域。

表 1-6　*R* 差 *S*

学号	姓名	性别	出生日期	学号	姓名	性别	出生日期
10205	刘庆华	男	1984/04/08	10616	林明	男	1983/06/18

3) 交

两个关系交(Intersection)运算的结果是一个关系中既属于本关系,又属于另一个关系的元组组成的集合。

例如,选修课程 *R* 和选修课程 *S* 的交运算就是将两个关系中既选修了 *R* 课程,又选修了 *S* 课程的所有学生,所组成的一个缩小了的新关系,即同时选修了这两门课程的学生的集合。如表 1-7 所示和图 1-11(c)中的阴影区域。

表 1-7　*R* 交 *S*

学号	姓名	性别	出生日期	学号	姓名	性别	出生日期
10102	张洪	男	1981/09/20	10610	路雪英	女	1982/12/02

2. 专门的关系运算

专门的关系运算主要有选择、投影和连接。

1) 选择

选择(Selection)运算是对一个关系进行的运算,是从指定的关系中选择满足给定条件的元组组成新的关系的操作。选择的条件以逻辑表达式的形式给出,能使逻辑表达式的值为真的元组将被选取。

选择是从行的角度进行的运算,即从水平方向抽取记录的操作。经过选择运算得到的结果形成一个新的关系,其关系模式不变,但其中的元组是原关系的一个子集。

例如,从关系 score1 中选择数学成绩大于 90 的元组组成关系 *S*1,如图 1-12 所示。

2) 投影

投影(Projection)运算也是对一个关系进行的运算,是从关系中选取若干个属性组成一个新关系的操作。

	关系 score1		
学号	姓名	数学	英语
8612162	陆华	96	92
8612104	王华	91	92
8612105	郭勇	89	96

	关系 S1		
学号	姓名	数学	英语
8612162	陆华	96	92
8612104	王华	91	92

图 1-12　选择运算实例图

投影是从列的角度进行的运算,即从垂直方向抽取字段的操作。经过投影运算得到的结果形成一个新关系,其关系模式所包含的属性个数通常少于原关系,或者属性的顺序不同。投影运算提供了在垂直方向调整关系的手段,也体现了关系中属性的顺序无关紧要的特点。

例如,从关系 score1 中选择"学号""姓名""数学"组成新的关系 S2,如图 1-13 所示。

	关系 score1		
学号	姓名	数学	英语
8612162	陆华	96	92
8612104	王华	91	92
8612105	郭勇	89	96

	关系 S2	
学号	姓名	数学
8612162	陆华	96
8612104	王华	91
8612105	郭勇	89

图 1-13　投影运算实例图

3) 连接

连接(Join)是对两个关系进行的运算,是根据一定的连接条件将两个关系组合成一个新关系的操作。常见的连接运算有两种:等值连接和自然连接。

(1) 等值连接。

等值连接是将两个关系中指定属性值相等的元组组合起来构成新关系的连接运算。

例如,将关系 score1 和关系 score2 按相同学号合并组成新的关系 S3,如图 1-14 所示。

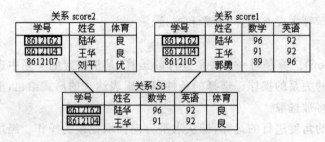

图 1-14　等值连接实例图

(2) 自然连接。

自然连接是自动去掉重复属性的等值连接,是最常用的连接运算。如对表 1-8 和表 1-9 进行自然连接得到新表 1-10。

表 1-8　系部表

系部编号*	系部名称	系部编号*	系部名称	系部编号*	系部名称
107	会计系	108	计算机系	110	基础部
102	财税系	101	经济系		

表 1-9　教师情况表

系部编号	教师编号*	姓名	性　别	学　历	职　称
107	199006	张玉萍	女	大学	副教授
107	199802	高大宇	男	大专	工程师
108	199316	杨柳青	女	大学	教授
101	199806	茅丽燕	女	研究生	教授
108	200010	东方剑	男	研究生	讲师

表 1-10　系部教师表

系部编号*	系部名称	教师编号*	姓名	性　别	学　历	职　称
107	会计系	199006	张玉萍	女	大学	副教授
107	会计系	199802	高大宇	男	大专	工程师
108	计算机系	199316	杨柳青	女	大学	教授
101	经济系	199806	茅丽燕	女	研究生	教授
108	计算机系	200010	东方剑	男	研究生	讲师

1.2.4　关系完整性

关系完整性是对关系的某种制约，以保证数据的正确性、有效性和相容性。关系完整性主要包括实体完整性、参照完整性和域完整性（又称用户定义完整性），其中实体完整性和参照完整性是关系模型必须遵守的规则，由关系数据库系统自动支持。

1.　实体完整性

实体完整性是对关系中元组唯一性的约束。该规则规定：在关系中，组成主关键字的所有属性均不能为空值（Null），并且不能有完全相同的属性值。

所谓空值，就是"没有"或者"无意义"的值。若主关键字取了空值，就说明这是一个不能标识的实体，因无法与其他实体区分而违反了实体的定义，破坏了实体的完整性。若主关键字的属性值有完全相同的，在关系中就会出现重复的元组，从而违背了实体的唯一性，并造成数据冗余。

2.　参照完整性

该约束是关系之间相关联的约束，它规定外键和主键之间的引用规则，即外键可以取空值或者等于相关联的关系中主键的某个值,保证数据的一致性。

例如在图 1-15 中,选课表外键"学号"属性,其取值必须是在学生表中确实存在的主键"学号"中的某个属性值或是空值(Null)。也就是说,选课表中的"学号"属性的取值需要参照学生表的主键属性值。

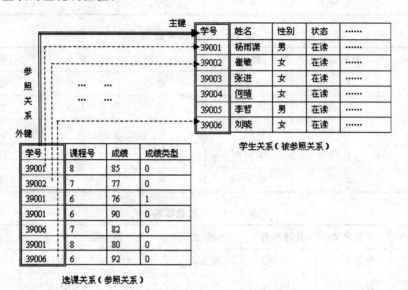

图 1-15 参照完整性实例图

只要建立了参照关系和被参照关系二者之间的引用关系,就能保证数据的一致性,例如,在选课表中插入一个记录(39078,6,90,0)时,由于 39078 不属于学生表的学号属性值,系统将拒绝插入;若修改学生表中的学生学号则系统会自动同步修改选课表中的相应学号;若删除学生表中记录(39001,杨雨潇,男,在读),则系统会自动提示同步删除选课表中的相应记录。

3. 域完整性

域完整性是对关系中属性的约束,包括属性的数据类型、属性取值的域以及是否可以为 Null 等有效性约束。域完整性是针对某一具体应用所涉及的数据必须满足的语义要求,由确定关系结构时所定义的属性所决定,因此又称为用户自定义完整性。

例如,对表中"性别"字段,用户可以定义其完整性为" ="男"or="女" ",对课程成绩定义为">=0 and <=100",如果在输入这些字段数据时,输入了不符合完整性规则的数据,则系统不会接受。

1.3 数据库设计基础

数据库设计最基本问题是面向具体应用建立合理的数据模型,使之能够有效地存储和操作数据,满足各种用户应用需求,它是建立数据库及其应用系统的基础。非计算机操作数据的情况下,人们所建立的一套文件、表格、数字等的处理内容和规则是人们关于现实世界的模型(概念模型);在计算机操作数据的情况下,数据库设计者将在人们关于现实世界的模型的基础上再次建模,从而建立一个适用于计算机处理的数据库模型。整个过程的主线是通过对现实世界、信息世界、数据世界划分和模型构建来实现的,现实世界(客观世界)主要通过实体、实体集、属性、实体标识符等描述,信息世界(观念世界)主要通过记录、文件、字段、关键字等描述,数据世界(计算机世界)主要通过位、字节、字、块、卷等描述存储模式。

1.3.1　数据库设计的步骤

数据库设计按规范化设计方法,划分为五个阶段(见图 1-16),每个阶段有相应的成果。

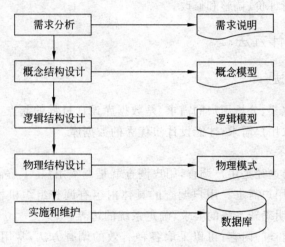

图 1-16　数据库设计步骤与成果

1. 需求分析阶段

在需求分析阶段,主要是准确收集用户信息需求和处理需求,并对收集的结果进行整理和分析,形成需求说明。需求分析是整个设计活动的基础,也是最困难和最耗时的一步。如果需求分析不准确或不充分,可能导致整个数据库设计的返工。

2. 概念结构设计阶段

概念结构设计是数据库设计的重点,对用户需求进行综合、归纳、抽象,形成一个概念模型(一般为 E-R 模型),形成的概念模型是与具体的 DBMS 无关的模型,是对现实世界的可视化描述,属于信息世界,是逻辑结构设计的基础。

3. 逻辑结构设计阶段

逻辑结构设计是将概念结构设计的概念模型转化为某个特定的 DBMS 所支持的数

据模型,建立数据库逻辑模式,并对其进行优化,同时为各种用户和应用设计外模式。对于关系数据库设计,本阶段的主要任务是将 E-R 模型转化为关系模型并利用关系规范化方法进行优化。

4. 物理结构设计阶段

物理结构设计是为设计好的逻辑模型选择物理结构,包括存储结构和存取方法,建立数据库物理模式(内模式)。

5. 实施和维护阶段

实施阶段就是使用 DLL 语言建立数据库模式,将实际数据载入数据库,建立真正的数据库;在数据库上建立应用系统,并经过测试、试运行后正式投入使用。维护阶段是对运行中的数据库进行评价、调整和修改。

1.3.2 数据库设计方法

1. 需求分析方法

需求分析就是收集、分析用户的需求,是数据库设计过程的起点,也是后续步骤的基础。只有准确地获取用户需求,才能设计出优秀的数据库。

1)需求收集

需求收集的主要途径是用户调查,用户调查就是调查用户,了解需求,与用户达成共识,然后分析和表达用户需求。用户调查的具体内容有调查组织机构情况、调查各个部门的业务活动情况、明确新系统的要求、确定系统的边界。

为了完成上述调查的内容,可以采取各种有效的调查方法,常用的用户调查方法有跟班作业、开调查会、问卷调查、访谈询问等。

2)需求分析

通过用户调查,收集用户需求后,对用户需求进行分析,并表达用户的需求。用户需求分析的方法很多,可以采用结构化分析方法、面向对象分析方法等。结构化分析(Structured Analysis,SA)方法采用自顶向下、逐层分解策略,利用数据流图对用户需求进行分析,用数据字典和加工说明对数据流图进行补充和说明。

2. 概念结构设计方法

概念结构设计的目的是获取数据库的概念模型,将现实世界转化为信息世界,形成一组描述现实世界中的实体及实体间联系的概念。

概念结构设计在整个数据库设计过程中是最重要的阶段,通常也是最难的阶段。概念结构设计通常采用数据库设计工具辅助进行设计。

概念模型的表示方法很多,其中最常用的是 P. P. S. Chen 于 1976 年提出的实体-联系方法(Entity Relationship Approach,ER 方法),该方法用 E-R 图表示概念模型,用 E-R 图表示的概念模型也称为 E-R 模型。

1）概念结构设计方法

设计概念结构通常有四种方法：

自顶向下——首先定义全局的概念结构的框架，然后逐步分解细化。

自底向上——首先定义局部的概念结构，然后将局部概念结构集成全局的概念结构。

逐步扩张——首先定义核心的概念结构，然后以核心概念结构为中心，向外部扩充，逐步形成其他概念结构，直至形成全局的概念结构。

混合策略——自顶向下和自底向上相结合，用自顶向下的方法设计一个全局的概念结构的框架，用自底向上方法设计各个局部概念结构，然后形成总体的概念结构。

具体采用哪种方法，与需求分析方法有关。其中比较常用的方法是自底向上的设计方法，即用自顶向下的方法进行需求分析，用自底向上的方法进行概念结构的设计（见图 1-17）。概念结构设计的步骤与设计方法有关，自底向上设计方法的设计步骤分为局部 E-R 图设计和全局 E-R 图设计。

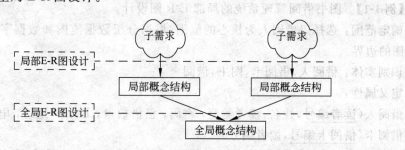

图 1-17　概念结构设计方法

2）局部 E-R 图设计

局部 E-R 图的设计，一般包括四个步骤：确定范围、识别实体、定义属性、确定联系（见图 1-18）。

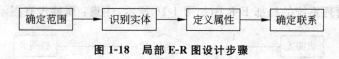

图 1-18　局部 E-R 图设计步骤

（1）确定范围。

范围是指局部 E-R 图设计的范围。范围划分要自然、便于管理，可以按业务部门或业务主题划分。与其他范围界限比较清晰，相互影响比较小。范围大小要适度，实体控制在 10 个左右。

（2）识别实体。

在确定的范围内，寻找和识别实体，确定实体的关键字（码）。在数据字典中按人员、组织、物品、事件等寻找实体。实体找到后，给实体一个合适的名称，给实体正确命名时，可以发现实体之间的差别。根据实体的特点，标识实体的关键字。在 E-R 图中，实体用矩形框表示，矩形框内写明实体的名称。

（3）定义属性。

属性是描述实体的特征和组成，也是分类的依据。相同实体应该具有相同数量的属性、名称、数据类型。在实体的属性中，有些是系统不需要的属性，要去掉；有的实体需要区别状态和处理标识，要人为地增加属性。基本原则是：

① 属性是不可再分的数据项，属性中不能包含其他属性。

② 属性不能与其他实体有联系，联系是实体之间的联系。在 E-R 图中，属性用椭圆形表示，椭圆形内写明属性的名称，用无向边将其与相应的实体连接起来。

（4）确定联系。

对于识别出的实体，进行两两组合，判断实体之间是否存在联系，联系的类型是 $1:1$，$1:n$，$m:n$，如果是 $m:n$ 的实体，确定是否可以分解，增加关联实体，使之成为 $1:n$ 的联系。在 E-R 图中，联系用菱形表示，菱形内写明联系的名称，用无向边分别与实体连接起来，在无向边上注明联系的类型（$1:1$ 表示一对一联系，$1:n$ 表示一对多联系，$m:n$ 表示多对多联系），如果联系有属性，则这些属性同样用椭圆表示，用无向边与联系连接起来。

【例 1-1】 图书借阅管理系统的局部 E-R 图设计。

确定范围：选择以借阅人为核心的范围，根据分层数据流图和数据字典来确定局部 E-R 图的边界。

识别实体：借阅人，借阅卡，图书，借阅。

定义属性：

借阅人(读者编号,姓名,读者类型,密码,已借数量,E-mail 地址,电话号码)

借阅卡(借阅卡编号,读者编号)

图书(图书编号,书名,作者,图书分类,出版社,单价:元,复本数量,库存量,日罚金(元),是否新书)

借阅(读者编号,图书编号,借阅日期,是否续借,续借日期,归还日期)

确定联系：

借阅人与借阅卡($1:1$)、借阅人与借阅($1:n$)、图书与借阅 ($1:n$)

图书借阅管理系统的局部 E-R 图如图 1-19 所示，注意：属性没有图示

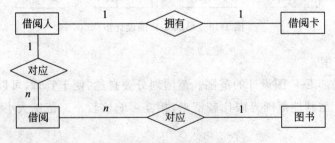

图 1-19　局部 E-R 图设计

3）全局 E-R 图设计

局部 E-R 图设计好后，下一步就是将所有的局部 E-R 图集成起来，形成一个全局 E-R 图。集成方法有：

一次集成——一次将所有的局部 E-R 图综合，形成总的 E-R 图，比较复杂，难度比

较大。

逐步集成——一次将一个或几个局部 E-R 图综合,逐步形成总的 E-R。难度相对较小。

无论采用哪种集成方式,一般都要分两步走。

合并:解决 E-R 之间的冲突,生成初步的 E-R 图。

重构:消除不必要的冗余,生成基本的 E-R 图。

(1) 合并局部 E-R 图,消除冲突,生成初步 E-R 图。

各个局部 E-R 图面向不同的应用,由不同的人进行设计或同一个人在不同时间进行设计,各个局部 E-R 图存在许多不一致的地方,称为冲突,合并局部 E-R 图时,消除冲突是工作的关键。冲突的表现主要有三类:属性冲突、命名冲突和结构冲突。

① 属性冲突。

属性域冲突:属性值的类型、取值范围或单位不同。例如,学生编号,有的部门定义为整数型,有的部门定义为字符型。又如,学生编号虽然都定义为整数,但有的部门取值范围为 0000～9999,有的部门取值范围为 00000～99999。又如,对于产品重量单位,有的部门使用公斤,有的部门使用吨。在合并过程中,要消除属性的不一致。

② 命名冲突。

同名异义:相同的实体名称或属性名称,而意义不同。异名同义:相同的实体或属性使用了不同的名称。在合并局部 E-R 图时,消除实体命名和属性命名方面不一致的地方。

③ 结构冲突。

结构冲突的表现主要是:同一对象在不同的局部 E-R 图中,有的作为实体,有的作为属性;同一实体在不同的局部 E-R 图中,属性的个数或顺序不一致;同一实体在局部 E-R 图中码不同;实体间的联系在不同的局部 E-R 图中联系的类型不同。

(2) 重构 E-R 图,消除冗余,生成基本 E-R 图。

在初步 E-R 图中,可能存在一些冗余的数据和冗余的实体联系。冗余数据是指可以用其他数据导出的数据;冗余的实体联系,是指可以通过其他实体导出的联系。冗余数据和冗余实体联系容易破坏数据库的完整性,给数据库的维护增加困难,应该予以消除。消除冗余后的 E-R 图称为基本 E-R 图。

例如,学生年龄可从学生出生年月减去系统年月导出生成,如果存在学生出生年月属性,则年龄属性是冗余的,应该予以消除。

在消除冗余时,有时候为了查询的效率,人为地保留一些冗余,应根据处理需求和性能要求做出取舍。

图书借阅管理系统的全局 E-R 图如图 1-20 所示。

3. 逻辑结构设计方法

概念结构设计所得的概念模型,是独立于任何一种 DBMS 的信息结构,与实现无关。逻辑结构设计的任务是将概念结构设计阶段设计的 E-R 图,转化为与选用的 DBMS 所支持的数据模型相符的逻辑结构,形成逻辑模型。

在数据模型的选用上,网状和层次数据模型已经逐步淡出市场,而新型的对象和对

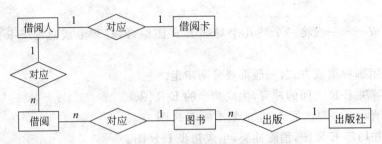

图1-20　图书借阅管理系统全局 E-R

象关系数据模型还没有得到广泛应用,所以一般选择关系数据模型。基于关系数据模型的 DBMS 市场上比较多,如 Oracle、DB2、SQL Server、Sybase、Informix、Access 等。基于关系数据模型的逻辑结构的设计一般分为三个步骤:概念模型转换为关系数据模型、关系模型的优化和设计用户子模式。

1) 概念模型转换为关系数据模型

概念模型向关系数据模型的转化就是将用 E-R 图表示的实体、实体属性和实体联系转化为关系模式。具体而言就是转化为选定的 DBMS 支持的数据库对象。现在,绝大部分关系数据库管理系统(RDBMS)都支持表(Table)、列(Column)、视图(View)、主键(Primary Key)、外键(Foreign Key)、约束(Constraint)等数据库对象。

一般转换原则如下:

(1) 一个实体转换为一个表(Table),则实体的属性转换为表的列(Column),实体的码转换为表的主键(Primary Key)。

(2) 实体间的联系根据联系的类型,转换如下:

① 1:n 的联系:

1:n 的联系是比较普遍的联系,其转换比较直观。如 E-R 图中出版社和图书的关系是 1:n 的联系,转换成如下两个表:

出版社(出版社编号、出版社名称);

图书(图书编号、书名、图书分类、出版社编号、单价、复本数量、库存量、日罚金、是否新书)。

图书表中增加了一个"出版社编号"属性,它是一个外键,是出版社的主键。转换规律是在 n 端的实体对应的表中增加属性,该属性是 1 端实体对应表的主键。

② 1:1 的联系:

1:1 联系是 1:n 联系的特例,两个实体分别转换成表后,只要在一个表中增加外键,一般在记录数较少的表中增加属性,作为外键,该属性是另一个表的主键。如 E-R 图中的借阅人和借阅卡是 1:1 的联系,转换成如下两个表:

借阅人(读者编号、姓名、读者类型、密码、已借数量、E-mail 地址、电话号码)

借阅卡(借阅卡编号、读者编号)

两端的实体分别转化成表"借阅人"和"借阅卡",在"借阅卡"表中增加了一个外键"读者编号","读者编号"是"借阅人"表中的主键。

③ $m:n$ 的联系：通过引进一个新表来表达两个实体间多对多的联系，新表的主键由联系两端实体的主键组合而成，同时增加相关的联系属性。如在 E-R 图中借阅人和图书的联系是 $m:n$ 联系，转换成如下三个表：

借阅人（<u>读者编号</u>、姓名、读者类型、密码、已借数量、E-mail 地址、电话号码）

图书（<u>图书编号</u>、书名、图书分类、出版社编号、单价、复本数量、库存量、日罚金、是否新书）

借阅表（<u>读者人编号</u>、<u>图书编号</u>、借阅日期、是否续借、续借日期、是否已归还、归还日期）

新增表"借阅表"中"借阅人编号"和"图书编号"组合为主键，分别是外键，其中"读者编号"是借阅人表的主键，"图书编号"是图书表的主键。同时增加了借阅相关的属性：日期、是否续借、续借日期、是否已归还、归还日期。

2）关系模型的优化

关系模型的优化是为了进一步提高数据库的性能，适当地修改、调整关系模型结构。关系模型的优化通常以规范化理论为指导，其目的是消除各种数据库操作异常，提高查询效率，节省存储空间，方便数据库的管理。常用的方法包括规范化和分解。

（1）规范化。

关系模式的规范化主要解决的问题是关系中数据冗余及由此产生的操作异常。而从函数依赖的观点来看，即是消除关系模式中产生数据冗余的函数依赖。对于不同的规范化程度可用范式来衡量，范式是符合某一种级别的关系模式的集合，是衡量关系模式规范化程度的标准，达到的关系才是规范化的。目前主要有 6 种范式：第一范式、第二范式、第三范式、BC 范式、第四范式和第五范式。满足最低要求的叫第一范式，简称为1NF。在第一范式基础上进一步满足一些要求的为第二范式，简称为 2NF。其余以此类推。显然各种范式之间存在联系。

$$1NF \supset 2NF \supset 3NF \supset BCNF \supset 4NF \supset 5NF$$

通常把某一关系模式 R 为第 n 范式简记为 $R \in n$NF。

范式的概念最早是由 E. F. Codd 提出的。1971—1972 年，他先后提出了 1NF、2NF、3NF 的概念，1974 年他又和 Boyee 共同提出了 BCNF 的概念，1976 年 Fagin 提出了 4NF 的概念，后来又有人提出了 5NF 的概念。在这些范式中，最重要的是 3NF 和 BCNF，它们是进行规范化的主要目标。一个低一级范式的关系模式，通过模式分解可以转换为若干个高一级范式的关系模式的集合，这个过程称为规范化。

① 第一范式（1NF）。

定义 1：在一个关系中若无重复的元组，并且各属性都是不可再分割的基本数据项，则该关系为第一范式。例如一个给定的购书单，如表 1-11 所示。

在表 1-11 中，存在着大栏套小栏，即一个大属性对应多个小属性，和一行对多行，即有的属性一次取值（如单位号、单位名）被其他属性多次（重复）引用。这种表中套表的结构不符合关系的基本要求：属性和元组是不能再分割的最小数据项。对此类表格关系数据库系统难以处理，必须按照关系规范的要求进行规范化。

将表 1-11 中的大栏套小栏、一行对多行消除掉，并保持原有信息不变，该关系被规范化成第一范式，如表 1-12 所示。

表 1-11　购书单

订户信息		图 书 信 息					
单位编号	单位名称	图书编号	图书名称	单价/元	数量/册	出版社名称	出版社编号
3001	建工大学	QH10120	数据库概论	12.50	160	清华大学	QH101
		JX20115	计算机基础	16.00	520	机械工业	JX201
1010	师范大学	GD01011	高等数学	11.60	280	高等教育	GD010
		GD01028	教育心理学	18.50	560	高等教育	GD010
2202	财经大学	JX20115	计算机基础	16.00	450	机械工业	JX201
		GD01055	政治经济学	11.60	360	高等教育	GD010

表 1-12　购书单

单位编号*	单位名称	图书编号*	图书名称	单价/元	数量/册	出版社名称	出版社编号
3001	建工大学	QH10120	数据库概论	12.50	160	清华大学	QH101
3001	建工大学	JX20115	计算机基础	16.00	520	机械工业	JX201
1010	师范大学	GD01011	高等数学	11.60	280	高等教育	GD010
1010	师范大学	GD01028	教育心理学	18.50	560	高等教育	GD010
2202	财经大学	JX20115	计算机基础	16.00	450	机械工业	JX201
2202	财经大学	GD01055	政治经济学	11.60	360	高等教育	GD010

若将单位编号和图书编号两个属性作为表 1-12 关系的复合关键字(用"＊"表示),则表中各属性之间的函数依赖关系如图 1-21 所示。

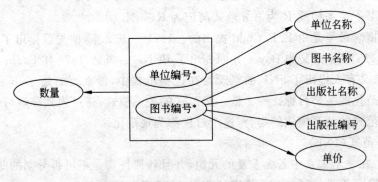

图 1-21　表 1-12 中的函数依赖关系

由图 1-21 可见,在表 1-12 的关系中除了"数量"完全依赖于主关键字外,其他的非主属性并不完全依赖于主关键字,而只是部分依赖于主关键字。如"单位名称"依赖于单位编号,而"图书名称""出版社名称""出版社编号"和"单价"则依赖于书号。

② 第二范式(2NF)。

定义 2:若一个关系属于 1NF,并且所有非主属性都完全依赖于主关键字,则称该关系为第二范式。若关系中无复合主关键字,则 1NF 自然满足 2NF。

为消除非主属性部分依赖于主关键字的问题,对表 1-12 所示的关系进行分解。分解的原则是:把部分依赖于主关键字的非主属性从关系中分解出来,使非主属性完全依赖于主关键字,并且保持分解后的原有信息不丢失,分解后的关系相互独立。按此原则可以将表 1-12 分解成表 1-13~表 1-15 三张表,表中有"＊"号的属性为主关键字。

表 1-13 单位编号表

单位编号＊	单位名称
3001	建工大学
1010	师范大学
2202	财经大学

1-14 图书基本信息表

图书编号＊	图书名称	单价/元	出版社名称	出版社编号
QH10120	数据库概论	12.50	清华大学	QH101
JX20115	计算机基础	16.00	机械工业	JX201
GD01011	高等数学	15.90	高等教育	GD010

表 1-15 单位购书表

单位编号＊	图书编号＊	数　量	单位编号＊	图书编号＊	数　量
3001	QH10120	160	1010	GD01028	560
3001	JX20115	520	2202	JX20115	450
1010	GD01011	280	2202	GD01055	360

三张表中的函数依赖关系如图 1-22 所示。从图中可以看出,在三张表中,所有非主属性均已完全依赖于主关键字,符合第二范式的规范。第二范式的结构虽然优于第一范式,但仍存在着缺陷。分析表 1-14 所示关系中的函数依赖关系,可以看到在非主属性中存在着相互不独立的情况。如"出版社名称"和"出版社编号"之间有函数依赖关系。"出版社名称"函数依赖于"出版社编号","出版社编号"函数依赖于主关键字,从而使"出版社名称"传递依赖于主关键字。

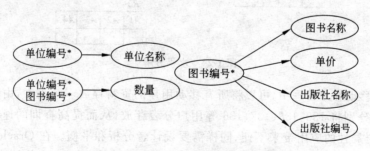

图 1-22 第二范式函数依赖关系实例

③ 第三范式(3NF)。

定义 3:若一个关系属于 2NF,并且关系中的所有非主属性不传递依赖,而都直接依赖于主关键字,则称关系为第三范式。

为消除非主属性的传递依赖,对表 1-14 再进一步分解成表 1-16 和表 1-17 两个表,表中有"＊"号的属性为主关键字。两张表中的函数依赖关系如图 1-23 所示。

表 1-16　图书出版信息表			
图书编号＊	图书名称	单价	出版社编号
QH10120	数据库概论	12.50	QH101
JX20115	计算机基础	16.00	JX201
GD01011	高等数学	15.90	GD010
GD01028	教育心理学	18.50	GD010
GD01055	政治经济学	14.60	GD010

表 1-17　出版社编号表	
出版社编号＊	出版社名称
QH101	清华大学
JX201	机械工业
GD010	高等教育

图 1-23　第三范式函数依赖关系示例

（2）分解。

分解的目的是为了提高数据操作的效率和存储空间的利用率。常用的分解方式是水平分解和垂直分解。

水平分解是指按一定的原则，将一个表横向分解成两个或多个表（见图 1-24）。

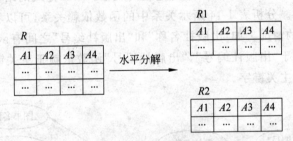

图 1-24　水平分解

例如，在移动客户管理中，可以将所有移动用户的资料存放一个表中，由于移动用户的增加，可以分别将 139、138、137、136 等用户分表存放，从而提高查询的速度。但是水平分解后对全局性的应用带来不便，同样需要设计者分析和平衡。在 Oracle 中，采用分区表（partition）的方案解决，将一个大表分成若干小表，在全局用应中使用大表，在局部应用中使用小表。

垂直分解是通过模式分解，将一个表纵向分解成两个或多个表（见图 1-25）。

垂直分解也是关系模式规范化的途径之一，同时，为了应用和安全的需要，垂直分解将经常一起使用的数据或机密的数据分离。当然，通过视图的方式可以达到同样的效果。

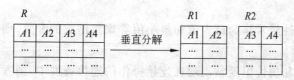

图 1-25 垂直分解

3）设计用户子模式

概念模型通过转换、优化后成为全局逻辑模型，还应该根据局部应用的需要，结合 DBMS 的特点，设计用户子模式。

用户子模式也称为外模式，是全局逻辑模式的子集，是数据库用户（包括程序用户和最终用户）能够看见和使用的局部数据的逻辑结构和特征。

目前，关系数据库管理系统（RDBMS）一般都提供了视图（View）的概念，可以通过视图功能设计用户模式。此外也可以通过垂直分解的方式来实现。

4. 物理结构设计方法

数据库在物理设备上的存储结构和存储方法称为数据库的物理结构（内模式），它依赖于选择的计算机系统。为一个给定的逻辑结构选取一个最适合应用要求的物理结构的过程就是数据库的物理结构设计。物理结构设计的目的主要有两点：一是提高数据库的性能，满足用户的性能需求；二是有效地利用存储空间。总之，是为了使数据库系统在时间和空间上最优。

数据库的物理结构设计包括两个步骤：

步骤 1，确定数据库的物理结构，在关系数据库中主要是存储结构和存储方法；

步骤 2，对物理结构进行评价，评价的重点是时间和空间的效率。

如果评价结果满足应用要求，则可进入到物理结构的实施阶段，否则要重新进行物理结构设计或修改物理结构设计，有的甚至返回到逻辑结构设计阶段，修改逻辑结构。

由于物理结构设计与具体的数据库管理系统有关，各种产品提供了不同的物理环境、存取方法和存储结构，能供设计人员使用的设计变量、参数范围都有很大差别，因此物理结构设计没有通用的方法。

1）存取方法选择

数据库系统是多用户共享的系统，为了满足用户快速存取的要求，必须选择有效的存取方法。一般数据库系统中为关系、索引等数据库对象提供了多种存取方法，主要有索引方法、聚簇方法、HASH 方法。

（1）索引存取方法的选择。

索引是数据库表的一个附加表，存储了建立索引列的值和对应的记录地址。查询数据时，先在索引中根据查询的条件值找到相关记录的地址，然后在表中存取对应的记录，所以能加快查询速度。但索引本身占用存储空间，索引是系统自维护的。B＋树索引和位图索引是常用的两种索引。建立索引的一般原则是：

① 如果某属性或属性组经常出现在查询条件中，则考虑为该属性或属性组建立

索引；

②　如果某个属性经常作为最大值和最小值等聚集函数的参数，则考虑为该属性建立索引；

③　如果某属性和属性组经常出现在连接操作的连接条件中，则考虑为该属性或属性组建立索引。

注意，并不是索引定义越多越好。一是索引本身占用磁盘空间；二是系统为索引的维护要付出代价，特别是对于更新频繁的表，索引不能定义太多。

（2）聚簇存取方法的选择。

在关系数据库管理系统（RDBMS）中，连接查询是影响系统性能的重要因素之一，为了改善连接查询的性能，很多 RDBMS 提供了聚簇存取方法。

聚簇主要思想是：将经常进行连接操作的两个和多个数据表，按连接属性（聚簇码）相同的值存放在一起，从而大大提高连接操作的效率。一个数据库中可以建立很多簇，但一个表只能加入一个聚簇中。

设计聚簇的原则是：

①　经常在一起连接操作的表，考虑存放在一个聚簇中；

②　在聚簇中的表，主要用来查询的静态表，而不是频繁更新的表。

（3）HASH 存取方法的选择。

有些数据库管理系统提供了 HASH 存取方法。HASH 存取方法的主要原理是：根据查询条件的值，按 HASH 函数计算查询记录的地址，减少了数据存取的 I/O 次数，加快了存取速度。并不是所有的表都适合 HASH 存取，选择 HASH 方法的原则是：

①　主要是用于查询的表（静态表），而不是经常更新的表；

②　作为查询条件列的值域（散列键值），具有比较均匀的数值分布；

③　查询条件是相等比较，而不是范围（大于或等于比较）。

2）存储结构的确定

确定数据库的存储结构，主要是数据库中数据的存放位置，合理设置系统参数。数据库中的数据主要是指表、索引、聚簇、日志、备份等数据。存储结构选择的主要原则是：数据存取时间的高效性、存储空间的利用率、存储数据的安全性。

（1）存放位置。

在确定数据存放位置之前，要将数据中易变部分和稳定部分进行适当的分离，并分开存放；要将数据库管理系统文件和数据库文件分开。如果系统采用多个磁盘和磁盘阵列，将表和索引存放在不同的磁盘上，查询时，由于两个驱动器并行工作，可以提高 I/O 读写速度。为了系统的安全性，一般将日志文件和重要的系统文件存放在多个磁盘上，互为备份。

（2）系统配置。

DBMS 产品一般都提供了大量的系统配置参数，供数据库设计人员和 DBA 进行数据库的物理结构设计和优化。如用户数、缓冲区、内存分配、物理块的大小等。一般在建立数据库时，系统都提供了默认参数，但是默认参数不一定适合每一个应用环境，要做适当的调整。此外，在物理结构设计阶段设计的参数，只是初步的，要在系统运行阶段根据实际情况进一步进行调整和优化。

5．实施和维护方法

数据库的物理设计完成后，设计人员就要用 DBMS 提供的数据定义语言和其他应用程序将数据库逻辑设计和物理设计结果严格地描述出来，成为 DBMS 可以接受的源代码，再经过调试产生出数据库模式；然后就可以组织数据入库、调试应用程序，这就是数据库实施阶段。在数据库实施后，对数据库进行测试，测试合格后，数据库进入运行阶段。在运行的过程中，要对数据库进行维护。

1）数据库的实施

数据库实施阶段包括两项重要的工作：一是建立数据库，二是测试。

（1）建立数据库。

建立数据库是在指定的计算机平台上和特定的 DBMS 下，建立数据库和组成数据库的各种对象。数据库的建立分为数据库模式的建立和数据的载入。

建立数据库模式：主要是数据库对象的建立，数据库对象可以使用 DBMS 提供的工具交互式地进行，也可以使用脚本成批地建立。

数据的载入：建立数据库模式，只是一个数据库的框架。只有装入实际的数据后，才算真正地建立了数据库。数据的来源有两种形式："数字化"数据和"非数字化"数据。

"数字化"数据是存在某些计算机文件和某种形式的数据库中的数据，这种数据的载入工作主要是转换，将数据重新组织和组合，并转换成满足新数据库要求的格式。这些转换工作完成，可以借助于 DBMS 提供的工具，如 Oracle 的 SQL* Load 工具、SQL Server 的 DTS 工具。

"非数字化"数据是没有计算机化的原始数据，一般以纸质的表格、单据的形式存在。这种形式的数据处理工作量大，一般需要设计专门的数据录入子系统完成数据的载入工作。数据录入子系统中一般要有数据校验的功能，保证数据的正确性。

（2）测试。

数据库系统在正式运行前，要经过严格的测试。数据库测试一般与应用系统测试结合起来，通过试运行，参照用户需求说明，测试应用系统是否满足用户需求，查找应用程序的错误和不足，核对数据的准确性。如果功能不满足或数据不准确，对应用程序部分要进行修改、调整，直到满足设计要求为止。

对数据库的测试，重点在两个方面：一是通过应用系统的各种操作，数据库中的数据能否保持一致性，完整性约束是否有效实施；二是数据库的性能指标是否满足用户的性能要求，分析是否达到设计目标。在对数据库进行物理结构设计时，已经对系统的物理参数进行了初步设计。但一般的情况下，设计时的考虑在许多方面还只是对实际情况的近似估计，和实际系统的运行总有一定的差距，因此必须在试运行阶段实际测量和评价系统性能指标。事实上，有些参数的最佳值往往是经过运行调试后找到的。如果测试的物理结构参数与设计目标不符，则要返回到物理结构设计阶段，重新调整物理结构，修改系统物理参数。有些情况下要返回到逻辑结构设计，修改逻辑结构。

在试运行的过程中，要注意：在数据库试运行阶段，由于系统还不稳定，硬件、软件故障随时都可能发生。而系统的操作人员对新系统还不熟悉,误操作也不可避免,因此应首先调试 DBMS 的恢复功能,做好数据库的转储和恢复工作。一旦发生故障,能使数据库尽快恢复,减少对数据库的破坏。

2) 数据库的维护

数据库测试合格和试运行后,数据库开发工作基本完成,即可投入正式运行了。但是,由于应用环境不断变化,数据库运行过程中物理存储也会不断变化。对数据库设计的评价、调整、修改等维护工作是一个长期的任务,也是设计工作的继续和提高。

在数据库运行阶段,对数据库经常性的维护工作是由 DBA 完成的,主要包括以下几个方面。

(1) 数据库的转储和恢复。

数据库的转储和恢复工作是系统正式运行后最重要的维护工作之一。DBA 要针对不同的应用要求制定不同的转储计划,以保证一旦发生故障尽快将数据库恢复到某种一致的状态,并尽可能减少对数据库的损失和破坏。

(2) 数据库的安全性和完整性控制。

在数据库的运行过程中,由于应用环境的变化,对数据库安全性的要求也会发生变化。例如有的数据原来是机密的,现在可以公开查询了,而新增加的数据又可能是机密的了。系统中用户的级别也会发生变化。这些都需要 DBA 根据实际情况修改原来的安全性控制。同样,数据库的完整性约束条件也会变化,也需要 DBA 不断修正,以满足用户需求。

(3) 数据库性能的监控、分析和改造。

在数据库运行过程中,监控系统运行,对检测数据进行分析,找出改进系统性能的方法,是 DBA 的又一重要任务。目前有些 DBMS 产品提供了检测系统性能的工具,DBA 可以利用这些工具方便地得到系统运行过程中一系列参数的值。DBA 应仔细分析这些数据,判断当前系统运行状况是否最优,应当做哪些改进,并找出改进的方法。例如调整系统物理参数,或对数据库进行重组织或重构造等。

(4) 数据库的重组和重构。

数据库运行一段时候后,由于记录不断增加、删除、修改,会使数据库的物理存储结构变坏,降低了数据的存取效率,数据库性能下降,这时 DBA 就要对数据库进行重组,或部分重组(只对频繁增加、删除的表进行重组)。DBMS 系统一般都提供了对数据库重组的实用程序。在重组的过程中,按原设计要求重新安排存储位置、回收垃圾、减少指针链等,提高系统性能。

数据库的重组,并不修改原来的逻辑和物理结构,而数据库的重构则不同,它是指部分修改数据库模式和内模式。

由于数据库应用环境发生变化,增加了新的应用或新的实体,取消了某些应用,有的实体和实体间的联系也发生了变化等,使原有的数据库模式不能满足新的需求,需要调整数据库的模式和内模式。例如在表中增加或删除了某些数据项,改变数据项的类型,增加和删除了某个表,改变了数据库的容量,增加或删除了某些索引等。当然数据库的重构是有限的,只能做部分修改。如果应用变化太大,重构也无济于事,说明此数据库应用系统的生命周期已经结束,应该设计新的数据库。

1.3.3　数据库设计案例

【例 1-2】　设某商品销售数据库中的信息有员工号、员工名、工资、销售组名、销售组负责人、商品号、商品名、单价、销售日期、销售量、供应者号、供应者名、供应者地址、供货数量。假定:一个员工仅在一个销售组;一个销售组可销售多种商品,一种商品只能由一个组销售;一种商品每天有一个销售量;一个供应者可以供应多种商品,一种商品可以多渠道供货。

要求完成下列各题:

(1) 根据以上信息,给出 E-R 图。

(2) 按规范化要求设计出 3NF 的数据库模式。

(3) 给出数据库模式中每个关系模式的主键和外键。

(4) 确定建立哪些索引。

解:

(1) E-R 模型如图 1-26 所示。

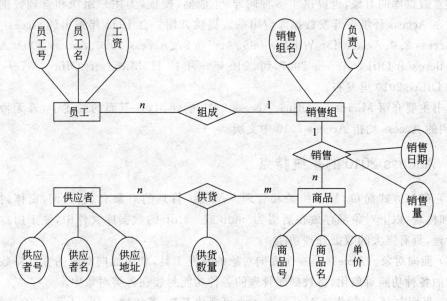

图 1-26　商品销售数据库 E-R 图

(2) 3NF 的关系模式。

$R1$(员工号,员工名,工资,销售组名);

$R2$(销售组名,销售组负责人);

$R3$(商品号,商品名,单价,销售组名);

$R4$(商品号,销售日期,销售量);

$R5$(供应者号,供应者名,供应者地址);

$R6$(商品号,供应者号,供货数量)。

（3）每个关系模式的主键和外键如表 1-18 所示。

表 1-18　关系模式表

关系	主　键	外　键	关系	主　键	外　键
R1	员工号		R4	商品号,销售日期	商品号
R2	销售组名		R5	供应者号	
R3	商品号	销售组名	R6	商品号,供应者号	商品号,供应者号

（4）为了建立表之间的关联关系,需要 R1 按员工号、R2 按销售组名、R3 按商品号、R5 按供应者号等分别建立索引。

1.4　Access 2010 系统概述

Access 是微软公司推出的基于 Windows 的关系数据库管理系统（RDBMS）,是 Office 系列应用软件的组件之一。Access 提供了表、查询、窗体、报表、页、宏与模块 7 种用来建立数据库的对象,也提供了多种向导、生成器、模板,为用户组织和管理数据库数据以及在 Access 环境下开发数据库应用系统提供方便。自 1992 年推出的 Access 1.1,历经 Access 2.0、Access for Windows 95、Access 97、Access 2000、Access 2002、Access 2003、Microsoft Office Access 2007,到 2010 年 5 月 12 日,Microsoft Office Access 2010 在微软 Office 2010 里发布。

本书主要介绍 Microsoft Office Access 2010 的使用,在下面的叙述中,若无特别说明,提到的 Access 均指 Access 2010 中文版。

1.4.1　Access 2010 的系统特点

（1）存储方式简单,易于维护和管理。Access 管理的对象有表、查询、窗体、报表、页、宏和模块,以上对象都存放在后缀为.mdb 或.accdb 的数据库文件中,便于用户的操作和管理,具有强大的数据处理功能。

（2）面向对象。Access 是一个面向对象的开发工具,利用面向对象的方式将数据库系统中的各种功能对象化,将数据库管理的各种功能封装在各类对象中。

（3）界面友好、易操作。Access 是一个可视化工具,其风格与 Windows 完全一样,用户想要生成对象并应用,只要使用鼠标进行拖放即可,非常直观方便。它作为 Office 套件的一部分,可以与 Office 集成,系统还提供了表生成器、查询生成器、报表设计器以及数据库向导、表向导、查询向导、窗体向导、报表向导等工具,使得操作简便、容易使用和掌握,开发的多用户数据库管理系统具有事务处理先进大型数据库管理系统所具备的特征。

（4）集成环境、处理多种数据信息。Access 2010 基于 Windows 操作系统下的集成开发环境,该环境集成了各种向导和生成器工具,极大地提高了开发人员的工作效率,使得建立数据库、创建表、设计用户界面、设计数据查询、报表打印等方便有序地进行,可以方便地生成各种数据对象,利用存储的数据建立窗体和报表,可视性好。

(5) Access 2010 支持 ODBC(Open DataBase Connectivity,开放数据库互联),利用 Access 强大的 DDE(Dynamic Data Exchange,动态数据交换)和 OLE(Object Link Embed,对象的连接和嵌入)特性,可以在一个数据表中嵌入位图、声音、Excel 表格、Word 文档,还可以建立动态的数据库报表和窗体等。

(6) 支持广泛,易于扩展。它能够将通过链接表的方式来打开 Excel 文件、格式化文本文件等,这样就可以利用数据库的高效率对其中的数据进行查询、处理,它作为 Office 套件的一部分,可以与 Office 集成,实现无缝连接。

1.4.2 Access 2010 文件格式简介

使用 2007 版之前的 Access 版本无法打开 Access 2010 以 .accdb 文件格式创建的文件。本小节将介绍 Access 2010 文件格式的新增功能,讨论在转换为早期文件格式时出现的某些问题,并概述早期版本中的某些相关文件类型发生了哪些更改。

1. Access 2010 文件格式的新增功能

Access 2010 文件格式能够创建 Web 应用程序(即,可以将数据库发布到 Microsoft SharePoint 服务器并通过 Internet 浏览器访问 Access 应用程序)。此外,新文件格式还支持表中的计算字段、附加到表事件的宏、改进的加密方法以及其他改进功能。

1) Web 数据库

Access 2010 提供了一种将数据库应用程序作为 Web 数据库部署到 SharePoint 服务器的新方法。这样,能够在 Web 浏览器中使用此数据库,或者通过使用 Access 2010 从 SharePoint 网站上打开它。如果将数据库设计为与 Web 兼容,并且有权限访问正在运行 Access Services 的 SharePoint 服务器,则可以利用这种新的部署方法。

并非所有 Access 功能都与 Web 兼容,因此,Access 2010 提供了可避免使用无法发布到 SharePoint/Access Services 服务器的功能的"Web 模式"环境。如果发布的数据库包含与 Web 不兼容的功能,则无法通过 Web 浏览器使用这些功能。但是,仍可以使用 SharePoint 中的"在 Access 中打开"命令在 Access 2010 中打开功能齐备的应用程序。

2) 计算数据类型

在 Access 的早期版本中,如果希望计算某个值(例如,[数量]＊[单价]),则需要在查询、控件、宏或 VBA 代码中进行计算。在 Access 2010 中,可以使用计算数据类型在表中创建计算字段。这样可以在数据库中更方便地显示和使用计算结果。编辑某一记录时,Access 将更新计算字段,并在该字段中一直保持正确的值。

例如,若要向表添加[数量]＊[单价]的计算功能,可以在"表设计"视图中输入相应的计算公式,如图 1-27 所示。

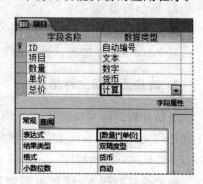

图 1-27 使用计算数据类型在表中
创建计算字段实例

注释：还可以在数据表视图中选择"单击以添加"，然后选择"计算字段"，在数据表视图中创建计算字段。计算字段不能引用其他表或查询中的字段。

3）数据宏

数据宏与 Microsoft SQL Server 中的"触发器"相似，是在更改表中的数据时执行编程任务。可以将宏直接附加到特定事件，例如，"插入后""更新后"或"修改后"，也可以创建通过事件调用的独立数据宏。

例如，假定具有一个包含项目状态相关信息的表。可以将数据宏附加到该表的"更新后"事件，然后对该宏进行编程，使它在"状态"字段设置为完成时将"完成百分比"字段自动设置为100%。该宏有助于使两个字段保持同步和运行，而不管是在表单、查询、宏还是在 VBA 代码中更新"状态"字段。

4）数据服务连接

Access 2010 包含对 Business Connectivity Services(BCS)的支持。BCS 是针对 Windows SharePoint Services 2007 创建的，使用户可以与通常位于面向服务的企业体系结构(SOA)环境中的 Web 服务数据源通信。Access 可以根据这些 Web 服务数据源利用 BCS 应用程序定义 XML 文件来创建链接表和表达式。

5）导航控件

Access 2010 提供了一个新的导航控件，能够向数据库应用程序快速添加基本导航功能，如果要创建 Web 数据库，此控件非常有用。通过向应用程序的"开始"页添加导航控件，用户可以使用直观的选项卡式界面在表单和报表之间快速切换，如图 1-28 所示。

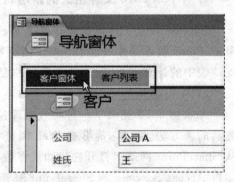

图 1-28　导航控件实例图

6）排序顺序

Access 2010 包含可改进日本、中国和印度等区域设置中的数据排序方式的更改内容。这包括对东亚区域设置中的代理字符的排序支持。

7）新加密类型

为了符合目前的加密标准，Access 2010 实现了较新的加密类型，还支持非 Microsoft 产品对 Access 文件加密。这有助于为 Access 中存储的数据提供更多保护。

2. 转换为早期文件格式

上面介绍的新增功能在 Access 2010 之前的 Access 版本中不可用。如果创建使用上述任何功能的 Access 2010 数据库，并尝试将其保存为 2007 之前版本的数据库(例如，Access 2002-2003 数据库)，Access 则会显示图 1-29 所示的消息。

除非修订数据库，使其不再使用消息中列出的功能，否则无法将此数据库转换为2007 之前的版本格式。

图 1-29　转换为早期文件格式提示信息对话框

3. 文件类型

Access 2010 文件格式所采用的文件类型如下：

（1）.accdb。这是采用 Access 2010 文件格式的数据库的标准文件扩展名。Access 2010 数据库可以设计为标准"客户端"数据库或 Web 数据库。

① 客户端数据库。客户端数据库是存储在本地硬盘、文件共享或文档库中的传统 Access 数据库文件。其中包含的表尚未设计为与"发布到 Access Services"功能兼容，因此它需要 Access 程序才能运行。使用 Access 的早期版本创建的所有数据库在 Access 2010 中均作为客户端数据库打开。

② Web 数据库。Web 数据库是通过使用 Microsoft Office Backstage 视图中的"空白 Web 数据库"命令创建的数据库，或成功通过兼容性检查程序（位于"保存并发布"选项卡上的"发布到 Access Services"下）所执行的测试的数据库。Web 数据库中的表的结构与发布功能兼容，并且无法在设计视图中打开（但是仍然可以在数据表视图中修改其结构）。Web 数据库还至少包含一个将在服务器上呈现的对象（例如，表单或报表）。连接到该服务器的任何人员都可以在标准 Internet 浏览器中使用在服务器上呈现的数据库组件，而不必在其计算机上安装 Access 2010。通过选择 SharePoint 中"操作"菜单的"在 Access 中打开"命令，仍可以在安装有 Access 2010 的计算机上使用未在服务器上呈现的任何数据库组件。

（2）.accdw。.accdw 文件是自动创建的文件，用于在 Access 程序中打开 Web 数据库。可以将其视为 Web 应用程序的快捷方式，它始终在 Access 中而不是在浏览器中打开该应用程序。当使用 SharePoint 中 Web 应用程序网站的"网站操作"菜单的"在 Access 中打开"命令时，Access 和 Access Services 会自动创建.accdw 文件。可以直接从服务器打开.accdw 文件，也可以将.accdw 文件保存到计算机，然后双击以运行它。无论采用哪种方法，当打开.accdw 文件时，数据库都会作为.accdb 文件复制到计算机上。

（3）.accde。这是编译为原始.accdb 文件的"锁定"或"仅执行"版本的 Access 2010 桌面数据库的文件扩展名。如果.accdb 文件包含任何 Visual Basic for Applications（VBA）代码，.accde 文件中将仅包含编译的代码。因此用户不能查看或修改 VBA 代码。而且，使用.accde 文件的用户无法更改窗体或报表的设计。可以执行以下操作从.accdb 文件创建.accde 文件：

① 在 Access 2010 中，打开要另存为.accde 文件的数据库。

② 在"文件"选项卡上，单击"保存并发布"，然后在"数据库另存为"下，单击"生成 ACCDE"。

③ 在"另存为"对话框中,通过浏览找到要在其中保存该文件的文件夹,在"文件名"框中输入该文件的名称,然后单击"保存"按钮。

(4) .accdt。这是 Access 数据库模板的文件扩展名。可以从 Office.com 下载 Access 数据库模板,也可以单击 Microsoft Office Backstage 视图的"共享"空间中的"模板(*.accdt)"将数据库保存为模板。

(5) .accdr。.accdr 文件扩展名是在运行模式下打开数据库。只需将数据库文件的扩展名由.accdb 更改为.accdr,便可以创建 Access 2010 数据库的"锁定"版本。可以将文件扩展名改回到.accdb 以恢复数据库的完整功能。

(6) .mdw。该工作组信息文件存储安全数据库的信息。对 Access 2010 的.mdw 文件格式没有进行任何更改。Access 2010 工作组管理器将创建.mdw 文件,这些文件与在 Access 2000 至 Access 2007 中创建的.mdw 文件相同。在早期版本中创建的.mdw 文件可以由 Access 2010 中的数据库使用。

注释:可以使用 Access 2010 打开使用用户级安全机制保护的早期版本的数据库。但是,Access 2010 数据库中没有用户级安全机制。功能区上没有任何命令可用于启动工作组管理器,但是仍可以使用 VBA 代码中的 DoCmd.RunCommand acCmdWorkgroupAdministrator 命令,或者使用 WorkgroupAdminstrator 的 Command 参数创建包含 RunCommand 操作的 Access 宏,从而在 Access 2010 中启动工作组管理器。

(7) .laccdb。打开 Access 2007 或 Access 2010(.accdb)数据库时,文件锁定将通过文件扩展名为.laccdb 的锁定文件控制。打开早期版本的 Access(.mdb)文件时,锁定文件的扩展名为.ldb。创建的锁定文件类型取决于正打开的数据库的文件类型,而不是正在使用的 Access 的版本。在所有用户都关闭数据库之后,锁定文件将自动被删除。

4. 链接表

Access 数据库可以包含使用相同版本或早期 Access 版本创建的其他 Access 数据库中的表的链接。但是,Access 数据库不能包含使用更高 Access 版本创建的数据库中的表的链接。例如,Access 2010 数据库可以包含使用 Access 2007 创建的数据库中的表的链接。但是,Access 2007 数据库不能包含使用 Access 2010 创建的数据库中的表的链接。

5. 复制

Access 2010 或 Access 2007 文件格式中不支持复制功能。但是,可以使用 Access 2010 或 Access 2007 复制当前以 Access 2007 之前的文件格式存在的数据库。

1.4.3　Access 2010 系统工作界面

Access 2010 用户界面的 3 个主要组件为 Backstage 视图、功能区和导航窗格。这 3 个主要元素提供了供用户创建和使用数据库的环境。

1. Backstage 视图

Backstage 视图占据功能区上的"文件"选项卡,包含功能区"文件"选项卡上显示的命令集合,还包含适用于整个数据库文件的其他命令。在打开 Access 2010 但未打开数据库时可以看到 Backstage 视图,通过它可快速访问常见功能,如"打开""新建""最近所用文件"等命令操作。还能直接从 Office.com 下载更多 Access 模板或通过 SharePoint Server 将数据库发布到 Web,执行文件和数据库维护任务。

从"开始"菜单或快捷方式启动 Access 2010,Backstage 视图随即出现,如图 1-30 所示。

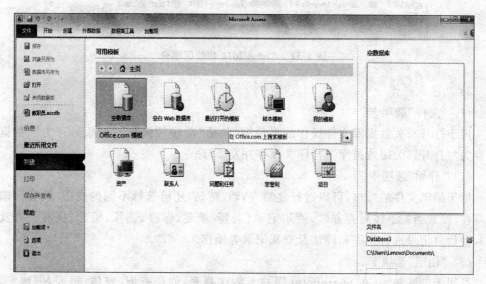

图 1-30 Backstage 视图

其中,Backstage 视图会根据命令对用户的重要程度和用户与命令的交互方式来突出显示某些命令。Backstage 视图可帮助使用者发现和使用功能区中编写功能之外的处理文档功能,包括创建新数据库、打开现有数据库、通过 SharePoint Server 将数据库发布到 Web 及执行多文件和数据库维护任务。

2. 功能区

1) 功能区组成

功能区由一系列包含命令的命令选项卡组成。在 Access 2010 中,主要的命令选项卡包括"文件""开始""创建""外部数据"和"数据库工具",每个选项卡都包含多组相关命令。

2) 功能区命令

功能区中的命令涉及当前处于活动状态的对象。如果在数据表视图中打开一个表,并在"窗体"组的"创建"菜单中单击"窗体",则 Access 2010 将根据活动表来创建窗体。即:选择已经创建的表文件名,单击"创建"菜单中的"窗体"命令则可自动创建默认的窗体。

单击 Backstage 视图中的"创建"菜单,即可打开功能菜单,功能区是一个横跨窗口顶部、将相关常用命令分组在一起的选项卡集合,它把主要命令菜单、工具栏、任务窗格和其他用户界面组件的任务或入口点集中在一起,在同一时间只显示活动菜单中的命令。每个菜单下方均能列出不同功能的组,如"创建"菜单中包含"表设计""查询设计""窗体设计"等命令,如图 1-31 所示。

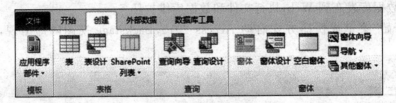

图 1-31　Access 2010 功能区部分

3) 功能区操作

(1)"文件"选项卡。

用于打开有关数据库文件操作的对话框,包括"新建""保存""对象另存为""数据库另存为""打开""关闭数据库""打印""保存并发布"命令。

(2)"开始"选项卡。

用于编辑文件的操作,可以进行复制、移动、粘贴,还可选择不同的视图、设置当前字体特性、设置当前字体对齐方式、使用记录(刷新、新建、保存、删除、汇总、拼写检查及更多),包括对记录进行排序和筛选及查找记录等操作。

(3)"创建"选项卡。

可用于创建新表、在 SharePoint 网站上创建列表,创建查询、窗体、报表,创建宏、模块或类模块。

(4)"外部数据"选项卡。

可用于导入或链接外部数据,发布成 PDF 格式的文件,也可通过电子邮件收集和更新数据,创建保存的导入、导出和运行链接表等操作。

(5)"数据库工具"选项卡。

可用于将部分或全部数据库移至新的或现有 SharePoint 网站、运行宏、创建和查看表关系、显示/隐藏对象相关性、运行数据库文档或分析性能、将数据移至 Microsoft SQL Server 或 Access(仅限于表)数据库、管理 Access 加载项及创建或编辑 Visual Basic for Applications(VBA)模块等操作。

(6)"关闭"按钮。

默认保存该数据库文件为 Database1. accdb。选择"保存"命令是保存数据库中的表文件,选择"对象另存为"命令是将表存为表的副本。选择"保存并发布"命令可将数据库文件保存为早期版本格式 Database1. mdb。在打开的"保存与发布"对话框中可以单击"发布到 Access Services",可通过 Web 浏览器和 Access 共享数据库。

Access Services 是 SharePoint 2010 新增的一项服务应用程序,利用 Access Services

可以在浏览器中查看、编辑、更新由 Microsoft Access 2010 创建的数据库;可以把 Access 数据库中的各类对象(如表单、报表、导航等)转化成原生的 SharePoint 对象。

3. 导航窗格

1) 导航窗格的组成

导航窗格是用于在数据库中导航和执行任务的窗口,当打开数据库后,它默认出现在程序窗口左侧。导航窗格有两种状态:折叠和展开。单击导航窗格上方的按钮 «、» 可以折叠或展开导航窗格。

默认情况下,新数据库使用"对象类型"类别,该类别包含对应于各种数据库对象的组。它是打开或更改数据库对象设计的主要方式,替代了以往 Access 版本中的数据库窗口。在打开数据库或创建新数据库时,数据库对象的名称将显示在导航窗格中。数据库对象包括表、窗体、报表、查询、宏和模块,在导航窗格可看到全部对象。导航选项对话框能在这个集中的地方管理所有选项,可按"对象类型""表和相关视图""创建日期""修改日期"和"按组筛选"分组,如图 1-32 所示。

图 1-32　导航窗格部分图

其中:

(1) 最顶层下拉列表。设置或更改该窗格对数据库对象分组的类别,单击"所有 Access 对象"右侧的下拉列表,可以查看展开子菜单;右击可以执行排序对象等其他操作。

(2) 百叶窗开/关按钮。展开或折叠导航窗格。该按钮不会全部隐藏窗格。要执行该操作,必须设置全局数据库选项。

(3) 搜索框。通过输入部分或全部对象名称,可在大型数据库中快速查找对象。

(4) 数据库对象。导航窗格将数据库对象分成多个类别,如数据库中的"表""查询""窗体""报表""宏"和"模块",如图 1-32 所示。

(5) 空白。右击"导航窗格"底部的空白,如图 1-33 所示,可以执行各种任务。若选择"查看方式"命令,则可查看各个对象的详细信息,包括创建日期时间和修改日期时间。

(6) 导航窗格执行任务。除了常见任务外,还可在导航窗格中执行新任务,选中对象(包括"表""查询""窗体""报表"等)可导入、导出数据。若选中"表",则如图 1-34 所示。

2) 导航窗格的功能

(1) 对象分组。

单击顶层菜单的下拉列表,可打开菜单选择不同类别。

① 若选择"表和相关视图",则类别按数据库中对象相关的表进行分组。

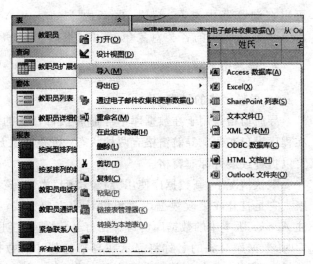

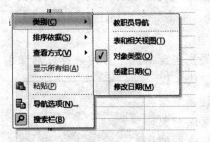

图 1-33　右击"导航窗格"底部的空白　　　图 1-34　表导航窗格执行任务命令菜单

② 选择"修改日期",类别按与修改数据库中的时间进行分组;当选择不同类别时,组会随之发生更改,但是类别和组提供了一种筛选形式。

③ 若只想查看"报表",可选择"对象类型"类别,此时从菜单组中可选择"报表"。

(2) 对象修改。

① 在导航窗格中,双击欲打开的表、查询、报表或其他对象,可以将对象拖至 Access 的工作区进行修改。

② 将焦点置于对象上并按 Enter 键,则可在设计视图中打开数据库对象。

(3) 导航任务快捷方式。

对于大多数导航任务,Access 2010 的导航窗格可以替代数据库窗口,如果使用数据库窗口来执行任务(如在设计视图中打开报表),则可以使用导航窗格或使用功能区上的命令实现。快捷方式只能存在于自定义类别和组中。

要点提示:

在导航窗格执行操作时,如果删除其中的某个对象(即使它显示为重复项),则删除的是对象本身,而且可能会破坏数据库的部分或全部功能。如果要隐藏重复对象,则右击该对象,并在弹出的快捷菜单中选择"在此组中隐藏"命令即可。

导航窗格在 Web 浏览器中不可用。若要将导航窗格与 Web 数据库一起使用,必须先使用 Access 2010 打开该数据库。

3) 导航窗格的操作

(1) 显示或隐藏导航窗格。

单击导航窗格右上角的导航按钮(　)或按 F11 键均可。

(2) 在默认情况下禁止显示导航窗格。

① 单击"文件"菜单,然后单击"选项"命令,将出现"Access 选项"对话框。

② 在左侧窗格中,单击"当前数据库"选项。

③ 在右侧的"导航"选项区域,清除"显示导航窗格"复选框,然后单击"确定"按钮,如图 1-35 所示。

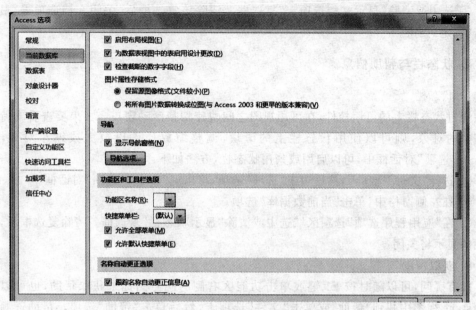

图 1-35　"Access 选项"对话框"显示导航窗格"复选框部分视图

（3）选项卡式文档。

启动 Office Access 2010 后,可用选项卡式文档代替重叠窗口来显示数据库对象,这样可便于不同文档的切换,如图 1-36 所示。

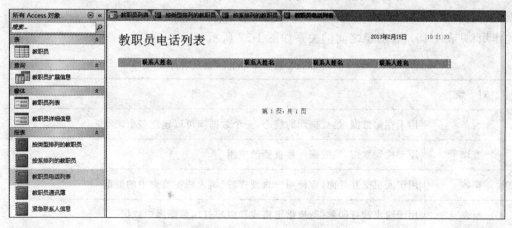

图 1-36　选项卡式文档部分视图

Access 2010 创建的新数据库默认显示"文件"选项卡,显示/隐藏"文件"选项卡设置是针对单个数据库的,必须为每个数据库单独设置此选项。显示/隐藏选项卡的方法如下:

① 选择"文件"选项卡,然后单击"选项"选项,将出现"Access 选项"对话框。

② 在左侧窗格中,单击"当前数据库"选项。

③ 在"应用程序选项"部分的"文档窗口选项"下,选择"选项卡式文档"。

④ 选中或清除"显示文档选项卡"复选框。清除该复选框后,关闭文档选项卡,最后单击"确定"按钮。

4. 状态栏与帮助信息

1) 状态栏

通过状态栏上的可用控件,在可用视图之间快速切换活动窗口。如果要查看支持可变缩放的对象,则可以使用状态栏上的滑块,调整缩放比例以放大或缩小对象,在"Access 选项"对话框中,可以启用或禁用状态栏,方法如下:

① 选择"文件"选项卡,然后单击"选项"选项,将出现"Access 选项"对话框。

② 在左侧窗格中,单击"当前数据库"选项。

③ 在"应用程序选项"选项区域选中或清除"显示状态栏"复选框。清除复选框后,状态栏的显示将关闭。

2) 获取帮助

如有疑问,可以随时按 F1 键或单击功能区右侧的问号图标来获取帮助,也可以在 Backstage 视图中找到"帮助"或单击"文件"选项卡,然后单击"帮助"选项。帮助资源的列表将在 Backstage 视图中出现。

1.4.4　Access 2010 的数据库对象

一个 Access 数据库就是一个扩展名为. mdb(或 accmdb)的 Access 文件,Access 数据库中包含表、查询、窗体、报表、页、宏与模块等对象,不同的对象在数据库中起着不同的作用(见表 1-19),各对象之间的关系如图 1-37 所示。

表 1-19　Access 数据库中的对象及其作用

对　象	作　用
表	用于存储数据,是数据库的核心,一个数据库可以建立多个表
查询	用于检索数据,是数据库最重要的应用
窗体	用于人机交互界面,方便用户直观查看、输入或更改表中的数据
报表	用于输出和打印数据,按指定格式和内容打印数据库中数据
宏	用于操作命令的集合,可自动完成一组操作,方便数据库的管理和维护
模块	用于存放 VBA 代码,通过编程的方式实现数据库功能
页	也称数据访问页,是一个独立的.htm 或.html 文件(网页文件)。用于在浏览器中查看和处理 Access 数据库中的数据

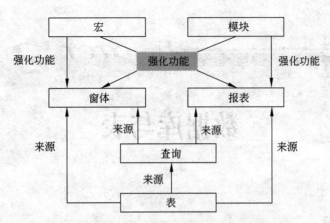

图 1-37 Access 的数据库对象之间的关系

1.5 本 章 小 结

本章通过对数据管理技术发展阶段比较,指出数据库管理优势;通过数据库系统组成和数据模型分析,介绍数据库管理系统分类及当前主流关系数据库产品;在介绍关系基本术语和性质的基础上,介绍专门关系运算和关系完整性;在介绍数据库设计阶段、使用工具、设计方法和阶段成果的基础上,较详细地介绍概念模型转换为关系数据模型的方法和关系模式的规范化方法;最后,简要介绍了 Access 2010 的系统特点、文件格式、工作界面和数据库对象。

第 2 章

chapter 2

数据库与表

本章学习目标
- 掌握 Access 数据库的创建及操作方法；
- 掌握 Access 表结构的创建及操作方法；
- 掌握 Access 表内容的操作方法。

Access 数据库由表、查询、窗体、报表、宏和模块等对象构成，数据库本身是包含这些对象的容器。本章先介绍数据库的创建，再介绍如何在数据库中创建表以及在表中输入记录；然后介绍对表结构的修改，再介绍对表中记录的相关操作包括对表记录的增加、删除、修改、查询以及排序、筛选等相关操作；最后给出本章小结。

2.1 教学管理系统数据库设计

本书将以教学管理系统为例，展开对 Access 2010 数据库的相关知识的讲解。利用第 1 章介绍的数据库设计方法，通过需求分析和概念结构设计得到教学管理系统的"教学管理"数据库中的表及表结构。

2.1.1 教学管理系统功能需求

经过调研和分析，教学管理系统主要应有以下功能：
(1) 学生信息维护——主要完成学生信息的登记、修改和删除等操作；
(2) 课程信息维护——主要完成课程信息的添加、修改和删除等操作；
(3) 学生选课处理——主要完成学生的选课活动，记录学生的选课情况和考试成绩；
(4) 教师信息维护——主要完成教师信息的登记、修改和删除等操作；
(5) 教师授课情况处理——主要完成对教师授课情况的记录和维护；
(6) 系部和专业信息维护——主要完成系部和专业相关信息的管理和维护。

2.1.2 教学管理系统的 E-R 图设计

经初步分析，可以确定教学管理系统主要有 5 个实体：学生、教师、课程、系部和专业。

实体之间的联系有：

（1）学生与课程之间存在的选课联系为 $m:n$ 联系，即一个学生可以选修多门课程，一门课程可以被多个学生选修。

（2）教师与课程之间存在的授课联系为 $m:n$ 联系，即一名教师可以教授多门课程，一门课程可以被多名教师讲授。

（3）学生与专业之间的联系为 $1:n$ 联系，即一个专业有多名学生，一个学生只能属于一个专业。

（4）系部与专业之间的联系为 $1:n$ 联系，即一个系部可以设置多个专业，一个专业只能属于一个系部。

（5）系部与教师之间的联系为 $1:n$ 联系，即一个系部可以有多名教师，一个教师只能属于一个系部。

经过分析，确定各实体的属性，其具体属性将在 2.1.3 节给出。

根据设计要求，将 $m:n$ 的联系转化为两个 $1:n$ 的联系，因此对"选课"联系和"授课"联系单独定义关系进行描述，"选课"联系拥有单独的属性"成绩"，"授课"联系拥有单独的属性"上课时间"和"上课教室"。

教学管理系统的全局 E-R 图如图 2-1 所示。

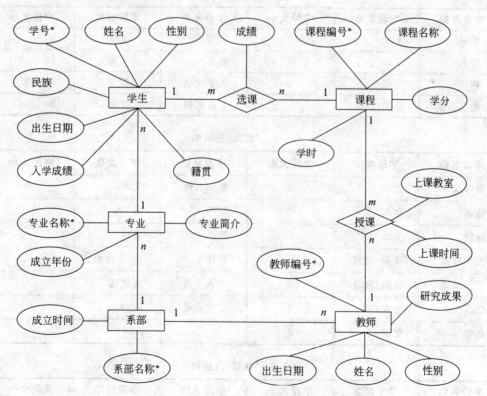

图 2-1 教学管理系统的全局 E-R 图

2.1.3　教学管理系统的数据库关系模型

根据图 2-1 所示的 E-R 图,得到教学管理系统的"教学管理"数据库关系模型如下:

教师(教师编号*,姓名,性别,出生日期,工作时间,学历,职称,系部名称,婚否,简历,照片,个人主页,研究成果)

学生(学号*,姓名,性别,出生日期,民族,籍贯,入学成绩,专业名称)

课程(课程编号*,课程名称,学时,学分)

选课(学号*,课程编号*,教师编号,成绩)

专业(专业名称*,成立年份,系部名称,专业简介)

系部(系部名称*,成立时间)

授课(教师编号*,课程编号*,上课教室,上课时间)

2.1.4　"教学管理"数据库表结构及表数据

数据库中表的结构如表 2-1～表 2-7 所示。

表 2-1　"学生"表结构

字段名称	字段类型	字段大小	字段名称	字段类型	字段大小
学号	文本	8	民族	文本	10
姓名	文本	4	籍贯	文本	10
性别	文本	1	入学成绩	数字	单精度型
出生日期	日期/时间		专业名称	文本	10

表 2-2　"教师"表结构

字段名称	字段类型	字段大小	字段名称	字段类型	字段大小
教师编号	文本	6	系部名称	文本	10
姓名	文本	8	婚否	是/否	
性别	文本	1	简历	备注	
出生日期	日期/时间		照片	OLE 对象	
工作时间	日期/时间		个人主页	超链接	
学历	文本	8	研究成果	附件	
职称	文本	6			

表 2-3　"课程"表结构

字段名称	字段类型	字段大小	字段名称	字段类型	字段大小
课程编号	文本	6	学时	数字	整型
课程名称	文本	20	学分	计算	

表 2-4　"选课"表结构

字段名称	字段类型	字段大小	字段名称	字段类型	字段大小
学号	文本	8	成绩	数字	单精度型
课程编号	文本	6			

表 2-5　"授课"表结构

字段名称	字段类型	字段大小	字段名称	字段类型	字段大小
教师编号	文本	6	上课教室	文本	20
课程编号	文本	6	上课时间	文本	20

表 2-6　"专业"表结构

字段名称	字段类型	字段大小	字段名称	字段类型	字段大小
专业名称	文本	10	系部名称	文本	20
成立年份	数字	整型	专业简介	备注	

表 2-7　"系部"表结构

字段名称	字段类型	字段大小	字段名称	字段类型	字段大小
系部名称	文本	20	成立时间	日期/时间	

为了便于后续数据库表的操作和操作结果的比较,本书"教学管理"数据库表中用到的数据见表 2-8~表 2-14。

表 2-8　"教师"表数据(省略部分字段)

教师编号	姓名	性别	出生日期	工作时间	学历	职称	系部名称	婚否
199801	张伟	男	1973/2/13	1998/6/15	大学本科	副教授	经济	TRUE
199803	李静	女	1970/11/24	1998/4/23	研究生	教授	管理	TRUE
199905	王秀英	女	1980/1/13	2007/7/22	研究生	副教授	计算机	FALSE
199907	李磊	男	1978/3/11	2006/8/1	研究生	讲师	计算机	TRUE
199909	张杰	男	1979/10/11	2004/9/22	大学本科	副教授	管理	FALSE
199911	王娟	女	1983/2/5	2009/10/11	研究生	讲师	经济	TRUE
200002	陈江山	男	1982/9/23	2007/8/5	大学本科	讲师	经济	FALSE
200007	刘涛	男	1977/5/16	2004/6/15	研究生	副教授	管理	TRUE
200010	李敏	女	1975/10/11	1999/3/22	研究生	教授	经济	TRUE
200013	周晓敏	女	1971/1/18	1994/10/12	研究生	教授	管理	TRUE
200015	张进明	男	1973-11-22	1997-7-11	研究生	教授	计算机	TRUE

表 2-9 "学生"表数据

学 号	姓名	性别	出生日期	民 族	籍 贯	入学成绩	专业名称
10010301	王进	男	1992/3/18	汉族	山东淄博	701	工商管理
10010305	李丹	女	1991/11/15	汉族	山东青岛	586	工商管理
10010311	赵健	男	1992/4/22	苗族	云南曲靖	596	工商管理
10010403	秦裕	男	1991/10/5	汉族	河北邢台	624	物流管理
10010417	李丹	女	1992/4/5	汉族	湖南长沙	613	物流管理
10010433	王芳	女	1992/1/16	汉族	山东济南	602	物流管理
10020501	张庆	男	1992/4/25	回族	山东潍坊	611	软件工程
10020508	王涛	男	1991/12/23	汉族	湖北武汉	605	软件工程
10020514	周鑫	男	1991/11/22	汉族	山东枣庄	576	软件工程
10020533	刘芸	女	1992/5/16	彝族	四川成都	589	软件工程
10030605	孟璇	女	1991/11/19	汉族	山东烟台	613	国际贸易
10030614	李萍	女	1992/2/25	汉族	山东临沂	602	国际贸易
10030617	孙可	男	1992/3/26	汉族	江苏南京	598	国际贸易
10030619	金克明	男	1992/7/25	朝鲜族	吉林延边	605	国际贸易

表 2-10 "课程"表数据

课程编号	课程名称	学时	学分
010001	管理学	64	4
010003	人力资源管理	48	3
020001	大学计算机基础	56	3.5
020002	数据结构	48	3
020003	数据库应用基础	64	4
030002	微观经济学	64	4
030003	宏观经济学	64	4
030004	国际经济学	64	4

表 2-11 "授课"表数据

课程编号	教师编号	上课教室	上课时间
010001	199803	教 1307	周一　三四节
010003	199909	教 5205	周三　五六节
020001	199905	教 2210	周二　七八节
020002	199907	教 3308	周四　一二三节
020003	200015	教 5204	周二　一二节
030002	199801	教 4410	周五　三四节
030003	199911	教 5106	周一　五六节
030004	200010	教 3210	周五　五六节

表 2-12 "选课"表数据

学 号	课程编号	成 绩	学 号	课程编号	成 绩
10010301	010001	89	10010305	020001	87
10010301	020001	91	10010305	020003	86
10010301	030003	78	10010305	030003	91
10010305	010001	93	10010417	010001	78

续表

学　号	课程编号	成　绩	学　号	课程编号	成　绩
10010417	020001	76	10020533	020001	84
10010417	030002	68	10020533	020002	81
10010433	010001	58	10020533	020003	79
10010433	020003	67	10030605	020001	84
10020508	020001	92	10030605	030002	83
10020508	020002	85	10030605	030003	82
10020508	020003	88	10030605	030004	92
10020508	030002	82	10030619	020001	81
10020508	030003	87	10030619	030002	83
10020533	010001	94	10030619	030004	75

表 2-13 "专业"表数据

专业名称	成立年份	系部名称	专业简介
工商管理	1990	管理	
国际贸易	1992	经济	
软件工程	1992	计算机	
物流管理	1993	管理	

表 2-14 "系部"表数据

系部名称	成立时间
管理	1990/6/18
计算机	1991/7/15
经济	1992/6/26

2.2　数据库的创建及操作

Access 数据库是以单个文件的形式保存在磁盘上的,该数据库中包含的所有对象都存储在该文件中,包含在数据库中的对象称为该数据库的子对象。因此,在使用 Access 组织、存储和管理数据时,必须要先创建数据库,然后在该数据库中创建所需的数据库对象。

2.2.1　引例

根据 2.1 节完成的对教学管理数据库的设计,本节将完成对该数据库的创建,然后讲解数据库打开和关闭的方法。

2.2.2　数据库的创建

创建数据库有两种方法:一种是先创建一个空数据库,然后向其中添加表、查询、窗体和报表等对象;另一种是使用系统提供的模板,通过简单的选择操作就可以创建数据库,创建后，再对数据库进行修改或扩展。Access 2010 创建的数据库文件的扩展名是.accdb。

1. 创建空数据库

在 Access 2010 中创建一个空数据库，只是建立了一个数据库文件，数据库中没有任何的对象，之后还要根据需要在数据库中添加表、查询、窗体、报表、宏和模块等对象。

【例 2-1】　建立"教学管理"数据库，将建好的数据库文件保存在 D 盘的 database 文件夹下。

操作步骤如下：

(1) 在 D 盘下建立保存该数据库文件的 database 文件夹。

(2) 启动 Access 后在窗口中单击"文件"选项卡，在左侧窗格中单击"新建"命令，在右侧窗格中单击"空数据库"。

(3) 在右侧窗格下方"文件名"文本框中，有一个默认的文件名 Database1.accdb，将该文件改名为"教学管理"。

(4) 在文件名下方会显示当前默认的保存目录，要将其改为本例中的 D 盘的 database 目录。单击"文件名"文本框右侧的"浏览"按钮 ，弹出"文件新建数据库"对话框，找到 D 盘 database 文件夹并打开，如图 2-2 所示。

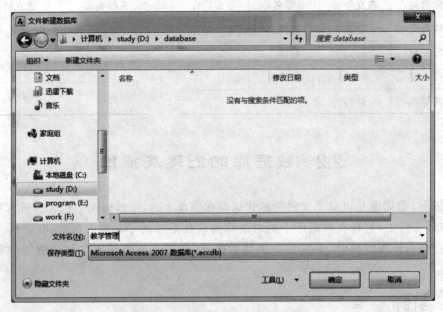

图 2-2　"文件新建数据库"对话框

(5) 单击"确定"按钮，返回到 Access 窗口后。单击"创建"按钮，此时将创建空数据库。

数据库创建完成后，Access 会自动创建一个名称为"表 1"的数据表，该表会以数据表视图打开。该表中有两个字段：一个是默认的 ID 字段，数据类型为"自动编号"；另一个是用于添加新字段的标识"单击以添加"，如图 2-3 所示。可以修改该表完成第一个数据库对象的添加，也可以关闭该表的视图，再另外添加其他的数据库对象。

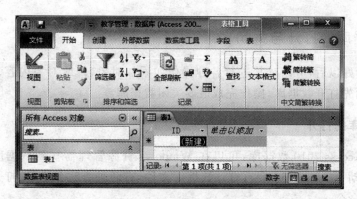

图 2-3 默认创建的"表 1"

2．使用模板创建数据库

Access 2010 提供了很多数据库模板，来帮助用户快速地创建比较典型的数据库系统，除了本机内置的模板以外，用户还可以去 Office.com 下载更多的模板。模板是预先设计好的数据库，含有专业设计的各种对象。这些模板包含两类数据库：传统数据库和Web 数据库，本书介绍如何创建传统数据库。

【例 2-2】 使用模板创建"教职员"数据库。

（1）在 Access 窗口中单击"文件"选项卡，在左侧窗格中单击"新建"命令。

（2）单击"样本模板"按钮，从"可用模板"中选择"教职员"模板。

（3）可以更改数据库名、保存位置等，方法同例 2-1。

（4）单击右侧窗格下方的"创建"按钮，完成数据库的创建。

创建完成后，会打开默认的数据库对象，单击"导航窗格"按钮，可以显示"教职员导航"栏，在里面可以快速地浏览和打开相关的数据库对象。如图 2-4 所示。

单击"教职员导航"栏右侧下拉箭头，从打开的组织方式中选择"对象类型"，可以按对象的类型浏览数据库中的表、查询、窗体和报表等对象，如图 2-5 所示。该浏览方式也是使用数据库时最常用的浏览和运行对象的方式。

图 2-4 "教职员"数据库

图 2-5 "教职员"数据库对象

2.2.3　数据库的打开与关闭

数据库建好以后,可以对其进行各种操作如添加对象、修改对象内容、删除对象等。在操作前必须先打开数据库,操作完成后要关闭数据库。

1. 数据库的打开

要打开 Access 2010 数据库,可以在 Windows 资源管理器找到数据库文件直接打开,也可以启动 Access 2010 后再打开数据库文件,有两种方法:使用"打开"命令和"最近使用文件"命令。

1) 使用"打开"命令

在 Access 2010 窗口中,单击"文件"选项卡,在左侧窗格中单击"打开"命令,弹出图 2-6 所示的"打开"对话框,找到所需要的数据库文件,单击"打开"按钮,即可打开数据库。

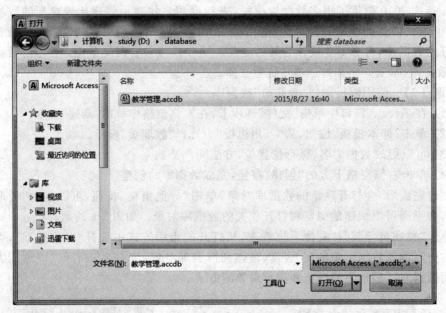

图 2-6　"打开"对话框

若要在打开数据库时指定更复杂的选项,可以在该对话框中单击"打开"按钮右边的下三解按钮,将显示 4 种打开数据库文件的方式,如图 2-7 所示。

(1) 打开。可以对数据库进行读写操作,数据库可以在多用户环境中进行共享访问,即当前用户在使用该数据库时,其他用户也可以读写该数据库。

(2) 以只读方式打开。对数据库进行只读访问,可以查看数据库内容,但是不能对数据库进行编辑。若一个用户以只读方式打开数据库,其他用户可以读写该数据库。

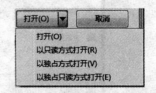

图 2-7　打开数据库文件的方式

（3）以独占方式打开。以该方式打开数据库后，其他用户访问该数据库时，会收到"文件已在使用中"的消息提示。

（4）以独占只读方式打开。用户独占该数据库，但只能查看数据库内容。

2）使用"最近使用文件"命令打开

在"文件"选项卡中单击"最近使用文件"按钮，会打开最近使用或创建的数据库文件列表，可以从里面选择后，单击打开相应的数据库。

2. 关闭数据库

当完成数据库的操作时，可以关闭该数据库，常用方法有以下 4 种：

（1）单击 Access 窗口右上角的"关闭"按钮 ▉ 。

（2）双击 Access 窗口左上角的"控制"菜单图标▉。

（3）单击 Access 窗口左上角的"控制"菜单图标▉，从弹出的菜单中选择"关闭"命令。

（4）单击"文件"选项卡，选择"关闭数据库"命令。

2.3 表 的 创 建

表是 Access 数据库的基础对象，是专门用来存储和管理数据的对象，数据库其他对象的数据都来源于表。数据库创建后，要在其中创建表，并创建表和表之间的关系，然后将表的数据录入到表中。

由此可见，Access 表由两部分组成：表结构和表内容（记录）。其中表的结构就是根据数据库设计阶段得到的关系模型，使用 Access 提供的工具来完成与关系模型一致的数据框架的设计。

2.3.1 引例

教学管理数据库创建完成后，还没有创建任何对象，而数据表是其中最重要的对象。本节将完成教学管理数据库中"教师""学生""课程""选课"、"专业"和"系部"表的创建，对表中字段的属性进行必要的设置，然后对各个表的数据进行录入，最后创建各个表的关系以及实施参照完整性。

2.3.2 表结构的组成

表是由多个字段组成的，设计表的结构实际上就是要确定表中有多少个字段以及每个字段的参数设置，其主要包括表中的字段名称、字段的数据类型和字段的属性等参数。

1. 字段名称

在一个表中，每个字段都有唯一的名字，不允许出现重名。在 Access 中，字段名称的命名规则如下：

（1）长度为 1～64 个字符；

（2）字符可以是英文字母、汉字、数字、空格和其他字符，但不能以空格开头；

(3) 不能包含句号(.)、惊叹号(!)、方括号([ ])和单引号(')。

2. 数据类型

根据关系的基本性质,一个表中的同一列数据应具有相同的数据特征,称为字段的数据类型。数据类型决定了数据的存储方式和使用方式。Access 2010 提供了 12 种数据类型,包括文本、备注、数字、日期/时间、货币、自动编号、是/否、OLE 对象、超链接、附件、计算和查询向导等。

1) 文本

文本型(Text)字段可以保存较短的文本字符,如姓名、地址等文本数据;也可以保存不需要计算的数字,如电话号码、身份证号、邮政编码等。在定义文本型字段时,设置"字段大小"属性可以控制字段能够输入的最大的字符个数,最多为 255 个字符。

需要注意的是,在 Access 中,每一个汉字和所有的特殊字符(包括中文标点符号)都是作为一个字符来计算。例如,若定义文本型字段长度为 8,则该字段最多可以输入 8 个汉字或者 8 个英文字符。

在 Access 中,文本型常量要用英文单引号(')或双引号(")括起来,如"山东省"、'8389566'等。

2) 备注

备注型(Memo)可以保存较长的字符或数字,最多可以存储 65 535(64KB)个字符。如果要存储比较多的文字内容可以使用备注型,如个人简历、简短的备忘录、说明信息等。在备注型字段中可以搜索文本,但搜索速度比有索引的文本字段慢。注意,不能对备注型字段进行排序和索引。

3) 数字

数字型(Number)字段用来存储进行算术运算的数值数据,一般可以通过设置"字段大小"属性来定义一个特定的数字类型。按字段大小,数字类型包括字节、整型、长整型、单精度型和双精度型,字段长度分别为 1、2、4、4、8 个字节。其中单精度和双精度有小数位,单精度小数位精确到 7 位,双精度小数位精确到 15 位。

4) 日期/时间

日期(Date)/时间(Time)型用于存储日期、时间或者日期时间的组合,字段长度固定为 8 个字节。

在 Access 中,日期/时间型常量要用英文字符"#"括起来。如 2015 年 7 月 24 日下午 3 点 30 分可以表示成"#2015-07-24 15:30#"或"#2015-07-24 3:30pm#"。注意日期和时间之间用空格分隔,另外日期或时间也可以单独表示,如"#2015-07-24#""#3:30pm#"等。

5) 货币

货币型(Currency)是一种特殊的数字类型,其等价于具有双精度属性的数字类型。与数字型不同的是,向货币字段输入数据时,系统会自动添加货币符号、千位分隔符和两位小数,在参与计算时,小数位会自动保留,禁止四舍五入。其字段长度为 8 个字节。

6）自动编号

自动编号型（Auto-number）的字段比较特殊，其值不需要人为输入，当向表中添加一条新记录时，Access 会自动给该类型字段插入一个唯一的顺序号。该类型字段可以按顺序增加指定的增量，其中默认的及最常用的是每次增加 1，也可以随机编号。

需要注意的是，一个表只能有一个自动编号类型的字段，该字段的值由系统给出，并且不能人为修改。当记录被删除时，自动编号类型的字段的值也不会被释放，即不会被新插入的记录使用。

由于自动编号取值的唯一性，因此系统会默认添加该字段作表的主键，若表被创建后未指定主键，系统也会提示是否要添加一个自动编号类型的字段作为主键。

7）是/否

是/否型（Yes/No）针对只包含两种不同取值的字段而设置，如性别、婚姻状况等典型字段。通过设置其格式特性，可以选择其显示形式为 Yes/No、True/False 或 On/Off。在 Access 中，使用 -1 表示"是"值，使用 0 表示"否"值。该类型字段长度为 1 个字节。

8）OLE 对象型

OLE 对象是用于存储链接或嵌入的对象，这些对象是其他使用 OLE 协议程序创建的对象，如 Word 文档、Excel 电子表格、图像、声音或其他二进制数据。OLE 对象字段的最大容量为 1GB。

9）超链接

超链接（Hyperlink）字段以文本的形式保存超链接的地址，用来链接到文件、Web 页、电子邮件地址、本数据库内对象、书签或该地址所指向的 Excel 单元格范围。当单击一个超链接时，Web 浏览器或 Access 将根据超链接地址打开指定的目标。超链接字段最多存储 64KB 数据。

超链接地址的一般格式为"DisplayText # Address"。其中，DisplayText 是表示在字段中显示的文本，Address 表示链接的地址。如，超链接字段的内容为"北京大学 # http://www.pku.edu.cn"，表示链接的地址是"http://www.pku.edu.cn"，在表中字段显示的内容为"北京大学"。

10）计算型

计算型（Computed）字段用于显示一个表达式的计算结果，这是 Access 2010 新增加的数据类型。计算时必须引用同一表中的其他字段。使用这种数据类型使得原本必须通过查询的计算任务在数据表中就可以完成。计算字段的字段长度为 8 个字节。

11）查询向导型

查询向导型（Lookup Wizard）字段用于创建一个查询列表字段，该字段可以通过组合框或列表框选择需要输入的值。组合框或列表框的值可能来自于其他的表，也可能是在表中定义的值的列表。该字段实际的数据类型和大小取决于数据的来源。

12）附件型

附件类型（Attachment）用于存储所有种类的文档和二进制文件，也是 Access 2010 新增加的数据类型。使用该类型字段可以将整个文件嵌入到数据库中。如将 Word 文档或者数码图片等保存到数据库中，但不能输入或以其他方式输入文本或数字数据。所添加的单个文件大小不超过 256MB,且附件总的大小最大为 2GB。

3. 字段属性

字段属性即表的组织形式,包括表中字段的个数、各个字段的大小、格式、输入掩码、有效性验证等。不同的数据类型字段的默认属性有所不同,一般情况下,数据库设计者会根据设计要求,对字段属性进行设置,而不会采用数据库提供的默认设置。

2.3.3 表的创建

在 Access 2010 中创建表的常用方法有两种:使用数据表视图或使用设计视图。

1. 使用数据表视图创建表

数据表视图是按照行和列显示表中数据的视图。在数据表视图中,可以进行字段的添加、编辑和删除,也可以完成记录的添加、编辑和删除,还可以实现数据的查找和筛选等操作。数据表视图是 Access 中最常用的视图形式。

【例 2-3】 使用数据表视图在"教学管理"数据库中创建"学生"表,根据该表的关系模型,表的结构如表 2-1 所示。

操作步骤如下:

(1)打开"教学管理"数据库,单击"创建"选项卡,单击"表格"组中的"表"按钮,会创建名为"表 1"的新表,并自动进入数据表视图中,如图 2-8 所示。

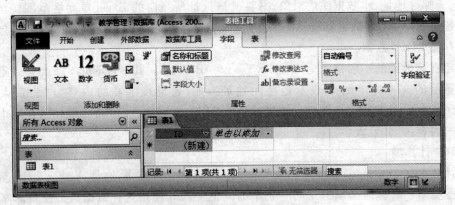

图 2-8 数据表视图和"名称和标题"按钮

(2)选中 ID 字段列,在"表格工具/字段"选项卡的"属性"组中,单击"名称和标题"按钮,弹出"输入字段属性"对话框。在"名称"文本框中,输入字段名"学号",如图 2-9 所示,最后单击"确定"按钮。

(3)选中"学号"字段列,在"字段"选项卡的"格式"组中,单击"数据类型"下拉列表框右侧的下三角按钮,从弹出的下拉列表中选择"文本",在"属性"组的"字段大小"文本框中输入字段大小值 8,如图 2-10 所示。

(4)单击"单击以添加"列,从弹出的下拉列表中选择"文本",Access 自动为新字段

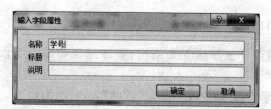

图 2-9 "输入字段属性"对话框

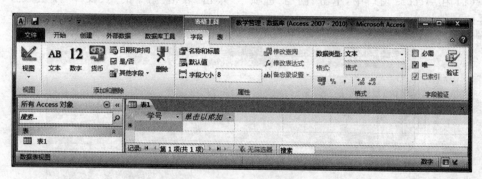

图 2-10 设置字段名称及属性值

命名为"字段 1",此时将其改为"姓名",在"属性"组的"字段大小"文本框中输入 4。另外,任何时候都可以双击字段名,然后进行修改。

（5）按照表 2-1 所示的"学生"表结构的定义,参照上一步依次添加其他字段,结果如图 2-11 所示。

图 2-11 数据表视图中建立表结构的结果

（6）单击快速访问工具栏上的"保存"按钮,在弹出的"另存为"对话框的"表名称"文本框中输入"学生",单击"确定"按钮,保存该表。

注意:可以使用"添加和删除"选项卡的数据类型按钮,建立新字段,在该组中单击"其他字段",可以得到比普通数据表视图中更多的类型。

使用数据表视图可以快速地建立表结构,但是不能进行较详细的属性设置。如上例中"入学成绩"字段只能设置为"数字"类型,不能进一步设置为"单精度",要想设置,可以在创建完毕之后使用设计视图修改表结构。如果表的结构比较复杂,推荐使用设计视图来建立表结构。

2. 使用设计视图创建表

一般情况下，使用设计视图建立表结构，要详细说明每个字段的字段名称和数据类型。

【例 2-4】 在"教学管理"数据库中建立"教师"表，其结构如表 2-2 所示

操作步骤如下：

（1）在 Access 窗口中，单击"创建"选项卡，单击"表格"组中的"表设计"按钮，进入表设计视图，如图 2-12 所示。

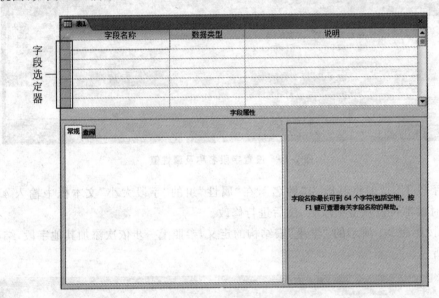

图 2-12 表的设计视图

表的设计视图分为上下两个部分：字段输入区和字段属性区。

字段输入区在视图窗口的上半部分，从左至右依次为"字段选定器""字段名称"列、"数据类型"列和"说明"列。"字段选定器"用来选择某一字段，单击即可选定该字段；字段名称列用来定义字段的名称；"数据类型"列来定义字段的数据类型；"说明"列对字段进行必要的说明，起到提示和备忘的作用，对系统的各种操作没有任何影响。

视图下半部分为字段属性区，来对字段的属性值进行详细的设置。其左侧有"常规"和"查阅"两个选项卡。"常规"选项卡对每个字段的属性进行了详细的描述，属性默认内容根据字段的数据类型发生变化。"查阅"选项卡定义了某些字段的显示属性，如文本和数字类型的字段。右侧为"注释"区域，对选定的内容的功能和限制进行解释。

（2）定义"教师编号"字段：单击设计视图第 1 行"字段名称"列，在其中输入"教师编号"；单击"数据类型"列，并单击其右侧的下三角按钮，从下拉列表中选择"文本"；在"说明"列中输入说明信息"主键"；在"常规"的"字段大小"属性中，将默认值 255 改为 6。如图 2-13 所示。

（3）使用相同的方法，按照表 2-2 所列的字段名称、数据类型和字段大小等信息定义

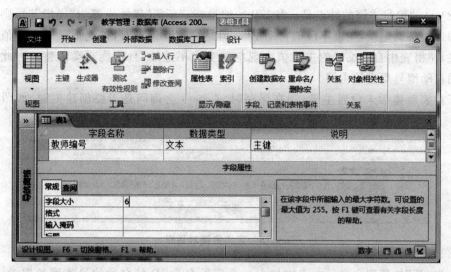

图 2-13 "教师编号"字段定义

表中其他字段。

(4) 定义完全部字段后,要给表指定一个主键。选定"教师编号"字段,单击"设计"选项卡下的"工具"组中的"主键"按钮 ▼。此时字段选定器上显示"主键"图标 ▼,表明该字段是主键字段。设计结构如图 2-14 所示。

字段名称	数据类型	说明
教师编号	文本	主键
姓名	文本	
性别	文本	
出生日期	日期/时间	
工作时间	日期/时间	
学历	文本	
职称	文本	
系部名称	文本	
婚否	是/否	
简历	备注	
照片	OLE 对象	
个人主页	超链接	
研究成果	附件	

图 2-14 "教师"表设计结果

(5) 保存表,并将表名定义为"教师"。

3. 主键的定义

在 Access 中,通常每个表都应该有一个主键。主键是唯一标识表中每一条记录的一个字段或多个字段的组合。只有定义了主键,表与表之间才能建立联系,从而能利用查询、窗体和报表迅速、准确地查找和组合不同表的信息,这正是数据库的主要作用之一。

在 Access 中,有两种类型的主键:单字段主键和多字段主键。

(1) 单字段主键是以某一个字段作为主键来唯一标识表中的记录。这类主键的值可以由用户自己定义,也可以使用自动编号类型的字段作为主键。

（2）自动编号主键的特点是：由 1 开始编号，若"新值"属性设置为"递增"时，则每向表中增加一条新记录，主键字段值自动加 1；但是在删除记录时，被删记录的主键值会一起丢失，使得表中自动编号的主键值出现空缺变成不连续，且不能自动调整。因此不建议使用自动编号类型的主键。

若在表新建后未设置主键，则在保存时，Access 会询问是否要创建主键，如图 2-15 所示。

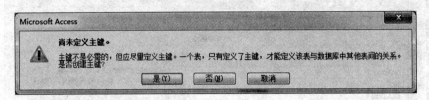

图 2-15　定义主键对话框

单击"是"按钮则会自动在表中加入一个字段名为 ID 的自动编号类型的主键；单击"否"按钮则在未定义主键的情况下，保存表；单击"取消"按钮则返回设计视图。

多字段主键是由两个或更多字段组合在一起来唯一标识表中的记录。如"选课"表，就需要将"课程编号"和"学号"两个字段组合起来作为表的主键。

【例 2-5】　在"教学管理"数据库中创建"课程"表，并定义其主键为"课程编号"。

"课程"表的表结构设计如表 2-3 所示。

操作步骤如下：

（1）利用数据表视图分别定义"课程编号""课程名称"和"学时"字段，方法同例 2-3。

（2）创建"学分"字段时，选择"计算字段"类型，将结果类型选为"数字"，此时会自动打开"表达式生成器"对话框，如图 2-16 所示。按照学分的计算规则，在"表达式类别"区域双击"学时"字段，该字段就会被添加到表达式编辑窗格中，接着输入"/16"，单击"确定"按钮，返回到数据表视图。

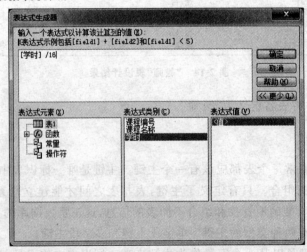

图 2-16　"表达式生成器"对话框

（3）定义该表主键为"课程编号"，方法同例 2-4，保存该表为"课程"。

【例 2-6】　在"教学管理"数据库中创建"选课"表并定义该表的主键为"学号"和"课程编号"的组合，表结构如表 2-4 所示。

操作步骤如下：

（1）使用设计视图创建该表，方法同例 2-3。

（2）选中"学号"字段，再按住 Ctrl 键的同时选择"课程编号"字段，此时这两个字段都被选中。单击"主键"按钮，则主键标识出现在这两个字段上，如图 2-17 所示。

（3）保存该表为"选课"。

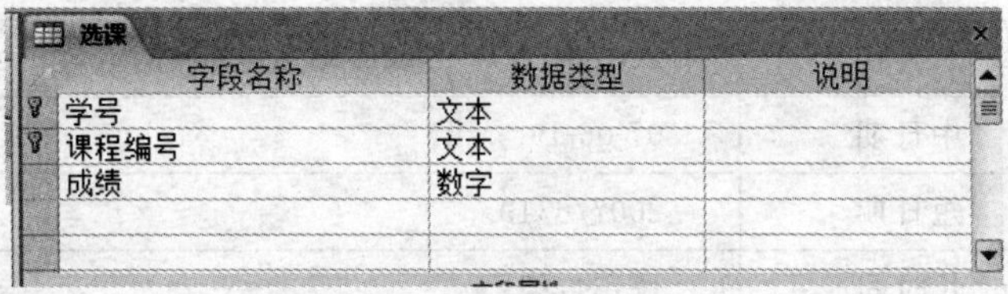

图 2-17　"选课"表的主键定义

按上面的方法，依次建立"授课""专业"表和"系部"表，并设置主键，表结构见表 2-5～表 2-7。

2.3.4　字段属性的设置

字段属性说明字段所具有的特性，可定义数据的保存、处理或显示方式。每个字段的属性取决于字段的数据类型，在定义了数据类型后，字段属性就有了系统预定义的默认值。要更改字段的属性值，要先选定该字段，在"字段属性"区的字段的属性进行修改。

1. 字段大小

字段大小属性限制输入该字段的数据的最大长度。当输入的数据超过该字段设置的字段大小时，系统将拒绝接收。字段大小属性只适用于"文本""数字"或"自动编号"类型的字段，其余数据类型的大小已由系统定义，无法修改，因此不会出现该属性。

三种类型的字段大小定义如下：

（1）文本——取值范围 0～255，默认 255，可在数据表视图和设计视图中设置。

（2）数字——分为整型、长整型、单精度、双精度等，只能在设计视图中选择。

（3）自动编号——分为"长整型"和"同步复制 ID"两种，只能在设计视图中选择。

【例 2-7】　将"学生"表的"入学成绩"改为"单精度"。

操作步骤如下：

（1）打开"教学管理"数据库，使用设计视图打开"学生"表；

（2）选择"入学成绩"字段，查看"字段大小"属性，此时默认类型为"长整型"，单击右侧下拉箭头，从弹出的下拉列表中选择"单精度"。

需要注意的是，若数字字段中包含小数，那么在将字段大小设为整数时会自动将数据取整；若文本字段中已有数据，那么减小字段大小时会截去超出的字符。因此，在字段已经有数据的情况下,改变字段大小时要小心。在文本型字段中,每个汉字占 1 位。

2. 格式

格式属性只影响数据的显示格式,不影响其在表中的存储格式。不同类型的字段格式有所不同,如表 2-15 所示。

表 2-15 各种数据类型可选择的格式及说明

类 型	设 置	说 明
日期/时间	一般日期	2007/6/19 17:34:23
	长日期	2007 年 6 月 19 日
	中日期	07-06-19
	短日期	2007/6/19
	长时间	17:34:23
	中时间	5:34 下午
	短时间	17:34
数字/货币	常规数字	以输入的方式显示数字,如 3456.789
	货币	使用千位分隔符,负数用圆括号括起来:￥3,456.79
	标准型	使用千位分隔符:3,456.79
	百分比	将数值乘以 100 并附加一个百分号:123.00%
	科学计数	使用标准的科学计数法:3.46E+03
文本/备注	@	要求使用文本字符(字符或空格)
	&	不要求使用文本字符
	<	将所有字符以小写格式显示
	>	将所有字符以大写格式显示
是/否	真/假	−1 为 True,0 为 false
	是/否	−1 为是,0 为否
	开/关	−1 为开,0 为关

利用格式属性可以使数据的显示统一美观,但是,显示格式只有在输入的数据保存之后才能使用。如果要控制数据的输入格式并且按照输入时的格式显示,则应设置"输入掩码"属性。

3. 输入掩码

在输入数据时,有些数据有相对固定的书写格式。如,电话号码的格式为"(022) 78798585",其中"(022)"为固定的部分。如果手工重复输入这种固定格式的数据,则非常麻烦。因此可以定义一个输入掩码,将格式不变的内容固定为格式的一部分。这样在输入数据时,只需要输入变化的值即可。

对于文本、数字、日期/时间、货币等数据类型的字段,都可以定义输入掩码。另外,Access 为文本型和日期/时间型字段提供了输入掩码的向导。

【例 2-8】　使用向导将"教师"表的"工作时间"的输入掩码属性设置为"短日期"。

操作步骤如下:

(1) 用设计视图打开"教师"表。选择"工作时间"字段,在字段属性区的"输入掩码"属性框中单击,再单击右侧的"生成器"按钮,打开"输入掩码向导"第一个对话框,如图 2-18 所示。

(2) 在该对话框的"输入掩码"列表中选择"短日期",单击"下一步"按钮,打开"输入掩码向导"第二个对话框,如图 2-19 所示。

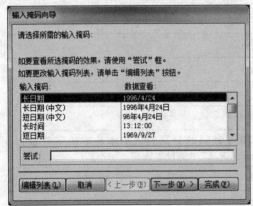

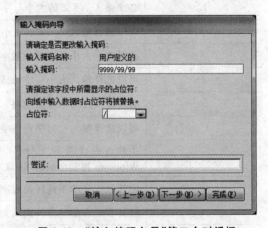

图 2-18　"输入掩码向导"第一个对话框　　　　**图 2-19**　"输入掩码向导"第二个对话框

(3) 在该对话框中,确定输入的掩码方式和占位符,单击"下一步"按钮,在打开的"输入掩码向导"最后一个对话框中,单击"完成"按钮,设置结果如图 2-20 所示。

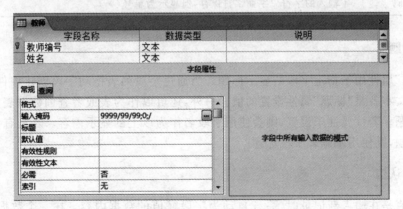

图 2-20　"工作时间"字段"输入掩码"设置结果

需要注意的是,若字段定义了输入掩码,同时又设置了"格式"属性,那么在显示数据时,"格式"属性要优于输入掩码。因此,即使已经保存了输入掩码,在数据设置格式显示时也将被忽略。

输入掩码只为"文本"型和"日期/时间"型字段提供向导,其他数据类型则没有向导帮助。因此,对于数字或货币类型字段来说,只能使用字符直接定义"输入掩码"属性。所用字符及含义如表 2-16 所示。

表 2-16 "输入掩码"属性所用字符及含义

字 符	描 述
0	必须输入 0～9 的数字,不允许使用加号和减号
9	可以选择输入数字或空格,不允许使用加号和减号
#	可以选择输入数字或空格,在编辑状态时,显示空格,但在保存时空格被删除,允许使用加号和减号
L	必须输入 A～Z 的大小写字母
?	可以选择输入 A～Z 的大小写字母
A	必须输入大小写字母或数字
a	可以选择输入大小写字母或数字
&	必须输入任何字符或空格
C	可以选择输入任何字符或空格
. , : ; — /	小数点占位符和千分位、日期与时间的分隔符。实际显示的字符根据 Windows 控制面板的"区域和语言选项"中的设置而定
<	使其后所有的字符转换成小写
>	使其后所有的字符转换成大写
!	使输入掩码从右到左显示,输入掩码中的字符都是从左向右输入,感叹号可以出现在输入掩码的任何地方
\	使其后的字符原样显示
密码	输入的字符以字面字符保存,但显示为星号(＊)

4. 标题

"标题"属性用于指定字段的显示标题。当通过字段列表拖动字段创建控件时,其所附标签的文本就是"标题"属性设置的值。另外,还可以作为表或者查询数据表视图中字段的列标题。若该属性未设置,则会使用字段名作为以上的显示内容。若没有为查询字段指定标题,则使用基础表字段标题。

5. 默认值

默认值是在输入新记录时,系统自动为字段赋值的数据内容。在一个数据表中,往往会有一些字段的数据内容相同或者包含有相同的部分,为减少数据的输入量,可以将出现较多的值作为字段的默认值。

【例 2-9】 将"学生"表的"性别"字段的默认值设置为"男"。

操作步骤如下:

(1) 使用设计视图打开"学生"表。

(2) 在"性别"字段的"默认值"属性框中输入"男"。

注意输入文本值时,若未加引号,则系统会自动加上。设置默认值后,插入新记录时系统会将该默认值显示到该字段中。可以直接使用该值,也可以输入新值来代替该值。

另外,Access 允许使用表达式定义默认值。如将某字段默认值设置为"＝Date()",则在输入值时,该字段会默认显示当前系统日期。但需要注意的是,表达式的计算结果类型必须与字段的数据类型相匹配,否则将出错。

6. 有效性规则

有效性规则是指给字段输入数据时设置的约束条件。该属性设置后,无论是通过数据表视图、与表绑定的窗体、追加查询,还是从其他表导入的数据,只要添加或编辑数据,都会强行实施有效性规则。

【例 2-10】 将"学生"表中的"入学成绩"字段的取值范围设置为 0～750。

操作步骤如下:

(1) 用设计视图打开"学生"表。

(2) 在"入学成绩"的"有效性规则"属性框中输入表达式"＞＝0 And ＜＝750",如图 2-21 所示。

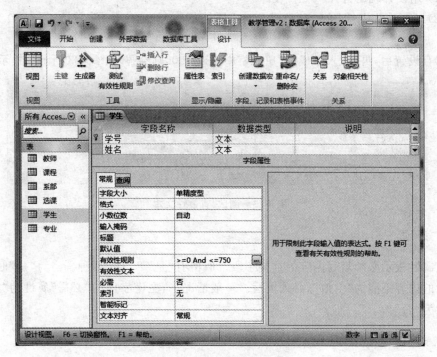

图 2-21 设置"有效性规则"

设置有效性规则后,若输入的数据违反了该规则的约束,将显示提示信息,并强迫光标停留在该字段的位置,直到输入的数据符合字段有效性规则为止。例如,本例中如果输入成绩为 900,则会提示错误信息,如图 2-22 所示。

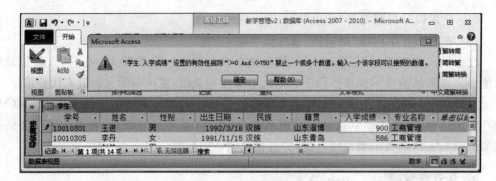

图 2-22　测试"有效性规则"

7. 有效性文本

当输入数据违反了有效性规则时,系统会默认显示图 2-22 的提示信息。但是该信息不是很清晰和完整,此时可以通过设置有效性文本来改善。

【例 2-11】　将"学生"表的"入学成绩"字段的有效性文本设置为"请输入 0～750 之间的数值!"

操作步骤如下:

(1) 用设计视图打开"学生"表。

(2) 在"入学成绩"的"有效性文本"属性框中输入文本"请输入 0～750 之间的数值!"。

保存设置后,再在"入学成绩"单元格中输入 900,则会显示图 2-23 所示的提示信息。

图 2-23　测试"有效性文本"

8. 必须

该属性表示必须填写内容的重要字段。取值有"是"和"否"两种。当为"是"时,表示该字段的内容不能为"空值",必须填写。一般情况下,主键字段的"必需"属性为"是",其余字段为"否"。

9. 索引

索引是非常重要的属性。为字段设置索引后,可以根据键值提高数据查找和排序的速度,并能对表中的记录实施唯一性检查。

按功能分,索引有唯一索引、普通索引和主索引三种。

(1) 唯一索引:索引字段的值不能相同,即没有重复值。若为该字段输入重复值,系统会提示错误。

（2）普通索引：字段值可以重复。

（3）主索引：可以在唯一索引中选择一个作主索引，但一个表只能有一个主索引，在主键上建立的索引为主索引，当确定主键后，主索引自动被创建。

与索引类型对应，"索引"属性的选择有 3 个值，分别是：

（1）无——该字段不建立索引（默认值）。

（2）有（有重复）——该字段建立普通索引，字段的值可以重复。

（3）有（无重复）——该字段建立唯一索引，字段的值不能重复。另外，当字段被设为主键时，字段的"索引"属性被自动设为"有（无重复）"。

【例 2-12】　为"学生"表创建索引，索引字段为"籍贯"。

操作步骤如下：

（1）用设计视图打开"学生"表。

（2）在"籍贯"的"索引"属性框的下拉列表框中选择"有（有重复）"。

若经常需要同时搜索或排序两个或更多的字段，可以创建多字段索引。使用多字段索引进行排序时，将首先用定义在索引中的第一个字段进行排序，如果第一个字段有重复值，则再用索引中的第二个字段排序，以此类推。

【例 2-13】　为"学生"表创建多字段索引，索引字段包括"学号""姓名""性别"和"出生日期"。

操作步骤如下：

（1）用设计视图打开"学生"表，单击"表格工具/设计"选项卡，再在"显示/隐藏"命令组中单击"索引"命令按钮，打开"索引"对话框。

（2）在"索引名称"列第一行中输入要设置的索引名称"学号"（可以使用字段命名索引，也可使用其他名称），在"字段名称"列中选择用于索引的第一个字段"学号"。

（3）单击"字段名称"列的第二个空白行，将"索引名称"留空，然后单击"字段名称"右侧的下三角按钮，从打开的下拉列表框中选择"姓名"字段，将光标移到下一行，用同样方法将"性别""出生日期"字段加入到"字段名称"列。"排序次序"列都沿用默认的"升序"排列方式。设置结果如图 2-24 所示。

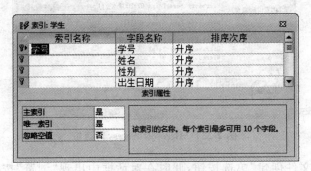

图 2-24　设置多字段索引

2.3.5　表中数据的输入

在建立了表结构之后，就可以向表中输入数据。在 Access 2010 中，主要利用数据表视图输入数据。

1. 利用数据表视图输入数据

在 Access 2010 中，针对表中数据的操作都在表的数据表视图中进行。

【例 2-14】　使用数据表视图为"教师"表输入数据。数据表数据见表 2-8。

操作步骤如下：

（1）在"导航窗格"中，双击"教师"表，打开数据表视图。

（2）从第一条空记录的第一个字段开始分别输入"教师编号""姓名""性别"和"出生日期"等字段的值，每输入完一个值按 Enter 键或 Tab 键转至下一个字段。注意输入数据时，不需要输入定界符。如文本型数据的双引号、日期型数据的#。

（3）输入"工作时间"字段时，可以使用"日历"控件进行输入。将光标定位到该字段时，在字段的右侧会出现一个日期选择器图标▦，单击该图标打开"日历"控件。如果输入今日的日期，直接单击"今日"按钮；如果要输入其他日期，可以在日历中进行选择。

（4）输入"学历""职称"和"系部名称"等字段数据的时候，可以手工输入，也可以使用查阅列表输入数据，具体用法将在例 2-15 中讲解。

（5）输入"婚否"字段值时，在提供的复选框内单击会显示出一个"√"，打钩表示输入了"是"（存储值是－1），不打钩表示输入了"否"（存储值为 0）。

（6）输入"简历"字段时，由于是备注型字段，其包含的数据量很大，而表中字段列的数据输入空间有限，可以使用 Shift＋F2 组合键打开"缩放"窗口，输入数据后关闭该窗口即可，另外在该窗口中可以编辑显示字体。

（7）输入"照片"时，将鼠标指针指向该记录的"照片"列，右击，在弹出的快捷菜单中选择"插入对象"命令，打开 Microsoft Access 对话框，如图 2-25 所示。

图 2-25　Microsoft Access 对话框

（8）选中"由文件创建"单选按钮，此时在对话框中出现"浏览"按钮，单击"浏览"按钮，弹出"浏览"对话框；在该对话框中找到图片所在文件夹，选中照片文件，单击"确定"

按钮,返回"浏览"对话框。单击"确定"按钮,回到数据表视图。

(9) 在"个人主页"单元格单击,输入内容"张伟的主页♯http://zhangwei.cn",回车后,单元格显示"张伟的主页",单击后打开 http://zhangwei.cn 地址。

(10) 在"研究成果"列双击,打开"附件"对话框,单击"添加"按钮,找到要添加的附件,单击"确定"按钮后,添加到附件里,如图 2-26 所示。

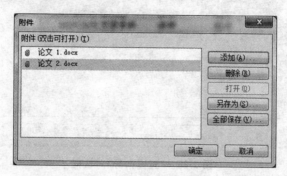

图 2-26　"附件"对话框

输入完本条记录后,按 Enter 键或 Tab 键转至下一条记录,接着输入下一条记录,输入完所有记录的结果如图 2-27 所示。

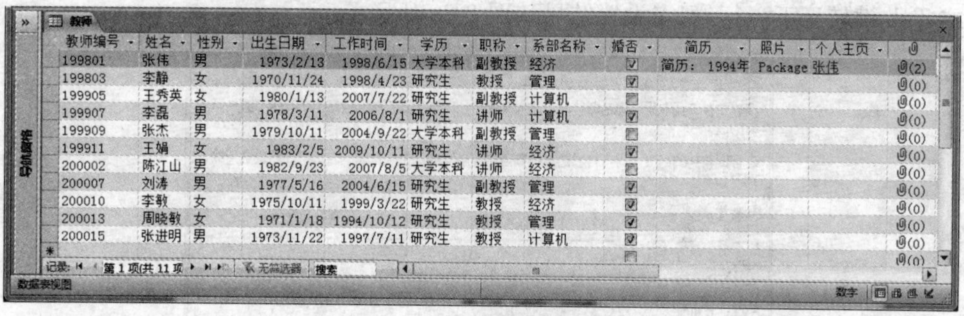

图 2-27　表记录输入完成

输入完全部记录后,单击"保存"按钮,保存表中数据。

2. 使用查阅列表输入数据

一般情况下,表中的大部分字段的值都来自于直接输入的数据,或从其他数据源导入的数据。如果某字段的值是一组固定的数据,如"教师"表中的"系部名称"字段的值为"经济""管理"和"计算机",那么通过手工输入就比较麻烦,可以通过将这组固定值设置为一个列表,从列表中选择,既可以提高输入效率,也能避免输入错误。

创建查阅列表有两种方法:一是使用向导创建,二是直接在"查阅"选项卡中设置。

【例 2-15】 使用向导为"教师"表中"系部名称"字段创建查阅列表,列表中显示"经济""管理""计算机"3 个值。

(1) 使用表设计视图打开"教师"表,选择"系部名称"字段。

（2）在"数据类型"列中选择"查阅向导"，打开"查阅向导"第一个对话框，如图 2-28 所示。

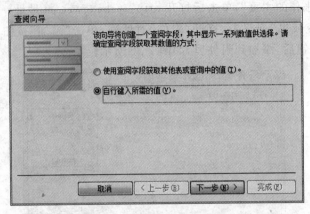

图 2-28 "查阅向导"对话框

（3）在对话框中，单击"自行键入所需的值"单选按钮，然后单击"下一步"按钮，打开 "查阅向导"第二个对话框。

（4）在"第 1 列"的每行中依次输入"经济""管理""计算机"，待输入完一个值按向下 键或 Tab 键转至下一行，列表设置结果如图 2-29 所示。

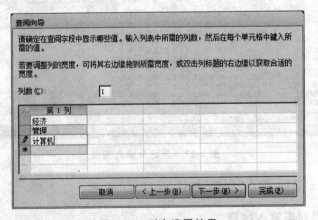

图 2-29 列表设置结果

（5）单击"下一步"按钮，弹出"查阅向导"最后一个对话框。在该对话框的"请为查阅 列表指定标签"文本框中输入名称，本例使用默认值。单击"完成"按钮。

设置完成后，切换到"教师"表的数据表视图，可以看到"系部名称"字段的右侧出现 了下三角按钮。单击该按钮会弹出一个下拉列表，列表中出现了"经济""管理"和"计算 机"3 个值。在输入时可以通过选择就可以输入该字段的值，如图 2-30 所示。

【例 2-16】 用"查阅"选项卡为"教师"表中"性别"字段设置查阅列表，列表中显示 "男"和"女"。

操作步骤如下：

（1）使用表设计视图打开"教师"表，选择"性别"字段。

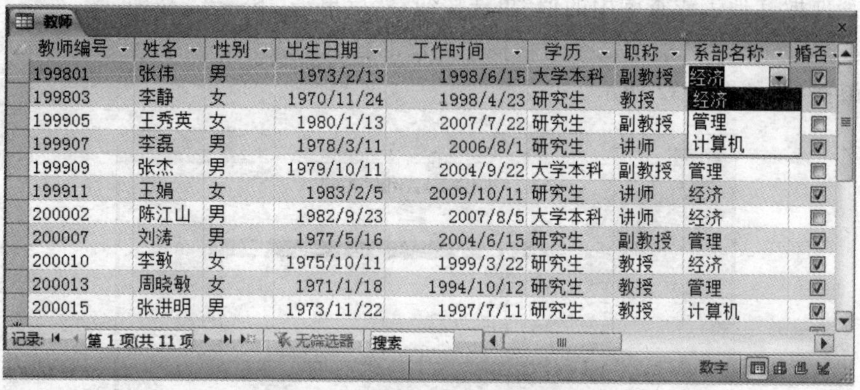

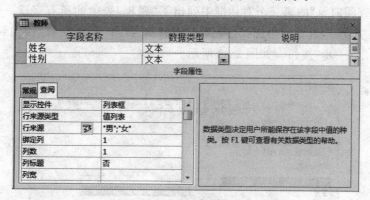

图 2-30 查阅列表字段设置结果

（2）在设计视图下方，单击"查阅"选项卡。

（3）单击"显示控件"行右侧的下三角按钮，从弹出的下拉列表中选择"列表框"选项；单击"行来源类型"行，单击右侧的下三角按钮，从弹出的下拉列表中选择"值列表"选项；在"行来源"文本框中输入""男";"女""，设置结果如图 2-31 所示。

图 2-31 查询列表参数设置结果

需要注意的是，"行来源类型"属性必须为"值列表"或"表/查询"，"行来源"属性必须包含值列表或查询。

另外，查阅列表的数据来源也可以是另外的表或者查询，当更新源表时，其更新也会反映到列表中。

【例 2-17】 使用"查阅向导"将"选课"表中的"课程编号"字段设置为查阅"课程"表中的"课程编号"字段，即在该字段的下拉列表中出现的是"课程"表中的"课程编号"字段的值。

需要注意的是，本题要求先输入"课程"表的数据，其数据见表 2-10。其中"学分"字段为计算类型，其值要通过表达式"［学时］/16"得出。

操作步骤如下：

（1）使用表设计视图打开"选课"表，选择"课程编号"字段。

（2）在"数据类型"列中选择"查阅向导"，打开"查阅向导"第一个对话框。选中"使用查阅字段获取其他表或查询中的值"单选按钮,然后单击"下一步"按钮。

（3）在"查阅向导"的第二个对话框中列出的已有的表和查询中,选择"课程"表,单击"下一步"按钮,如图 2-32 所示。

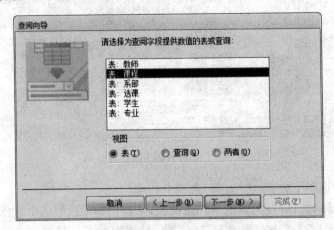

图 2-32　选择课程作为列表内容的来源

（4）在"查阅向导"的第三个对话框中列出了"课程"表中的所有字段。通过在"可用字段"中双击字段名,或者使用选择按钮,将"课程编号"和"课程名称"添加到"选定字段"列表中,单击"下一步"按钮。如图 2-33 所示。

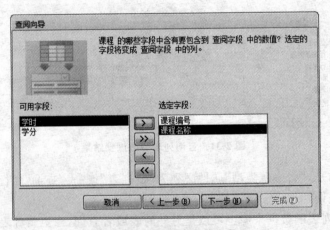

图 2-33　选择列表中的字段

（5）在"查阅向导"的第四个对话框中,确定列表的排序次序。如图 2-34 所示,然后单击"下一步"按钮。

（6）在"查阅向导"的第五个对话框中,列出了按照定义的排序次序排列的被选取字段的所有数据,因为要使用"课程编号"字段,所以取消选中"隐藏键列（建议）"复选框,如图 2-35 所示,然后单击"下一步"按钮。

（7）在"查阅向导"的第六个对话框中,确定"课程"表的哪一列含有准备在"选课"表的"课程编号"字段中使用的数值,根据题意要求选择"课程编号"字段,如图 2-36 所示,然后单击"下一步"按钮。

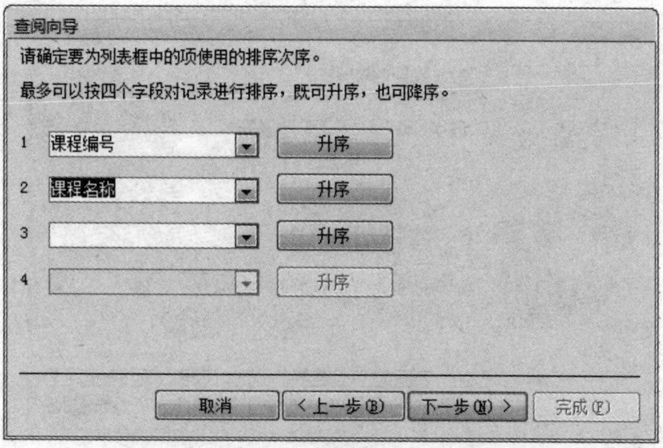

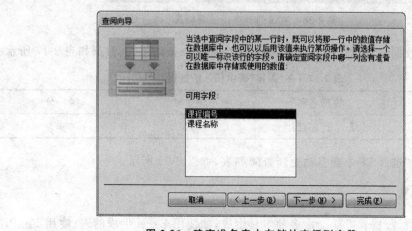

图 2-34 列表使用的排序次序

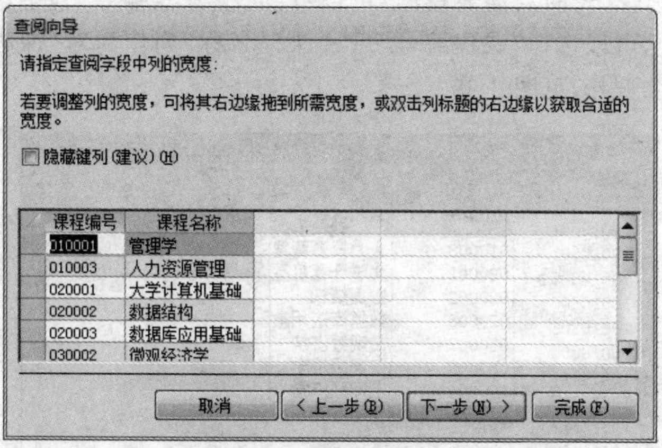

图 2-35 取消选中"隐藏键列（建议）"复选框

图 2-36 确定准备表中存储的查阅列字段

（8）在"查阅向导"的第七个对话框中，为查阅字段输入名称，单击"完成"按钮，设置完成，如图 2-37 所示。

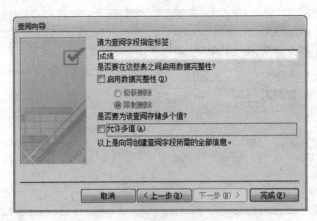

图 2-37　完成设置

（9）切换到"选课"表的数据表视图，可以看到在"课程编号"列中，出现了来自源表"课程"表的列表项，可以选择"课程编号"后，"课程名称"列作为对"课程编号"的说明提示，帮助用户操作和选择，见图 2-38。

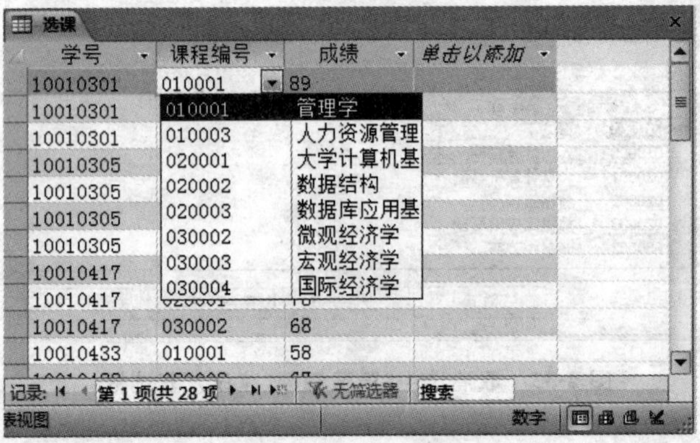

图 2-38　查阅列表字段设置结果

若要更改源数据表"课程"表的数据，如在表中插入一条记录，其数据如表 2-17 所示。

表 2-17　在"课程"表中插入的数据

课程编号	课程名称	学　时	学　分
020004	Java 程序设计	64	4

可以看到，在"选课"表中会自动更新查阅列表，如图 2-39 所示。

3．获取外部数据

在实际应用中，数据表可能会由多种工具生成，如使用 Excel 生成的表、使用 FoxPro 建立的数据库表文件、使用 SQL Server 创建的数据库表等。利用 Access 提供的数据导入和链接功能可以将这些外部数据直接添加到当前的 Access 数据库中。可以导入的数据源的类型包括 Excel 工作表、SharePoint 列表、XML 文件、文本文件、其他 Access 数据

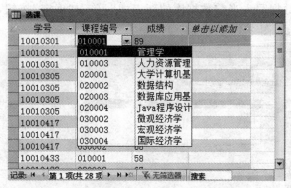

图 2-39 查阅列表内容的自动更新

库以及其他类型的文件等。

将外部数据源的数据添加到 Access 数据库中有两种处理方法：从外部数据源导入数据和从外部数据源链接数据。

从外部数据源导入数据是指从外部获取数据后形成数据库中的数据对象，并与外部数据源断绝联接。这意味着当导入操作完成后，即使外部数据源的数据发生了变化，也不会影响已经导入的数据。

【例 2-18】 将 Excel 文件"授课.xlsx"导入到"教学管理"数据库中。

操作步骤如下：

(1) 打开"教学管理"数据库，单击"外部数据"选项卡，在"导入并链接"组中单击 Excel 按钮，打开"获取外部数据-Excel 电子表格"对话框。

(2) 在该对话框中，单击"浏览"按钮，打开"打开"对话框；找到并选中要导入的"授课.xlsx"文件，然后单击"打开"按钮，返回到"获取外部数据-Excel 电子表格"对话框如图 2-40 所示。

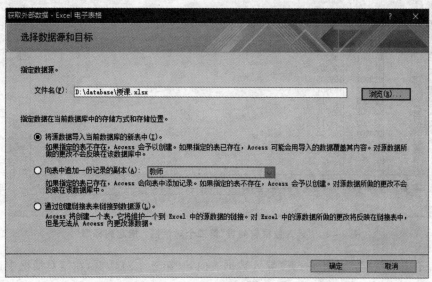

图 2-40 "获取外部数据-Excel 电子表格"对话框

（3）选中"将源数据写入当前数据库的新表中"，单击"确定"按钮，打开"导入数据表向导"第一个对话框，如图 2-41 所示。

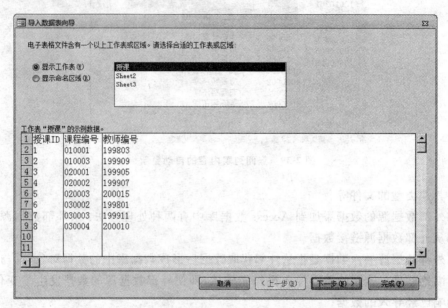

图 2-41 "导入数据表向导"第一个对话框：选择源数据表

（4）该对话框列出了所要导入表的内容，单击"下一步"按钮，打开"导入数据表向导"第二个对话框，选中"第一行包含列标题"复选框，如图 2-42 所示。

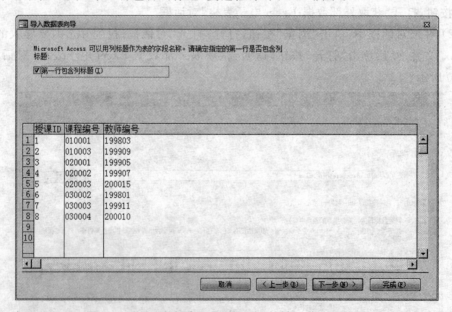

图 2-42 "导入数据表向导"第二个对话框：指定列标题

（5）单击"下一步"按钮，打开"导入数据表向导"第三个对话框，在该对话框中选择作为索引的字段名"授课 ID"，如图 2-43 所示。

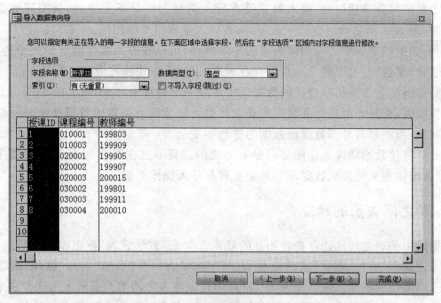

图 2-43 "导入数据表向导"第三个对话框：指定索引

(6) 单击"下一步"按钮，打开"导入数据表向导"第四个对话框，单击"我自己选择主键"按钮，确定主键为"授课 ID"，如图 2-44 所示。

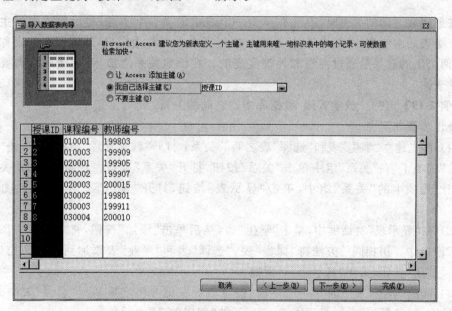

图 2-44 "导入数据表向导"第四个对话框：确定主键

(7) 单击"下一步"按钮，打开"导入数据表向导"最后一个对话框，确定导入表名称。在该对话框的"导入列表"文本框中输入导入表的表名"授课"。

(8) 单击"完成"按钮，弹出"获取外部数据-Excel 电子表格"对话框，取消选中该对话框中的"保存导入步骤"复选框。单击"关闭"按钮，完成数据导入。

由上面的操作步骤可知,导入数据是在导入向导的引导下完成的,从不同数据源导入数据时,Access 将启动对应的导入向导,其导入步骤也不尽相同。

另外,如果经常需要进行同样数据的导入操作,可以在导入操作的最后一步选中"保存导入步骤"复选框,可以将导入步骤保存起来,以后可以快速完成同样的导入。

从外部链接数据是指在自己的数据库中形成一个链接表对象,每次在 Access 数据库中操作数据时,都是即时从外部数据源获取数据。这意味着链接的数据并未与外部数据源断绝联接,而将随着外部数据源数据的变动而变动。

从外部链接数据同样是在向导引导下完成的。只不过在图 2-40 所示的步骤中选择"通过创建链接表来链接到数据源",其余步骤与导入操作类似。

2.3.6　表之间关系的建立

数据库中的表之间往往存在着相互的联系。如在"教学管理"数据库中,"学生"表与"选课"表、"课程"表与"选课"表、"专业"表与"学生"表以及"系部"表与"教师"表之间都存在着不同类型的联系。在 Access 中,可以通过创建表之间的关系来表达这个联系。两个表之间建立了关系以后,就可以实施参照完整性来保障两个表数据的一致性,另外可以方便地查找相关表的数据,并为之后建立查询、窗体和报表奠定基础。

1. 建立表间关系

在创建表之间的关系时,要先在至少一个表中定义一个主键,然后使该表的主键与另外一个表的对应列(一般为外键)相关。主键所在的表称为主表,外键所在的表称为相关表,两个表的联系是通过主键和外键实现的。在创建关系之前,要关闭所有需要定义关系的表。

【例 2-19】 建立"教学管理"数据库中表之间的关系。

操作步骤如下:

(1) 首先建立"学生"表和"选课"表之间的关系:打开"教学管理"数据库,单击"数据库工具"选项卡,在"关系"组中单击"关系"按钮,打开"关系"窗口。在新出现的"关系工具/设计"选项卡的"关系"组中,单击"显示表"按钮,打开"显示表"对话框,如图 2-45 所示。

(2) 在"显示表"对话框中,单击"学生"表,然后单击"添加"按钮,将"学生"表添加到"关系"窗口中。用相同的方法将"课程"表、"选课"表和"专业"表添加到"关系"窗口,然后单击"关闭"按钮,关闭"显示表"对话框。

(3) 选定"学生"表中的"学号"字段,按下鼠标左键并将之拖动到"选课"表中的"学号"字段上,松开鼠标,此时显示图 2-46 所示的"编辑关系"对话框。

在"编辑关系"对话框中的"表/查询"列表框中,列出了主表"学生"表的"学号"字段;在该对话框中的"相关表/查询"列表框中,列出了相关表"选课"表的"学号"。可以检查使用鼠标拖放操作而产生联系的两个表的字段名,必要时可以修改。

在"编辑关系"对话框中的"表/查询"列表框下方有 3 个复选框,通过设置这些复选框来定义主表数据变化时,相关表数据会如何发生变化:

图 2-45 "显示表"对话框

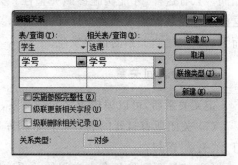

图 2-46 "编辑关系"对话框

① 只选中"实施参照完整性"复选框,不选中下方两个选项的任何一个,则相关表的相关记录发生变化或者记录被删除时,主表的记录不会发生更改和变化。

② 选中"实施参照完整性"复选框,同时选中"级联更新相关字段"复选框,则当主表相关记录的主键值发生更改时,会自动更新相关表中的对应数值。

③ 选中"实施参照完整性"复选框,同时选中"级联删除相关字段"复选框,则当主表中的记录被删除时,自动删除相关表中的相关记录。

(4) 根据题意要求,同时选中 3 个复选框,单击"创建"按钮,完成关系的创建。

(5) 用同样的方法,建立"课程"与"选课"表、"专业"与"学生"表之间的关系,最后设置的结果如图 2-47 所示。

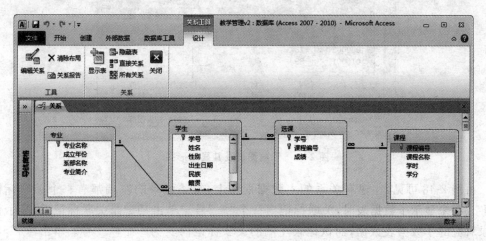

图 2-47 建立表关系的结果

(6) 单击"关闭"按钮,此时会询问是否保存布局的更改,单击"是"按钮。

Access 具有自动确定两个表之间关系类型的功能。建立关系后,可以看到两个表的相同字段之间出现了一条关系线,且在"学生"表的一方显示"1",在"选课"表的一方显示"∞",表示一对多关系,即"学生"表中的一条记录关联"选课"表中的多条记录。"1"方表中的字段是主键,"∞"方表中的字段称为外键(外部关键字)。

另外,在建立两个表之间的关系时,相关联的字段名称可以不同,但是数据类型必须相同。只有这样,才能实施参照完整性。另外,最好在输入数据之前建立表之间的关系,这样既可以确保输入的数据保证完整性,又可以避免由于已有数据违反参照完整性原则而无法正常建立关系的情况发生。

2. 编辑表间关系

定义关系后,可以编辑表之间的关系,也可以删除不再需要的关系,操作步骤如下:

(1) 关闭所有打开的表,单击"数据库工具"选项卡,单击"关系"组中的"关系"按钮,打开"关系"窗口。

(2) 如果要删除两个表之间的关系,单击要删除的关系的连线,按 Del 键删除;若需要更改两个表之间的关系,则单击要更改的关系连线,然后在"设计"选项卡的"工具"组中单击"编辑关系"按钮,或直接双击要更改的关系连线,打开图 2-46 的"编辑关系"对话框,对图中选项进行修改,完成后单击"确定"按钮。如果要清除所有"关系",那么在"设计"选项卡的"工具"组中,单击"清除布局"按钮。

3. 查看子数据表

子数据表是指在一个表的"数据表视图"中显示已与其建立关系的表的"数据表视图",显示形式如图 2-48 所示。

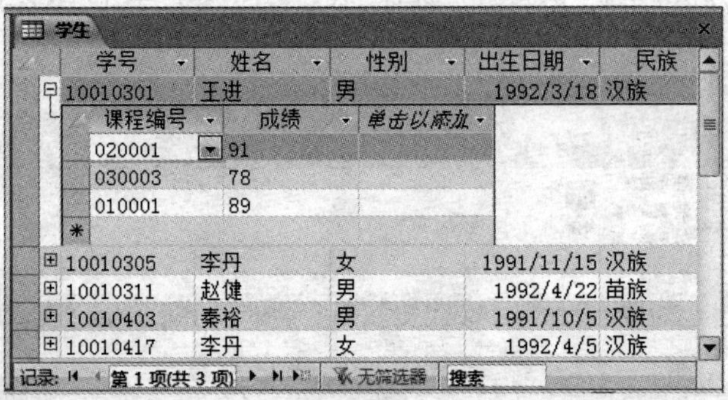

图 2-48　子数据表及其显示形式

由图 2-48 可见,在建有关系的主数据视图上,每条记录的左端都有一个关联标记"□"。在未显示子数据表时,关联标记内一个"+"号。单击某记录关联标记后,显示该记录对应的子数据表数据,而该记录左端的关联标记内变为一个"—"号。单击"—",可以收起子数据表。

【例 2-20】 将"系部"表的子数据表修改为"教师"表。

操作步骤如下:

(1) 用设计视图打开"系部"表。在"设计"选项卡下的"显示/隐藏"组中,单击"属性表"按钮,打开"属性表"对话框。

(2) 单击"子数据表名称"行右侧的下三角按钮,从弹出的下拉列表中选择"表. 教师"

选项,设置结果如图 2-49 所示。

(3) 单击功能区中的"视图"按钮,切换到数据表视图。单击第一条记录的关联标记,可以看到,子数据表为"教师"表,如图 2-50 所示。

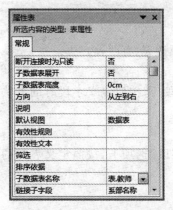

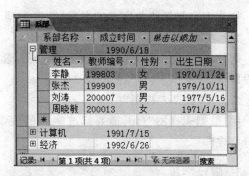

图 2-49 "属性表"对话框   图 2-50 更改"系部"表的子数据表的结果

2.4 表 的 编 辑

2.4.1 引例

在完成表的创建以后,如果要对表的结构进行修改,或者要对表的外观进行设置,例如要修改显示字体、行高、列宽或对列进行隐藏冻结等,该如何操作? 本节将介绍操作方法。

2.4.2 表结构的修改

Access 允许通过"设计视图"和"数据表视图"对表结构进行修改,修改表结构主要包括修改字段、添加字段、删除字段和移动字段等操作。对表结构进行修改时,可能会影响已经在表中存储的数据,也会影响与表相关的查询、窗体和报表等其他对象。

1. 添加字段

添加字段有两种方法:

(1) 在"设计视图"中添加。

用"设计视图"打开需要添加字段的表,然后将光标移动到要插入新字段的位置,单击"设计"选项卡下"工具"组中的"插入行"按钮,或者使用右键快捷菜单选择"插入行"命令,则在当前字段的上面插入了一个字段,然后设置字段名称、字段数据类型和相关属性。

(2) 在"数据表视图"中添加。

用"数据表视图"打开需要添加字段的表,在字段名行需要插入新字段的位置右击,在弹出的快捷菜单中选择"插入字段"命令,双击新列中字段名"字段1",为列输入名称,然后在"表格工具/字段"上下文选项卡中利用相关命令修改字段的数据类型或定义字段的属性。

2. 修改字段

修改字段包括修改字段的名称、数据类型、说明、属性等,有两种方法:

(1) 在"设计视图"中修改。

用"设计视图"打开需要修改字段的表,选中该字段后,按照定义字段时的方法修改字段即可。

(2) 在"数据表视图"中修改。

用"数据表视图"打开需要修改字段的表,单击"字段"选项卡,按照定义表时的方法进行修改即可。

3. 删除字段

删除字段也有两种方法:

(1) 在"设计视图"中删除字段。

用设计视图打开表,将光标移动到要删除的字段行上。若要选择一组连续的字段,可以将鼠标指针拖过所选字段的字段选定器;若要选择一组不连续的字段,则可先选中第一个要删除字段的字段选定器,然后按下 Ctrl 键不放,再单击每一个要删除字段的字段选定器,最后使用"设计/工具"中的或者右键快捷菜单的"删除行"命令删除。

(2) 在"数据表视图"中删除字段。

用"数据表视图"打开表,选中要删除的字段列,使用右键快捷菜单的"删除字段"命令;或者单击"字段"选项卡,在"添加和删除"组中单击"删除"按钮。

4. 移动字段

移动字段可以在设计视图中进行,打开表的设计视图后,选定需要移动的字段行,按住鼠标左键拖动该字段到新的位置。

2.4.3　表外观的调整

调整表的外观的目的是为了让表看上去更清楚、美观。调整表的外观的操作主要包括:调整行高和列宽、改变字段的显示顺序、隐藏与显示列、冻结列、设置数据表的格式、改变字体等。

1. 改变字段显示次序

在默认情况下,在数据表视图中,字段的显示次序与创建表或查询时的输入次序相同。但是,为了满足查看数据的需要,有时需要更该字段的显示顺序。

【例 2-21】 将"学生"表中的"学号"字段和"姓名"字段位置互换。

操作步骤如下:

（1）使用"数据表视图"打开"学生"表。将鼠标指针定位在"姓名"字段列的字段名上，鼠标指针会变成一个粗体黑色下箭头，单击选定"姓名"字段列。

（2）在"姓名"字段列上按下鼠标左键，拖动鼠标到"学号"字段前，释放鼠标左键后，两个字段就完成了位置互换。

使用此方法，可以移动任何单个或多个字段。字段的移动只会改变在"数据表视图"中的显示顺序，不会改变表的设计视图中字段的排列顺序。

2. 调整行高

调整行高有两种方法：鼠标和命令。

（1）使用鼠标调整。

使用"数据表视图"打开要调整的表，将鼠标指针放在表中任意两行选定器之间，当鼠标指针变成双箭头时，按住鼠标左键不放，拖动鼠标上下移动，调整列所需高度后，释放鼠标左键。

（2）使用命令调整。

使用"数据表视图"打开要调整的表，右击记录选定器，从弹出的快捷菜单中选择"行高"命令，在打开的"行高"对话框中输入所需的行高值，单击"确定"按钮。

3. 调整列宽

与调整行高的操作一样，调整列宽也有鼠标和命令两种方法。

（1）使用鼠标调整。

将鼠标指针放在要改变宽度的两列字段名中间，当鼠标指针变为双箭头时，按住鼠标左键不放，并拖动鼠标左右移动，调整到所需宽度时，释放鼠标左键。在拖动字段列中间的分隔线时，若拖动超过了下一个字段列的右边界时，则会隐藏该列。

（2）使用命令调整。

选择要改变宽度的字段列，右击字段名行，从弹出的快捷菜单中选择"列宽"命令，在打开的"列宽"对话框中输入所需的列宽值，单击"确定"按钮。若输入的数值为 0，则会隐藏该字段列。

4. 隐藏列

在"数据表视图"中，可以将某些字段列暂时隐藏，需要时再重新显示。

一般操作步骤如下：

（1）用"数据表视图"打开表，用鼠标选定需要隐藏的一列或多列。

（2）右击选定列，从弹出的快捷菜单中选择"隐藏字段"命令；或单击"开始"选项卡下"记录"组中的"其他"按钮，选择"隐藏字段"命令；或将字段宽度设置为 0。此时，Access 会将选定的列隐藏。

5. 显示隐藏的列

若希望将隐藏的列显示出来，一般操作步骤如下：

（1）用"数据表视图"打开表，右击任意字段列字段名行，从弹出的快捷菜单中选择"取消隐藏字段"命令；或单击"开始"选项卡下"记录"组中的"其他"按钮，选择"取消隐藏字段"命令，打开"取消隐藏列"对话框。

（2）在"列"列表中选中要显示列的复选框，单击"关闭"按钮。

6. 冻结列

若表中字段很多，那么查看某些字段时必须通过水平滚动条才能看到。如果希望能始终查看到某些字段，可以将其冻结。这样在水平滚动数据表时，这些字段在窗口中固定不动。

【例 2-22】　冻结"教师"表中的"姓名"字段列。

操作步骤如下：

（1）使用"数据表视图"打开"教师"表，单击选定"姓名"字段列。

（2）右击选定列，从弹出的快捷菜单中选择"冻结字段"命令；或单击"开始"选项卡下"记录"组中的"其他"按钮，选择"隐藏字段"命令。此时，"姓名"字段出现在最左边，当水平滚动窗口时，可以看到"姓名"字段列始终显示在窗口的最左侧，如图 2-51 所示。

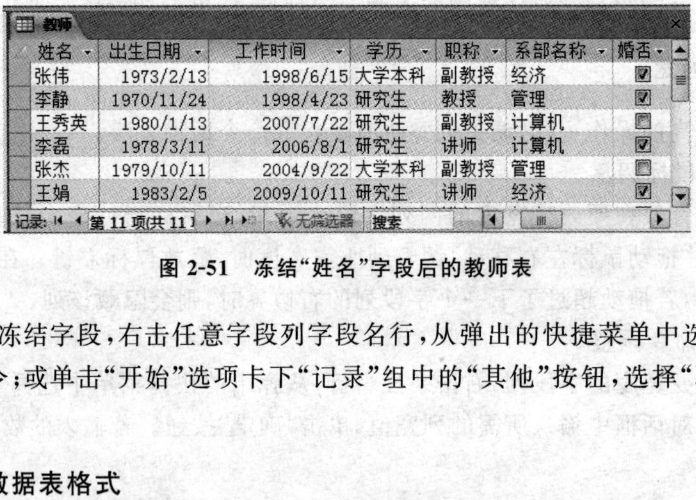

图 2-51　冻结"姓名"字段后的教师表

若要取消冻结字段，右击任意字段列字段名行，从弹出的快捷菜单中选择"取消冻结所有字段"命令；或单击"开始"选项卡下"记录"组中的"其他"按钮，选择"取消冻结所有字段"命令。

7. 设置数据表格式

在"数据表视图"中，一般在水平和垂直方向显示网格线，而且网格线、背景色和替换背景色均采用系统默认的颜色。如果需要，可以改变单元格显示效果，选择网格线显示方式和颜色或改变表格的背景颜色等。具体操作方法是：用"数据表视图"打开表，在"开始"选项卡的"文本格式"组中，单击"网格线"按钮，从弹出的下拉列表中选择不同的网格线，如图 2-52 所示。单击"文本格式"组右下角的"设置数据表格式"按钮，打开"设置数据表格式"对话框，如图 2-53 所示，根据需要选择所需的项目即可。

8. 改变字体

为了使数据的显示更加美观突出，可以改变数据表中数据的字体、字形和字号，具体方法是：在"数据表视图"中，通过"开始"选项卡的"文本格式"组中的选项更改。

图 2-52 网格线设置

图 2-53 "设置数据表格式"对话框

2.5 表记录的操作

2.5.1 引例

当用户需要对表中的记录进行进一步操作时,该如何完成;如何快速定位到某条记录上;如何快速找到所有的男同学的记录;如何快速地修改多个字段的值;如何让表中只显示满足条件的记录;这些操作都将在本节进行讲解。

2.5.2 表记录的常用操作

表内的数据输入完毕以后,还要对内容进行经常的访问、查找和添加修改等。因此要经常用到表的记录编辑功能,主要包括记录定位、添加记录、修改记录、查找和替换数据等。

1. 定位记录

要修改记录的数据,选择要修改的记录是首要工作,而要定位到要修改的记录有两种方法:使用"记录导航"条定位和使用快捷键定位。

【例 2-23】 将指针定位到"学生"的第 7 号记录上。

操作步骤如下:

(1) 用"数据表视图"打开"学生"表。

(2) 用记录导航条"当前记录"框中输入记录号 7,按 Enter 键,这时光标定位在该记录上。另外,还可以在"搜索"框中输入搜索的内容并按 Enter 键,可以在全部记录中查找该内容。如图 2-54 所示。

另外,可以通过快捷键快速定位记录或字段,快捷键及其定位功能如表 2-18所示。

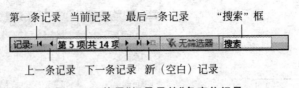

第一条记录　当前记录　最后一条记录　　　"搜索"框

上一条记录　下一条记录　新（空白）记录

图 2-54　使用"记录导航"条定位记录

表 2-18　快捷键及其定位功能

快　捷　键	定 位 功 能
Tab、Enter 键、右箭头	下一字段
Shift＋Tab、左箭头	上一字段
Home	当前记录中的第一个字段
End	当前记录中的最后一个字段
Ctrl＋上箭头	第一条记录中的当前字段
Ctrl＋下箭头	最后一条记录中的当前字段
Ctrl＋Home	第一条记录中的第一个字段
Ctrl＋End	最后一条记录中的最后一个字段
上箭头	上一条记录中的当前字段
下箭头	下一条记录中的当前字段
PgDn	下移一屏
PgUp	上移一屏
Ctrl＋PgDn	左移一屏
Ctrl＋PgUp	右移一屏

2. 选择记录

　　在数据表视图中，可以使用鼠标或键盘来选择记录或数据的范围，使用鼠标操作的方法如表 2-19 所示，使用键盘操作方法如表 2-20 所示。

表 2-19　鼠标操作方法

数据范围	操 作 方 法
字段中的部分数据	单击开始处，拖动鼠标到结尾处
字段中的全部数据	移动鼠标字段左侧，待鼠标指针变成"＋"后单击
相邻多字段中的数据	移动鼠标到第一个字段左侧，待鼠标指针变成"＋"后拖动鼠标到最后一个字段尾部
一列数据	单击该列的字段选定器
多列数据	将鼠标放到第一列顶端字段名处，待鼠标指针变为下拉箭头后，拖动鼠标到选定范围的结尾列

续表

数据范围	操作方法
一条记录	单击该记录的记录选定器
多条记录	单击第一条记录的记录选定器,按住鼠标左键,拖动鼠标到选定范围的结尾处
所有记录	选择"编辑"→"选择所有记录"命令

表 2-20 键盘操作方法

选择对象	操作方法
字段中的部分数据	光标移动字段开始处,按住 Shift 键,再按方向键到结尾处
字段中的全部数据	光标移到字段中,按 F2 键
相邻多字段中的数据	选择第一个字段,按住 Shift 键,再按方向键到结尾处

3. 添加记录

添加新记录时,使用"数据表视图"打开要添加记录的表,可将光标直接移动到表的最后一行上,直接输入要添加的数据;也可以单击"记录导航"条上的新空白记录按钮,或单击"开始"选项卡"记录"组中的"新建"按钮,待光标移到表的最后一行时输入要添加的数据。

4. 删除记录

删除记录时,用"数据表视图"打开要删除记录的表,选定要删除的记录,使用右键快捷菜单的"删除记录"命令进行删除;或者在"开始/记录"组中,单击"删除"按钮,在弹出的"删除记录"提示框中,单击"是"按钮。

在数据表中,可以一次删除多条相邻的记录。方法是:先单击选定第一条记录,然后拖动鼠标经过要删除的每个记录,最后执行删除操作。

注意:删除操作是不可恢复的操作,在删除记录前要确认该记录是否是要删除的记录,为避免误删,在删除之前最好对表进行备份。

5. 修改数据

在"数据表视图"中修改数据,只要将光标移动到要修改数据的相应字段直接修改即可。

6. 复制数据

在输入或编辑数据时,可使用复制和粘贴操作将某字段中数据复制到另一个字段中,操作步骤如下:

(1) 用数据表视图打开要复制数据的表。

(2) 将鼠标指针指向要复制数据的字段的最左边,当鼠标指针变为+时,单击选中整个字段。如果要复制部分数据,则将鼠标指针指向要复制数据的开始位置,然后拖动鼠标到结束位置,这时字段的部分数据将被选中。

(3)单击"开始"选项卡剪贴板组的"复制"按钮,再将鼠标指针移动到目标字段,单击剪贴板组的"粘贴"按钮完成复制。

7. 查找数据

在表中有多条记录的情况下,要快速找到具有某些特定内容的记录,可以使用数据查找功能。

【例 2-24】 查找"学生"表中"性别"为"男"的学生记录。

操作方法如下:

(1)用"数据表视图"打开"学生"表,选定"性别"字段列。

(2)单击"开始"选项卡,单击"查找"组中的"查找"按钮,打开"查找和替换"对话框,在"查找内容"文本框中输入"男",其他部分选项如图 2-55 所示。

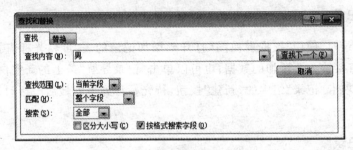

图 2-55 "查找和替换"对话框

如果需要,可以进一步设置其他选项。如可在"查找范围"下拉列表框中选择"当前文档"将整个表作为查找范围。注意,"查找范围"下拉列表框中所包括的字段为在进行查找之前光标所在的字段。最好在查找之前将光标移动到所要查找的字段上,这样比对整个表进行查找可以节省更多时间。在"匹配"下拉列表框中,也可以选择其他匹配部分,如"字段任何部分""字段开头"等;在"搜索"下拉列表框中,可以选择"向上""向下"等。

(3)单击"查找下一个"按钮,将查找下一个指定的内容。连续单击"查找下一个"按钮,将全部指定的内容查找出来。

(4)单击"取消"按钮或窗口关闭按钮,结束查找。

在指定查找内容时,如果希望在只知道部分内容的情况之下对数据表进行查找,或者按照特定的要求查找记录,可以使用通配符作为其他字符的占位符。在"查找和替换"对话框中,可以使用表 2-21 所示的通配符。

另外,若同时查找连字号和其他单词,要在方括号内将连字号放置在所有字符之前或之后。但如果有惊叹号,则需要在方括号内将连字号放置在惊叹号之后。

每次使用"查找和替换"对话框时,在对话框中都会保留上次查找的设置,且在"查找内容"框中还会保留前面的查找内容,可以直接在列表中选取再次查找的内容。

表 2-21 通配符的用法

字符	用 法	示 例
*	与任意个数的字符匹配	a*b 可以找到以 a 开头、以 b 结尾的任意长度的字符串
?	与任意的单个字符匹配	a?b 可以找到以 a 开头、以 b 结尾的任意 3 个字符组成的字符串
[]	与方括号内任何单个字符匹配	a[xyz]b 可以找到以 a 开头、以 b 结尾,且中间包含 x、y、z 之一的 3 个字符组成的字符串
!	匹配任意不在括号内的字符	a[!xyz]b 可以找到以 a 开头、以 b 结尾,且中间包含除了 x、y、z 之外的任意的一个字符的 3 个字符组成的字符串
-	与范围内的任意一个字符匹配,必须按升序指定范围	a[x-z]b 可以找到以 a 开头、以 b 结尾,且中间包含 x～z 之间的任意一个字符的 3 个字符组成的字符串
#	与任何单个数字字符匹配	a#b 可以找到以 a 开头、以 b 结尾,且中间为数字字符的 3 个字符组成的字符串

注意:在使用星号(*)、问号(?)、井号(#)、左方括号([)或连字号(-)等通配符作为普通字符时,必须将以上搜索的符号放在方括号内。如搜索问号,要在"查找内容"输入框中输入"[-]"符号;而在使用惊叹号(!)或右方括号(])时,则无须如此处理,可以直接使用。

Access 还提供了一种快速查找的方法,通过记录导航条直接定位到要找的记录。

【例 2-25】 在"学生"表中查找学生"王涛"的记录。

操作步骤如下:

(1) 用"数据表视图"打开"学生"表。

(2) 在记录导航条"搜索"框中输入"王涛",此时光标直接定位到要找的记录上,如图 2-56 所示。

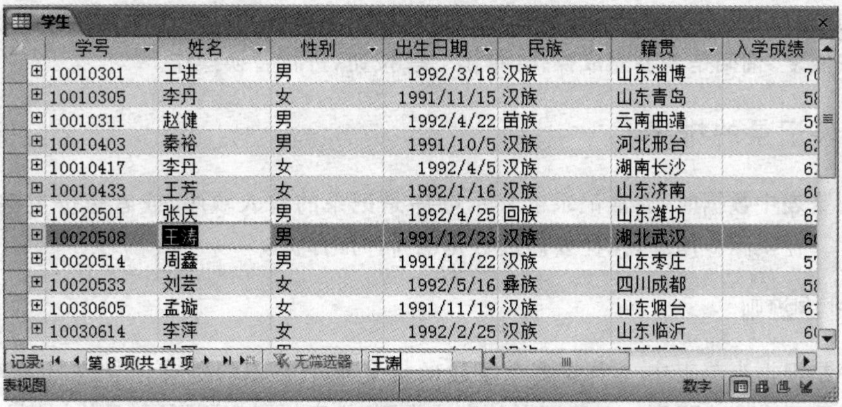

图 2-56 使用记录导航条查找

在 Access 中,若某记录中的某个字段尚未存储数据,则称该记录的该字段值为空值。注意区分空值与空字符串。空值是指值缺省或未定义,允许使用 Null 值来说明一个字段里的信息目前无法得到。空字符串是用双引号括起来的字符串,且双引号中没有任何字符(包括空格),其长度为 0。

在查找空值或空串时,所用的方法是利用图 2-55 的"查找和替换"对话框,在查找空值时，"查找内容"文本框中输入的是 null，而在查找空串时输入的是不包含任何字符的双引号（""）。

8. 替换数据

在操作数据库时，若要修改多处相同的数据，可以使用替换功能，会自动查找被替换内容，完成替换。

【例 2-26】 查找"教师"表中职称为"讲师"的所有记录，并将其值替换为"副教授"。

操作步骤如下：

（1）用"数据表视图"打开"教师"表，选定"职称"字段列。

（2）单击"开始"选项卡，单击"查找"组中的"替换"按钮，打开"查找和替换"对话框，在"查找内容"文本框中输入"讲师"，在"替换为"文本框中输入"副教授"，在"查找范围"下拉列表框中选择"当前字段"，在"匹配"下拉列表框中选择"整个字段"，如图 2-57 所示。

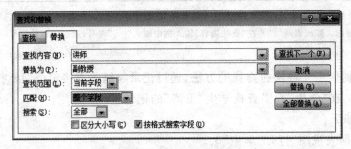

图 2-57　设置替换选项

（3）若一次替换一个，则单击"查找下一个"按钮，找到后单击"替换"按钮；若一次替换全部的指定内容，则单击"全部替换"按钮，此时屏幕将显示一个提示框，提示进行替换操作无法恢复，询问是否要完成操作，单击"是"按钮，进行替换操作。

2.5.3　表记录的排序

在浏览表中数据时，通常记录的显示顺序是记录的输入顺序，或者是按主键升序排列的顺序。在实际应用中，往往要修改数据的排序顺序。

1. 排序规则

排序是根据当前表中一个或多个字段的值对整个表中的所有记录进行重新排列。排序可以选择升序或降序。对于不同的字段类型，排序规则有所不同，具体规则如下：

（1）文本型字段中，英文按字母顺序排列，大、小写视为相同，升序时按 A 到 Z 排列，降序时按 Z 到 A 排列。中文按拼音字母的顺序排列，靠后者为大；文本中出现的其他字符（如数字字符）按照 ASCII 码值的大小进行比较排列。西文字符比中文字符小。

（2）对于数字型、货币型字段，按数值的大小排列。

（3）对于日期/时间型字段，按日期的先后顺序排列，靠后的日期为大。

（4）按升序排列字段时，若字段值为空值，则将包含空值的记录排列在列表中的最前面。

（5）数据类型为备注、超链接、OLE 对象或附件的字段不能排序。

排序后，排序次序将与表一起保存。

2. 按一个字段排序

按一个字段排序可以在"数据表视图"中进行。

【例 2-27】 在"学生"表中，按"出生日期"升序排列。

操作步骤如下：

（1）用"数据表视图"打开"学生"表，单击"出生日期"字段所在的列。

（2）单击"开始"选项卡，单击"排序和筛选"组中的"升序"按钮。

执行完后，表中记录会改变排列次序。保存表时，将同时保存排序结果。下次打开表时，会按照定义好的排序次序显示记录。若想取消排序，在"开始"选项卡，单击"排序和筛选"组中的"取消排序"按钮，则会恢复默认的显示次序。

3. 按多个字段排序

在 Access 中，不仅可以按一个字段排序记录，也可以按多个字段排序记录。按多个字段排序时，首先根据第一个字段按照指定的顺序排列，当第一个字段有重复值时，再按照第二个字段排序，以此类推，直到按全部指定的字段排好序为止。

按多个字段排序记录有两种方法：一种是使用"升序"或"降序"按钮，另一种是使用"高级筛选/排序"命令。

【例 2-28】 在"学生"表中按"性别"和"出生日期"两个字段升序排列。使用"升序"按钮排序的操作步骤如下：

（1）用"数据表视图"打开"学生"表，选择用于排序的"性别"和"年龄"的字段选定器。

（2）单击"开始"选项卡，单击"排序和筛选"组中的"升序"按钮。排序结果如图 2-58 所示。

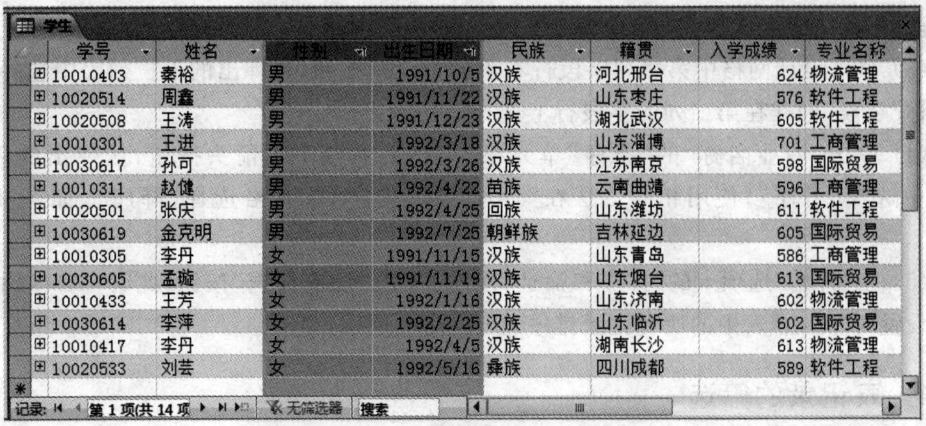

图 2-58 使用"升序"按钮按两个字段排序

从结果可知，Access 先按"性别"排序，在"性别"相同的情况下再按"出生日期"升序排列。因此，按多个字段排序必须注意字段的先后顺序。

按多个字段排序，还可以单击字段行右侧的下三角，然后从弹出的列表中选择"升序"或"降序"进行排序。对两个不相邻的字段排序时，先对第二个字段排序，再对第一个字段排序，如图 2-59 所示。

学号	姓名	性别	出生日期	民族	籍贯	入学成绩	专业名称	单击
⊞ 10020514	周鑫	男	1991/11/22	汉族	山东枣庄	576	软件工程	
⊞ 10010305	李丹	女	1991/11/15	汉族	山东青岛	586	工商管理	
⊞ 10020533	刘芸	女	1992/5/16	彝族	四川成都	589	软件工程	
⊞ 10010311	赵健	男	1992/4/22	苗族	云南曲靖	596	工商管理	
⊞ 10030617	孙可	男	1992/3/26	汉族	江苏南京	598	国际贸易	
⊞ 10030614	李萍	女	1992/2/25	汉族	山东临沂	602	国际贸易	
⊞ 10010433	王芳	女	1992/1/16	汉族	山东济南	602	物流管理	
⊞ 10030619	金克明	男	1992/7/25	朝鲜族	吉林延边	605	国际贸易	
⊞ 10020508	王涛	男	1991/12/23	汉族	湖北武汉	605	软件工程	
⊞ 10020501	张庆	男	1992/4/25	回族	山东潍坊	611	软件工程	
⊞ 10030605	孟璇	女	1991/11/19	汉族	山东烟台	613	国际贸易	
⊞ 10010417	李丹	女	1992/4/5	汉族	湖南长沙	613	物流管理	
⊞ 10010403	秦裕	男	1991/10/5	汉族	河北邢台	624	物流管理	
⊞ 10010301	王进	男	1992/3/18	汉族	山东淄博	701	工商管理	

记录: ⊨ 第1项(共14项) ▶ ▶⊨ ▶⋇ 无筛选器 搜索 ◀ ⊪

图 2-59 分别对两个字段排序

图 2-59 分别对"性别"字段和"入学成绩"字段设置"升序"，可以看到记录显示顺序是先按"入学成绩"字段升序排列，成绩相同者再按照"性别"升序排列。

另外，可以使用"高级筛选/排序"命令对记录排序。

【例 2-29】 在"学生"表中先按"专业名称"升序排序，再按"性别"降序排序。

操作步骤如下：

（1）用"数据表视图"打开"学生"表，在"开始"选项卡的"排序和筛选"组中，单击"高级"按钮。

（2）从弹出的菜单中选择"高级筛选/排序"命令，打开"筛选"窗口。该窗口分为上、下两个部分。上半部分显示了被打开表的字段列表，下半部分是设计网格，用来指定排序字段、排序方式和排序条件。

（3）单击设计网格中第一列字段行右侧的下三角按钮，从弹出的下拉列表中选择"专业名称"字段，同样在第二列的字段行上选择"性别"字段。

（4）单击"专业名称"的"排序"单元格，单击其右侧下拉箭头按钮，从弹出的下拉列表中选择"升序"；使用相同方法在"性别"的"排序"单元格选择"降序"，如图 2-60 所示。

（5）在"开始"选项卡的"排序和筛选"组中，单击"切换筛选"按钮，此时 Access 将按上述设置对"学生"表中的所有记录排序，如图 2-61 所示。

2.5.4 表记录的筛选

从表中挑选出满足某种条件的记录称为对记录进行筛选，经过筛选后的表，只显示满足条件的记录，而那些不满足条件的记录将被隐藏起来。

图 2-60 在"筛选"窗口设置排序次序

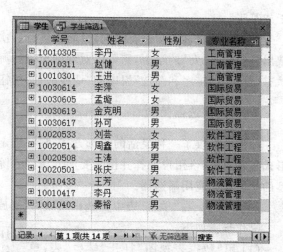

图 2-61 排序结果

Access 2010 提供了 4 种筛选记录的方法,分别是按选定内容筛选、使用筛选器筛选、按窗体筛选和高级筛选。

1. 按选定内容筛选

【例 2-30】 在"学生"表中筛选出籍贯为"山东"的学生。

操作步骤如下:

(1)用"数据表视图"打开"学生"表,单击"籍贯"字段任意一行,在该字段中找到值包含"山东"的字段,并选中"山东"。

(2)在"开始"选项卡的"排序和筛选"组中,单击"选择"按钮,弹出下拉菜单如图 2-62 所示。

(3)从下拉菜单中选择"包含'山东'",Access 将根据所选项,筛选出相应的记录,结果如图 2-63 所示。

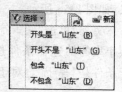

图 2-62 筛选选项

学号	姓名	性别	专业名称	出生日期	民族	籍贯
10010305	李丹	女	工商管理	1991/11/15	汉族	山东青岛
10010301	王进	男	工商管理	1992/3/18	汉族	山东淄博
10030614	李萍	女	国际贸易	1992/2/25	汉族	山东临沂
10030605	孟璇	女	国际贸易	1991/11/19	汉族	山东烟台
10020514	周鑫	男	软件工程	1991/11/22	汉族	山东枣庄
10020501	张庆	男	软件工程	1992/4/25	回族	山东潍坊
10010433	王芳	女	物流管理	1992/1/16	汉族	山东济南

图 2-63 筛选结果

使用"选择"按钮,可以快速地在菜单中找到最常用的筛选选项。字段的数据类型不同,"选择"列表提供的筛选选项也不同。对于"文本"型字段,筛选选项包括"等于""不等于""包含"和"不包含";对于"日期/时间"型字段,筛选选项包括"等于""不等于""不晚于"和"不早于";对于"数字"型字段,筛选选项包括"等于""不等于""小于或等于"和"大于或等于"。

如果还需要进一步进行筛选,只需再进行一次筛选即可。如要在上例筛选结果中筛选出"性别"为"女"的学生,则可以对性别再进行筛选。如果要将数据表恢复到筛选前的状态,可单击"排序和筛选"组中的"切换筛选"按钮。

2. 使用筛选器筛选

筛选器提供了一种灵活的筛选方式,它将选定的字段列中所有不重复的值以列表的形式显示出来,供用户选择并按需要加入条件。除 OLE 对象和附件类型字段外,其他类型的字段均可应用筛选器。

【例 2-31】 在"学生"表中筛选出民族为"汉族"的学生记录。

操作步骤如下:

（1）用"数据表视图"打开"学生"表,单击"民族"字段任意一行。

（2）在"开始"选项卡的"排序和筛选"组中,单击"筛选器"按钮或单击"民族"字段名行右侧的下三角按钮。

（3）在弹出的下拉列表中,取消选中"(全选)"复选框,选中"汉族"复选框,如图 2-64 所示。单击"确定"按钮,系统将显示筛选结果,如图 2-65 所示。

另外,单击"文本筛选器",会显示"文本"型字段的筛选器条件选项,本例选中值相当于条件是"等于"。对于不同的数据类型,筛选器提供的筛选选项也不一样。

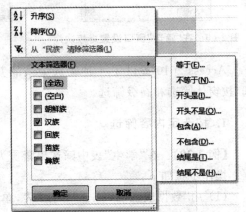

图 2-64　设置筛选选项

学生								
学号	姓名	性别	专业名称	出生日期	民族	籍贯	入学成绩	单
10010305	李丹	女	工商管理	1991/11/15	汉族	山东青岛	586	
10010301	王进	男	工商管理	1992/3/18	汉族	山东淄博	701	
10030614	李萍	女	国际贸易	1992/2/25	汉族	山东临沂	602	
10030605	孟璇	女	国际贸易	1991/11/19	汉族	山东烟台	613	
10030617	孙可	男	国际贸易	1992/3/26	汉族	江苏南京	598	
10020514	周鑫	男	软件工程	1991/11/22	汉族	山东枣庄	576	
10020508	王涛	男	软件工程	1991/12/23	汉族	湖北武汉	605	
10010433	王芳	女	物流管理	1992/1/16	汉族	山东济南	602	
10010417	李丹	女	物流管理	1992/4/5	汉族	湖南长沙	613	
10010403	秦裕	男	物流管理	1991/10/5	汉族	河北邢台	624	

记录:　第1项(共10项)　已筛选　搜索

图 2-65　筛选结果

3. 按窗体筛选

按窗体筛选记录时,表中的记录数据会被隐藏,Access 将数据表变成了一个记录,并且每个字段都有一个下拉列表,可以从每个下拉列表中选取一个值作为筛选内容,在多列字段中选取值后,这些条件是"与"的关系。若要定义多个并列的筛选条件,可以通过窗体底部的"或"标签来确定它们的关系。

【例 2-32】　用"窗体筛选"选出"学生"表中的汉族女生。

操作步骤如下：

（1）用"数据表视图"打开"学生"表，在"开始"选项卡的"排序和筛选"组中，单击"高级"按钮，从弹出的下拉菜单中选择"按窗体筛选"命令，切换到"按窗体筛选"窗口，如图 2-66 所示。

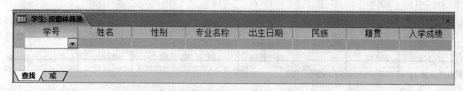

图 2-66　"学生：按窗体筛选"窗口

（2）单击"性别"字段，并单击右侧的下三角按钮，从下拉列表中选择"女"，单击"民族"字段，并单击右侧的下三角按钮，从下拉列表中选择"汉族"，结果如图 2-67 所示。

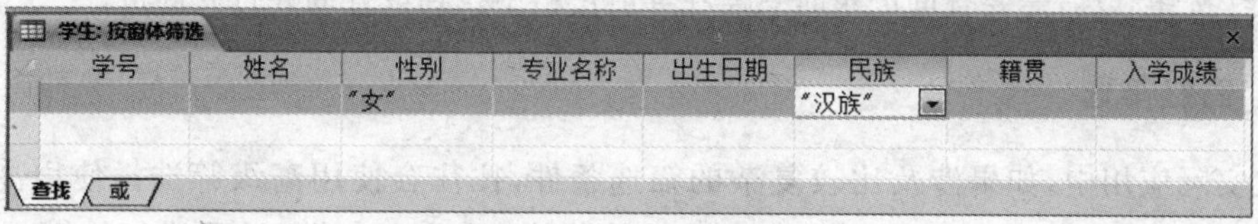

学号	姓名	性别	专业名称	出生日期	民族	籍贯	入学成绩
		"女"			"汉族" ▾		

图 2-67　选择筛选字段值

（3）在"开始"选项卡的"排序和筛选"组中，单击"切换筛选"按钮，可以查看筛选结果，如图 2-68 所示。

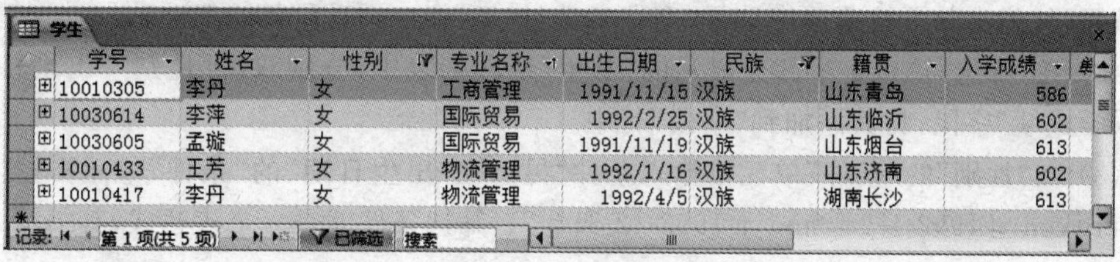

	学号	姓名	性别	专业名称	出生日期	民族	籍贯	入学成绩
⊞	10010305	李丹	女	工商管理	1991/11/15	汉族	山东青岛	586
⊞	10030614	李萍	女	国际贸易	1992/2/25	汉族	山东临沂	602
⊞	10030605	孟璇	女	国际贸易	1991/11/19	汉族	山东烟台	613
⊞	10010433	王芳	女	物流管理	1992/1/16	汉族	山东济南	602
⊞	10010417	李丹	女	物流管理	1992/4/5	汉族	湖南长沙	613

记录：第 1 项(共 5 项)　已筛选　搜索

图 2-68　筛选结果

如果在该例的基础上进一步加入筛选条件，可以利用"或"标签。

【例 2-33】　选出"学生"表中的汉族的女生或入学成绩高于 600 分的学生。

（1）在上例的基础上，单击页面底部的"或"标签，打开第二个条件设置窗口。

（2）单击"入学成绩"字段，在输入框中直接输入条件"＞600"，如图 2-69 所示。

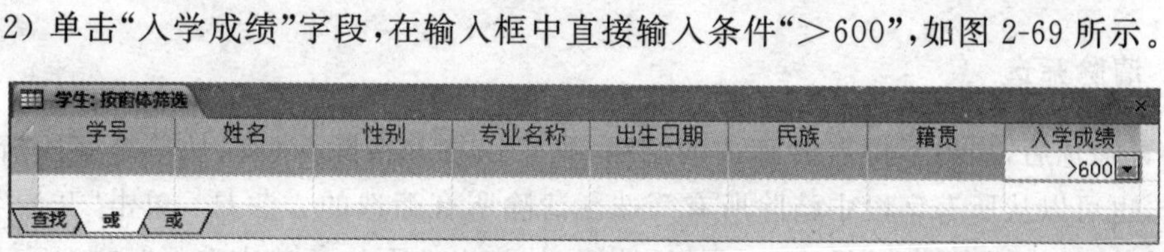

学号	姓名	性别	专业名称	出生日期	民族	籍贯	入学成绩
							>600 ▾

图 2-69　定义"或"条件

(3) 在"开始"选项卡的"排序和筛选"组中,单击"切换筛选"按钮,可以查看筛选结果,如图 2-70 所示。

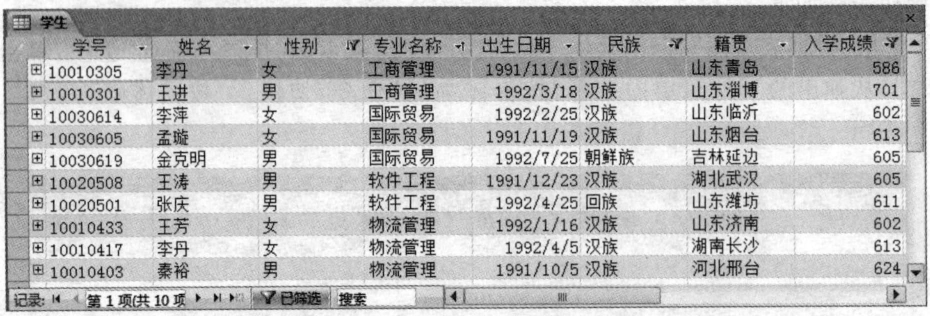

学号	姓名	性别	专业名称	出生日期	民族	籍贯	入学成绩
10010305	李丹	女	工商管理	1991/11/15	汉族	山东青岛	586
10010301	王进	男	工商管理	1992/3/18	汉族	山东淄博	701
10030614	李萍	女	国际贸易	1992/2/25	汉族	山东临沂	602
10030605	孟璇	女	国际贸易	1991/11/19	汉族	山东烟台	613
10030619	金克明	男	国际贸易	1992/7/25	朝鲜族	吉林延边	605
10020508	王涛	男	软件工程	1991/12/23	汉族	湖北武汉	605
10020501	张庆	男	软件工程	1992/4/25	回族	山东潍坊	611
10010433	王芳	女	物流管理	1992/1/16	汉族	山东济南	602
10010417	李丹	女	物流管理	1992/4/5	汉族	湖南长沙	613
10010413	秦裕	男	物流管理	1991/10/5	汉族	河北邢台	624

记录: 第 1 项(共 10 项) 已筛选 搜索

图 2-70　利用"或"标签筛选结果

还可以将筛选结果作为查询对象保存,以备今后使用。操作方法是:在"按窗体筛选"窗口中,单击快速访问工具栏上的"存盘"按钮,弹出"另存为查询"对话框。输入查询名后单击"确定"按钮,以后需要查询记录时只需在导航窗格中找到该查询并打开即可。

4. 高级筛选

在实际应用中,如果涉及比较复杂的筛选条件,往往会使用高级筛选。使用高级筛选,会打开"筛选"窗口,可以在其中定义复杂的条件,还可以对筛选结果进行排序。

【例 2-34】 在"学生"表中查找 1992 年出生的男生,并按照"入学成绩"的降序排列。

操作步骤如下:

(1) 用"数据表视图"打开"学生"表,在"开始"选项卡的"排序和筛选"组中,单击"高级"按钮,从弹出的下拉菜单中选择"高级筛选/排序"命令,打开"筛选"窗口。

(2) 在"筛选"窗口上半部分显示的"学生"字段列表中,分别双击"性别""出生日期"和"入学成绩"字段,将其添加到"字段"行中。

(3) 在"性别"的"条件"单元格输入条件"男",在"出生日期"的"条件"单元格输入条件"Between ♯1992-1-1♯ and ♯1992-12-31♯"。筛选条件就是一个表达式,其书写方法将在后面详细介绍。

(4) 单击"入学成绩"的"排序"单元格,单击右侧的下三角按钮,从弹出的下拉列表中选择"降序",设置结果如图 2-71 所示。

(5) 在"开始"选项卡的"排序和筛选"组中,单击"切换筛选"按钮,结果如图 2-72 所示。

5. 清除筛选

设置筛选后,如果不再需要筛选的结果,则可以将其清除。可以从单个字段清除单个筛选,也可以从所有字段中清除所有筛选。清除所有筛选的方法是:单击"开始"选项卡,然后单击"排序和筛选"组中的"高级"按钮,从弹出的下拉菜单中选择"清除所有筛选器"命令。

学生
学生筛选1
学生
*
学号
姓名
性别
出生日期
民族
字段: 性别 出生日期 入学成绩
排序: 降序
条件: "男" Between #1992/1/1# And #1992/12/31#
或:

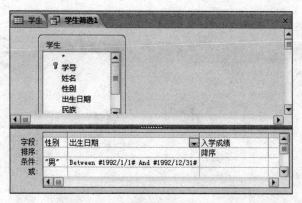

图 2-71 设置筛选条件和排序方式

学生
学号 姓名 性别 专业名称 出生日期 民族 籍贯 入学成绩
10010301 王进 男 工商管理 1992/3/18 汉族 山东淄博 701
10020501 张庆 男 软件工程 1992/4/25 回族 山东潍坊 611
10030619 金克明 男 国际贸易 1992/7/25 朝鲜族 吉林延边 605
10030617 孙可 男 国际贸易 1992/3/26 汉族 江苏南京 598
10010311 赵健 男 工商管理 1992/4/22 苗族 云南曲靖 596
记录: 第1项(共5项) 已筛选 搜索

图 2-72 筛选结果

2.6 本章小结

Access 数据库是容纳 Access 的所有对象的一级容器，而数据表是数据库中最基本、最重要的对象，它是包含原始数据的对象，数据库中其他的对象所需要的数据都来源于数据表。

本章首先介绍了本书所用的“教学管理”数据库的基本组成，然后通过大量的实例，详细说明了数据库的创建方法、数据表的创建方法、表中数据的输入方法以及数据表字段属性设置的方法，然后又介绍了表结构的修改和编辑的常用操作，最后介绍了对表中记录进行增删改查以及排序和筛选等常用的操作方法。

完成数据表的创建之后，在后续的章节中就可以进一步对表中的数据进行操作，如对数据进行查询、使用窗体对象和报表对象对数据进行操纵和汇总、使用宏或者 VBA 模块对数据进行更复杂的操作等。

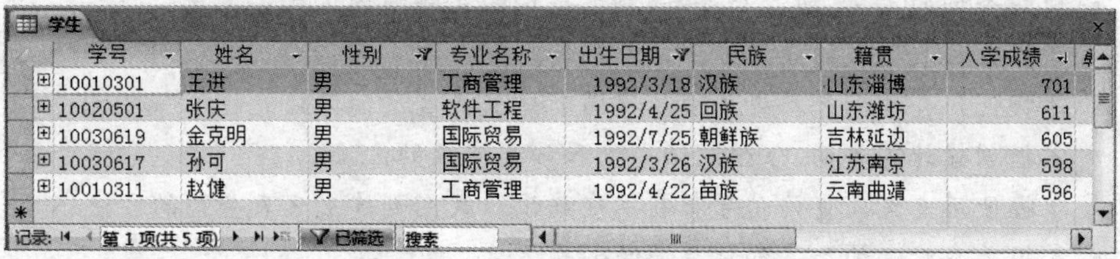

第3章

chapter 3

查　询

本章学习目标

- 理解查询的定义、功能和分类，熟悉查询的几种视图方式；
- 掌握条件表达式的设置方法；
- 掌握使用查询向导和查询设计视图创建选择查询的方法；
- 掌握创建计算查询、分组统计查询和计算字段的方法；
- 掌握使用交叉表查询向导和利用查询设计视图创建交叉表查询的方法；
- 掌握单参数查询和多参数查询的创建方法；
- 掌握生成表查询、删除查询、追加查询和更新查询的创建方法。

　　数据库最重要的优点之一是具有强大的查询功能，利用查询可以使用户十分方便地在浩瀚的数据海洋中挑选出指定的数据。本章主要介绍查询条件的设置以及选择查询、交叉表查询、参数查询、操作查询等各种查询的创建。

3.1　查询概述

　　查询是 Access 2010 中重要的数据库对象，是 Access 2010 数据库的核心操作之一。利用查询可以直接查看表中的原始数据，也可以对表中的数据计算后再查看，还可以从表中抽取数据，供用户对数据进行修改、分析。查询的结果可以作为查询、窗体、报表的数据来源，增强了数据库设计的灵活性。

3.1.1　查询的定义与功能

　　查询是以数据库中的数据作为数据源，根据给定的条件从指定的数据源中找出满足用户条件的数据，形成一个新的数据集合。

　　创建查询后，Access 2010 将用户建立的查询条件作为查询对象保存下来，查询的数据来源于表或者其他已有查询，每次运行查询时，都是根据查询条件从数据源中抽取数据，并创建动态的数据集合，只要关闭查询，该数据集合就会自动消失。所以，查询的运行结果是一个虚表，称为动态的数据集，它随着查询所依据的数据源的数据的改动而变动。

查询的主要目的是从数据源中找出符合条件的记录,方便对数据进行查看和分析。在 Access 2010 中,可以利用查询实现多种功能。

1. 选择字段

在查询中,可以只选择表中的部分字段。例如,建立一个查询,只选择显示"学生"表中每名学生的姓名、入学成绩、专业名称等信息。

2. 选择记录

可以根据指定的条件查找所需记录,并显示找到的记录。例如,建立一个查询,只选择显示"学生"表中"工商管理"专业的学生记录。

3. 编辑记录

可以利用查询添加、修改和删除表中的记录。例如,删除"学生"表中姓名为空的记录。

4. 实现计算

利用查询可以对满足条件的记录进行各种统计计算。例如,计算"选课"表中每门课程的平均成绩。另外,还可以建立一个计算字段,利用计算字段保存计算的结果。

5. 建立新表

利用查询得到的结果可以建立一个新表。例如,在"学生"表中查询"工商管理"专业的学生记录并保存在一个新表中。

6. 作为其他数据库对象的数据来源

查询可以作为其他数据库对象的数据源,为窗体、报表或其他查询提供数据,每当打开窗体或打印报表时,该查询就会从它的数据源中检索出满足条件的最新记录。

3.1.2　查询的类型

在 Access 2010 中,根据对数据源操作方式和操作结果的不同,可以把查询分为 5 种类型,分别是选择查询、交叉表查询、参数查询、操作查询和 SQL 查询。本章主要介绍前 4 种查询。

1. 选择查询

选择查询是指根据用户指定的条件,从一个或多个数据源中获取数据并显示结果,并可以实现对结果的分组、总计、计数、求平均值等计算。选择查询是 Access 2010 中最常见的一种查询类型。

2. 交叉表查询

交叉表查询将来源于某个表中的字段进行分组,一组列在数据表的左侧,一组列在数据表的上部,然后在数据表行与列的交叉处显示表中某个字段的各种统计值,如求和、求平均值、统计个数、求最大值和最小值等。

3. 参数查询

参数查询利用对话框提示用户输入查询参数,然后根据参数进行查询,是一种交互式查询,可以提高查询的灵活性。参数查询分为单参数查询和多参数查询两种。

4. 操作查询

操作查询是对从数据源中查询到的满足条件的记录进行删除、更新、追加和生成表等操作。操作查询有 4 种类型:删除查询、更新查询、追加查询和生成表查询。

5. SQL 查询

SQL 查询是使用 SQL 语句创建的查询。所有的 Access 2010 查询都是基于 SQL 语句的,每个查询都对应一条 SQL 语句。这类查询将在第 4 章介绍。

3.1.3 查询视图

在 Access 2010 中,查询有 5 种视图,分别为数据表视图、设计视图、数据透视表视图、数据透视图视图和 SQL 视图。

打开一个查询后,单击"开始"选项卡,在"视图"命令组中单击向下的箭头,在其下拉菜单中选择不同的视图方式;或者打开一个查询后,右击该查询对象选项卡上的名称,在快捷菜单中进行选择,如图 3-1 所示。

1. 数据表视图

数据表视图是查询的浏览器,通过该视图可以查看查询的运行结果,该视图方式主要通过行和列的格式显示查询中的数据。图 3-2 所示为学生基本信息查询的数据表视图。

学生基本信息查询			
姓名	性别	出生日期	专业名称
王进	男	1992/3/18	工商管理
李丹	女	1991/11/15	工商管理
赵健	男	1992/4/22	工商管理
秦裕	男	1991/10/5	物流管理
李丹	女	1992/4/5	物流管理
王芳	女	1992/1/16	物流管理
张庆	男	1992/4/25	软件工程
王涛	男	1991/12/23	软件工程
周鑫	男	1991/11/22	软件工程
刘芸	女	1992/5/16	软件工程
孟璇	女	1991/11/19	国际贸易
李萍	女	1992/2/25	国际贸易
孙可	男	1992/3/26	国际贸易
金克明	男	1992/7/25	国际贸易

图 3-1　查询视图命令　　　　**图 3-2　数据表视图**

查询的数据表视图与表的数据表视图很相似,但它们之间有很大的差别。因为查询的结果是一个虚表,所以在查询数据表视图中无法加入或删除列,而且不能修改查询字段的字段名,但是可以移动列,改变列宽、行高,隐藏和冻结列。

2. 设计视图

查询设计视图是设计查询的窗口,包含了创建查询所需要的各个组件,如图 3-3 所示。用户通过该视图可以设计除 SQL 查询之外的任何类型的查询。

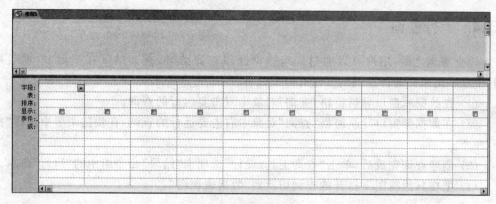

图 3-3 设计视图

打开查询设计视图窗口后,可以看到 Access 2010 的主窗口功能区自动增加了"查询工具/设计"选项卡,如图 3-4 所示。该选项卡中包含许多命令,帮助用户方便、快捷地进行查询设计。

图 3-4 "查询工具/设计"选项卡

3. 数据透视表视图和数据透视图视图

数据透视表视图指用于汇总并分析表或者查询中的数据的视图;数据透视图视图以各种图形方式显示表或者查询中数据的分析和汇总。在这两种视图中,可以动态地更改查询的版面,从而以各种不同的方式分析显示数据。

4. SQL 视图

实际上,在使用查询设计视图创建查询时,Access 2010 会自动在 SQL 视图中创建与其对应的 SQL 语句。SQL 视图中,用户可以查看或编辑当前查询对应的 SQL 语句,也可以直接编写 SQL 语句创建查询。如图 3-5 所示。

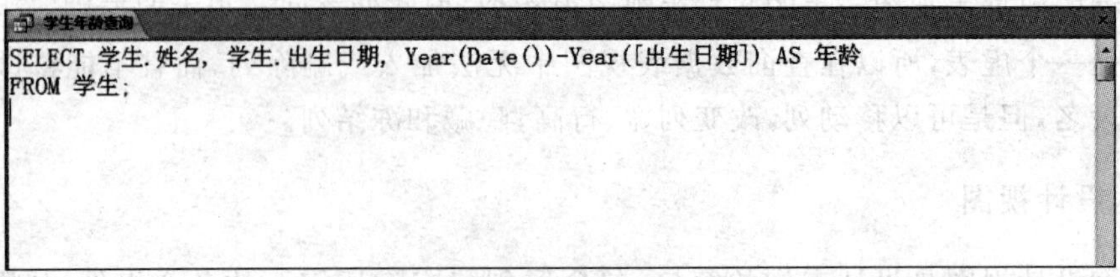

```
SELECT 学生.姓名, 学生.出生日期, Year(Date())-Year([出生日期]) AS 年龄
FROM 学生;
```

图 3-5　SQL 视图

3.1.4　运行查询

建立查询之后,用户可以通过运行查询获得查询结果,查询结果在查询"数据表视图"中显示出来。运行查询的方法有以下几种:

(1) 在数据库窗口导航窗格"查询"对象中双击要运行的查询。

(2) 在数据库窗口导航窗格"查询"对象中右击要运行的查询,在快捷菜单中选择"打开"命令。

(3) 创建查询完成后,单击"查询工具/设计"选项卡"结果"命令组中的"运行"命令。

(4) 把在其他视图下打开的查询切换到"数据表视图"。

3.2　查询条件

在实际应用中,经常查询满足某个条件的记录,这就需要在查询时进行查询条件的设置。查询条件是由常量、字段名、函数、字段值和运算符等构成的表达式,在创建带条件的查询时经常用到。

3.2.1　引例

用户对"教学管理"数据库进行操作时,经常需要查询满足某个条件的记录,例如,查询 1992 年出生的女生或 1991 年出生的男生的基本信息,查询职称为教授的男教师的信息等,此类查询都需要设置查询条件表达式。

Access 2010 中,查询条件表达式可由常量、字段名、函数、字段值和运算符等构成,本节将针对常量、运算符和函数分别进行介绍。

3.2.2　Access 2010 中的常量

常量是组成查询条件的基本元素,是指其值不会发生改变的量。在 Access 2010 中,常量有数字型常量、文本型常量、日期/时间型常量和是/否型常量 4 种,不同的常量有不同的表示方法。

1. 数字型常量

数字型常量又称数值型常量,直接输入数值。分为整数和实数,表示方法与数学中的方法类似,如 123,−56.7 等。

2. 文本型常量

文本型常量又称字符型常量或字符串,以英文单引号或双引号作为定界符将文本括起来,如'hello world'、"山东财经大学东方学院"。

3. 日期/时间型常量

日期/时间型常量以英文字符"♯"作为定界符,将一个日期时间括起来,如♯2015-08-01♯。

4. 是/否型常量

是/否型常量用 True、Yes 或−1 表示"是"即逻辑真,用 False、NO 或 0 表示"否"即逻辑假。

3.2.3　Access 2010 中的运算符

运算符也是组成查询条件的基本元素,在 Access 2010 中,运算符有算术运算符、字符运算符、日期运算符、关系运算符和逻辑运算符 5 种。

1. 算术运算符

Access 2010 的算术运算符有^(乘方)、*(乘)、/(除)、\(整除)、Mod(求余)、+(加)、−(减),各运算符的运算规则与在数学中的运算规则相同。

2. 字符运算符

Access 2010 的字符运算符有"+"和"&"两个。

(1)"+"运算符的功能是将两个字符连接起来形成一个新的字符,要求连接的两个量必须是字符。

例如,"access"+"数据库"的结果是"access 数据库"。

(2)"&"连接的两个量可以是字符、数值、日期/时间或是/否型数据。当不是字符时,Access 先把它们转换成字符,再进行连接运算。

例如,"abc" & "def"的结果是"abcdef",12 & 34 的结果是"1234",True & false 的结果是"−10","总计:" &　5 * 6 的结果是"总计:30"。

3. 日期运算符

Access 2010 的日期运算符有"+"和"−"两个。

(1)一个日期型数据加上或减去一个整数(代表天数)得到将来或过去的某个日期。

例如,♯2015-08-01♯+10 的结果是♯2015-08-11♯,♯2015-08-31♯−10 的结果是♯2015-08-21♯。

（2）一个日期型数据减去另一个日期型数据将得到两个日期之间相差的天数。

例如，♯2015-08-31♯－♯2015-08-21♯的结果是10。

4. 关系运算符

关系运算符表示两个量之间的比较，其值为是/否型。

1）常用的关系运算符

常用的关系运算符有<（小于）、<=（小于等于）、>（大于）、>=（大于等于）、=（等于）、<>（不等于）。例如，"助教">"教授"的结果为 True。

2）特殊的关系运算符

在数据库操作中，经常还需用到以下几种特殊的关系运算符。

（1）Between A And B：判断左侧表达式的值是否介于 A 和 B 两值之间（包括 A 和 B、A≤B），A 和 B 可以是数字型、日期型或文本型数据，而且 A 和 B 的类型要相同。如果是，结果为 True，否则为 False。

例如，要查找 1995 年出生的学生，则查询条件可写为：Between ♯1995-01-01♯ And ♯1995-12-31♯。

（2）In：指定一系列值的列表，判断左侧表达式的值是否在右侧的列表中。如果在，则结果为 True，否则为 False。

例如，要查找英语、数学、计算机 3 门课程，则查询条件可写为：In("英语","数学","计算机")。

（3）Like：指定某类字符串，判断左侧表达式的值是否符合右侧指定的模式。如果符合，则结果为 True，否则为 False。Like 可以配合通配符使用。

通配符"?"表示可以替代任意一个字符。例如，要查找姓名为两个字并且姓李的学生，则查询条件可写为：Like "李?"。

通配符"＊"表示可以替代任意多个任意字符。例如，要查找姓李的学生，则查询条件可以写为：Like "李＊"。

通配符"♯"表示可以替代任意一个数字。例如，Like"表♯"，则"表1""表2"等满足查询条件，而"表A"不满足。

通配符"[]"表示可以替代方括号内的任意字符。例如，Like "b[ae]ll"，表示字符串"ball"和"bell"满足查询条件。

通配符"!"表示可以替代方括号内字符以外的任意字符。例如，Like "b[! ae]ll"，表示字符串"ball"和"bell"不满足查询条件。

通配符"-"表示可以替代方括号内字符范围内的任意一个字符，必须按升序指定该字符范围，即从 A-Z。例如，Like "b[a-c]ll"，表示字符串"ball""bbll""bcll"满足查询条件。

（4）Is Null：判断字段是否为空；Is Not Null：判断字段是否非空。

例如，要查找姓名字段的值为空的学生记录，则查询条件为：姓名 Is Null；而要查找姓名字段的值为非空的学生记录，则查询条件为：姓名 Is Not Null。

5. 逻辑运算符

常用的逻辑运算符有 Not(逻辑非)、And(逻辑与)、Or(逻辑或)。

(1) Not 运算符是单目运算符,只作用于后面的一个逻辑操作数,若操作数为 True,则返回 False;若操作数为 False,则返回 True。

(2) And 运算符将两个逻辑量连接起来,只有两个逻辑量同时为 True 时,结果才为 True;只要其中有一个为 False,结果即为 False。

(3) Or 运算符将两个逻辑量连接起来,两个逻辑量中只要有一个为 True,结果即为 True;只有两个逻辑量均为 False 时,结果才为 False。

例如,要查找 0～100 的数值,则查询条件为:＞＝0 and＜＝100;要查找某门成绩不及格或者优秀的记录,则查询条件为:＜60 or＞＝90;要查找除英语以外的课程,则查询条件为:Not "英语"。

3.2.4 Access 2010 中的函数

Access 2010 提供了大量的标准函数,这些函数为用户更好地表示查询条件提供了方便,也为进行数据的统计、计算和处理提供了有效的方法。

1. 数值函数

数值函数的参数和返回值都是数值型数据,用于实现有关算术运算。常用的数值函数如下:

(1) 求绝对值函数。

格式:Abs(＜数值表达式＞)

功能:返回"数值表达式"的绝对值。

(2) 求平方根函数。

格式:Sqr(＜数值表达式＞)

功能:返回"数值表达式"的平方根值。

(3) 三角函数。

① 正弦函数。

格式:Sin(＜数值表达式＞)

功能:返回"数值表达式"的正弦值。

② 余弦函数。

格式:Cos(＜数值表达式＞)

功能:返回"数值表达式"的余弦值。

③ 正切函数。

格式:Tan(＜数值表达式＞)

功能:返回"数值表达式"的正切值。

④ 反正切函数。

格式:Atn(＜数值表达式＞)

功能：返回"数值表达式"的反正切值。

（4）指数函数。

格式：Exp(<数值表达式>)

功能：将"数值表达式"的值作为指数 x，返回 e^x 的值。

（5）自然对数函数。

格式：Log(<数值表达式>)

功能：返回"数值表达式"的自然对数值。

（6）取整函数。

① 去尾取整函数。

格式：Fix(<数值表达式>)

功能：返回"数值表达式"的整数部分，即截掉小数部分。

例如，Fix(10.5)返回值为 10；Fix(−10.5)返回值为−10。

② 向下取整函数。

格式：Int(<数值表达式>)

功能：返回不大于"数值表达式"的最大整数。

例如，Int(10.5)返回值为 10；Int(−10.5)返回值为−11。

（7）随机函数

格式：Rnd(<数值表达式>)

功能：返回一个 0 至 1 之间的随机数。

（8）四舍五入函数。

格式：Round(<数值表达式>,n)

功能：对"数值表达式"求值并保留 n 位小数，从 n+1 位小数起进行四舍五入。

例如，Round(3.1415,3)输出的函数值为 3.142。

2. 日期时间函数

日期时间函数的参数和返回值至少有一个日期时间数据，用于实现日期时间运算。
常用的日期时间函数如下：

（1）取当前日期时间函数。

① 当前日期函数。

格式：Date()

功能：返回系统当前日期。

② 当前时间函数。

格式：Time()

功能：返回系统当前时间。

③ 当前日期时间函数。

格式：Now()

功能：返回系统当前日期和时间。

（2）取年、月、日函数。

① 取年份函数。

格式：Year(＜日期表达式＞)

功能：返回"日期表达式"的年份。

例如，Year(♯2015-12-11♯)的返回值为 2015。

② 取月份函数。

格式：Month(＜日期表达式＞)

功能：返回"日期表达式"的月份。

例如，Month(♯2015-12-11♯)的返回值为 12。

③ 取日期函数。

格式：Day(＜日期表达式＞)

功能：返回"日期表达式"的日期。

例如，Day(♯2015-12-11♯)的返回值为 11。

（3）取时、分、秒函数。

① 取小时函数。

格式：Hour(＜日期时间表达式＞)

功能：返回"日期时间表达式"的小时(按 24 小时制)。

例如，Hour(♯2015-12-11 16:15:30♯)的返回值为 16。

② 取分钟函数。

格式：Minute(＜日期时间表达式＞)

功能：返回"日期时间表达式"的分钟部分。

例如，Minute(♯2015-12-11 16:15:30♯)的返回值为 15。

③ 取秒数函数。

格式：Second(＜日期时间表达式＞)

功能：返回"日期时间表达式"的秒数部分。

例如，Second(♯2015-12-11 16:15:30♯)的返回值为 30。

（4）取星期函数。

格式：Weekday(＜日期表达式＞)

功能：返回"日期表达式"的当前星期。星期日为 1，星期一为 2，星期二为 3，……

例如，Weekday(♯2015-12-11♯)的返回值为 6。

（5）求日期间隔函数。

格式：Datediff(＜间隔方式＞,＜日期表达式 1＞,＜日期表达式 2＞)

功能：按"间隔方式"，返回"日期表达式 2"与"日期表达式 1"之间的间隔。

例如，Datediff("d",♯2015-05-01♯,♯2015-06-01♯)，返回两个日期之间相差的天数 31，其中 d 可以换为 yyyy、m、w 等，分别返回两个日期之间相差的年数、月数和周数。

3. 字符函数

字符函数的参数和返回值至少有一个字符数据，用于实现字符运算。常用的字符函数如下：

（1）字符与 ASCII 值转换函数。

① 字符转 ASCII 值函数。

格式：Asc(＜字符表达式＞)

功能：返回"字符表达式"首字符的 ASCII 值。

例如，Asc("A")返回 65。

② ASCII 值转字符函数。

格式：Chr(＜字符的 ASCII 码值＞)

功能：将 ASCII 码值转换成字符。

例如，Chr(65)返回字符 A。

（2）求字符串长度函数。

格式：Len(＜字符表达式＞)

功能：返回"字符表达式"的字符个数。

例如，Len("山东财经大学东方学院")，返回 10。

（3）截取字符串函数。

① 左端截取字符串函数。

格式：Left(＜字符表达式＞,＜数值表达式＞)

功能：从"字符表达式"的左边截取若干个字符，截取字符的个数由"数值表达式"的值确定。

例如，Left("山东财经大学东方学院",6)，返回"山东财经大学"。

② 右端截取字符串函数。

格式：Right(＜字符表达式＞,＜数值表达式＞)

功能：从"字符表达式"的右边截取若干个字符，截取字符的个数由"数值表达式"的值确定。

例如，Right("山东财经大学东方学院",4)，返回"东方学院"。

③ 中间截取字符串函数。

格式：Mid(＜字符表达式＞,＜数值表达式 1＞,＜数值表达式 2＞)

功能：从"字符表达式"的某个字符开始截取若干个字符，起始字符的位置由"数值表达式 1"的值确定，截取字符的个数由"数值表达式 2"的值确定。

例如，Mid("山东财经大学东方学院",3,4)，返回"财经大学"。

（4）产生空格字符串函数。

格式：Space(＜数值表达式＞)

功能：产生空格字符串，空格的个数由"数值表达式"的值确定。

例如，Space(5)，返回 5 个空格。

（5）大小写字母转换函数。

① 小写字母转大写字母函数。

格式：Ucase(＜字符表达式＞)

功能：将字符串中的小写字母转换为相应的大写字母。

② 大写字母转小写字母函数。

格式：Lcase(＜字符表达式＞)

功能：将字符串中的大写字母转换为相应的小写字母。

（6）格式化函数。

格式：Format(＜表达式＞,＜格式串＞)

功能：对"表达式"的值进行格式化。

例如，Format(5/3,"0.0000")，返回 1.6667；Format(♯05/04/2015♯,"yyyy-mm-dd")，返回"2015-05-04"。

（7）字符串查找函数。

格式：Instr(＜字符表达式 1＞,＜字符表达式 2＞)

功能：查询"字符表达式 2"在"字符表达式 1"中的位置。

例如，Instr("DBSABC","A")，返回 4。

（8）删除空格函数。

① 删除字符串左端空格函数。

格式：Ltrim(＜字符表达式＞)

功能：删除字符串的前导空格。

② 删除字符串右端空格函数。

格式：Rtrim(＜字符表达式＞)

功能：删除字符串的尾部空格。

③ 删除字符串两端空格函数。

格式：Trim(＜字符表达式＞)

功能：删除字符串的前导和尾部空格。

4. 条件函数

格式：IIf(逻辑表达式,表达式 1,表达式 2)。

功能：条件函数用于实现逻辑判断运算。如果"逻辑表达式"的值为真，则返回"表达式 1"的值，否则返回"表达式 2"的值。

例如，IIf(x＞y,x,y)将返回 x 和 y 中值较大的数。

3.2.5　条件表达式示例

1. 使用数值作为查询条件

创建查询时可使用数值作为查询条件。简单示例如表 3-1 所示。

表 3-1　使用数值作为查询条件示例

字 段 名	条 件	功 能
成绩	>=90	查询成绩在 90 分以上的记录
	Between 80 And 90	查询成绩在 80~90 分之间的记录
	>=80 And <=90	
	Not 70	查询成绩不为 70 的记录
	20 or 30	查询成绩为 20 或 30 的记录

2. 使用文本值作为查询条件

使用文本值作为查询条件可以限定查询的文本范围。简单示例如表 3-2 所示。

表 3-2　使用文本值作为查询条件示例

字 段 名	条 件	功 能
职称	"教授"	查询职称为教授的教师记录
	"教授" or "副教授"	查询职称为教授或副教授的教师记录
	Right([职称],2)= "教授"	
	Instr([职称],"教授")<>0	
姓名	In("王进","李丹")	查询姓名为"王进"或"李丹"的记录
	"王进" or "李丹"	
	Not"王进"	查询姓名不为"王进"的记录
	Left([姓名],1)= "王"	查询姓"王"的记录
	Like"王 * "	
	Instr([姓名],"王")=1	
	Len([姓名])=2	查询姓名为两个字的记录

3. 使用日期结果作为查询条件

使用处理日期结果作为条件可以限定查询的时间范围。简单示例如表 3-3 所示。

表 3-3　使用日期结果作为查询条件示例

字段名	条 件	功 能
出生日期	Between #1992-01-01# and #1992-12-31#	查询 1992 年出生的学生记录
	Year([出生日期])=1992	
	Year([出生日期])>1992	查询 1992 年以后(不含 1992)出生的学生记录

4. 使用字段的部分值作为查询条件

使用字段的部分值作为条件可以限定查询的范围。简单示例如表 3-4 所示。

表 3-4　使用字段的部分值作为查询条件示例

字 段 名	条　　件	功　　能
课程名称	Like"计算机 * "	查询课程名称以"计算机"开头的记录
	Left([课程名称],3)= "计算机"	
	Instr([课程名称]，"计算机")＝1	
	Like" * 计算机 * "	查询课程名称中包含"计算机"的记录
姓名	Not"王 * "	查询不姓"王"的记录
	Left([姓名],1)<> "王"	

5. 使用空值作为查询条件

空值是使用 Null 或空白表示字段的值。简单示例如表 3-5 所示。

表 3-5　使用空值作为查询条件示例

字 段 名	条　　件	功　　能
姓名	Is Null	查询姓名为空值的记录
	Is Not Null	查询姓名不是空值的记录

3.3　选　择　查　询

选择查询就是从一个或多个有关系的表中将满足要求的数据选择出来,并把这些数据显示在新的查询数据表中。选择查询是最常见的一类查询,很多数据库查询功能均可以用它来实现。

3.3.1　引例

当用户对"教学管理"数据库各种表中的数据进行更进一步操作时,可能会遇到一些问题。例如,如果用户只对"学生"表中学生的部分信息感兴趣,能否只显示这些信息的相关字段而把其余字段暂时隐藏起来? 在多个相关联的表中,能否综合起来提取信息后在同一界面下显示? 对于字段的值,能否设置相应的条件,在结果中只显示符合条件的记录? 有时用户还要对表中的数据进行统计分析,这时用户关心的不是每条记录的内容,而是记录的统计结果。

在 Access 2010 中,以上问题可以通过建立选择查询来解决。

创建选择查询有两种方法,即使用"简单查询向导"和"查询设计视图"。使用"简单查询向导"操作比较简单,用户可以在向导的提示下选择表和表中的字段,但对于有条件的查询则无法实现。使用"查询设计视图",操作比较灵活,用户可以随时定义各种条件,定义统计方式,但对于简单的查询显得比较烦琐。

3.3.2 使用查询向导创建选择查询

使用查询向导创建查询,用户可以在向导的提示下选择表和表中的字段,快速建立查询,但不能设置查询条件。

1. 建立单表查询

【例 3-1】 查询学生的基本信息,并显示学生的姓名、性别、出生日期和专业名称等信息。

操作步骤如下:

(1)打开"教学管理"数据库,在数据库窗口中选择"创建"选项卡,在"查询"命令组中单击"查询向导"命令,打开"新建查询"对话框,如图 3-6 所示。

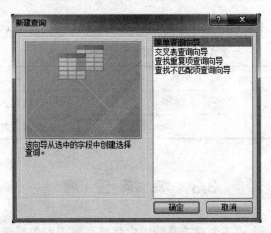

图 3-6 "新建查询"对话框

(2)在该对话框中选择"简单查询向导"选项,单击"确定"按钮。打开"简单查询向导"对话框之一。单击"表/查询"右侧的下三角按钮,从下拉列表框中选择"学生"表作为选择查询的数据来源。这时,"可用字段"列表框中显示"学生"表中包含的所有字段,依次双击"姓名""性别""出生日期""专业名称"字段,将它们添加至"选定字段"列表框中,如图 3-7 所示。

在选择字段时,也可使用 > 和 >> 按钮。使用 > 按钮一次选择一个字段,使用 >> 按钮一次选择全部字段。可以使用 < 和 << 按钮删除所选字段。

(3)单击"下一步"按钮,打开"简单查询向导"对话框之二。在"请为查询指定标题"文本框中输入查询名称"学生基本信息查询"。在"请选择是打开查询还是修改查询设计"选项组中选择"打开查询查看信息"单选按钮。如果要修改查询,则选择"修改查询设计"单选按钮。如图 3-8 所示。

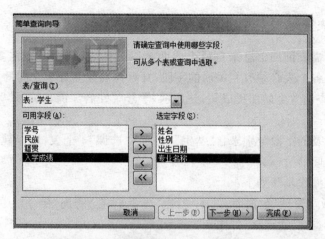

图 3-7　"简单查询向导"对话框之一

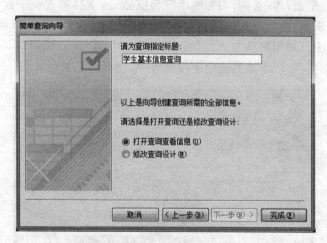

图 3-8　"简单查询向导"对话框之二

（4）单击"完成"按钮，完成查询设置，同时显示查询结果，如图 3-9 所示。

姓名	性别	出生日期	专业名称
王进	男	1992/3/18	工商管理
李丹	女	1991/11/15	工商管理
赵健	男	1992/4/22	工商管理
秦裕	男	1991/10/5	物流管理
李丹	女	1992/4/5	物流管理
王芳	女	1992/1/16	物流管理
张庆	男	1992/4/25	软件工程
王涛	男	1991/12/23	软件工程
周鑫	男	1991/11/22	软件工程
刘芸	女	1992/5/16	软件工程
孟璇	女	1991/11/19	国际贸易
李萍	女	1992/2/25	国际贸易
孙可	男	1992/3/26	国际贸易
金克明	男	1992/7/25	国际贸易

图 3-9　"学生基本信息查询"结果

2. 建立多表查询

如果用户所需查询的信息来自两个或两个以上的表或查询，则需要建立多表查询。建立多表查询的各个表必须有相关联的字段，并且提前建立好表之间的关系。

【例 3-2】　查询学生的课程成绩，并显示"学号""姓名""课程编号""课程名称"和"成绩"字段。

该查询所涉及的字段分别来自"学生""课程""选课"3 个表，所以建立查询前应该先建立好 3 个表之间的关系。

创建查询的操作步骤如下：

（1）打开"教学管理"数据库，选择"创建"选项卡，在"查询"命令组中单击"查询向导"命令，打开"新建查询"对话框，如图 3-6 所示。

（2）在该对话框中选择"简单查询向导"选项，单击"确定"按钮。打开"简单查询向导"对话框之一。单击"表/查询"右侧的下三角按钮，从下拉列表框中选择"学生"表作为选择查询的数据来源，在"可用字段"列表框中依次双击"学号""姓名"字段，将它们添加到选定字段列表中。使用同样的方法，将"课程"表中的"课程编号""课程名称"字段和"选课"表中的"成绩"字段添加到选定字段列表中，选择结果如图 3-10 所示。

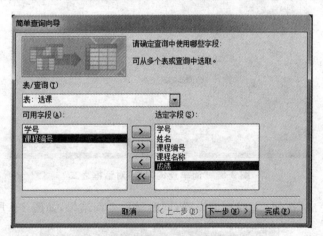

图 3-10　"简单查询向导"对话框之一

（3）单击"下一步"按钮，打开"简单查询向导"对话框之二。如图 3-11 所示，在"请确定采用明细查询还是汇总查询"选项组中选择"明细"单选按钮，以查看详细信息。如果需要对记录进行各种统计，则选择"汇总"单选按钮。

（4）单击"下一步"按钮，打开"简单查询向导"对话框之三，在"请为查询指定标题"文本框中输入查询名称"学生选课成绩查询"。在"请选择是打开查询还是修改查询设计"选项组中选择"打开查询查看信息"单选按钮，如图 3-12 所示。

（5）单击"完成"按钮，完成查询设置，同时显示查询结果，如图 3-13 所示。

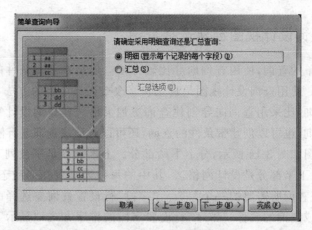

图 3-11 "简单查询向导"对话框之二

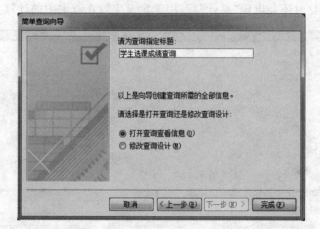

图 3-12 "简单查询向导"对话框之三

学号	姓名	课程编号	课程名称	成绩
10010301	王进	020001	大学计算机基础	91
10010301	王进	030003	宏观经济学	78
10010305	李丹	010001	管理学	93
10010305	李丹	020001	大学计算机基础	87
10010305	李丹	020003	数据库应用基础	86
10010305	李丹	030003	宏观经济学	91
10010417	李丹	010001	管理学	78
10010417	李丹	020001	大学计算机基础	76
10010417	李丹	030002	微观经济学	68
10010433	王芳	010001	管理学	58
10010433	王芳	020003	数据库应用基础	67
10020508	王涛	020001	大学计算机基础	92
10020508	王涛	020002	数据结构	85
10020508	王涛	020003	数据库应用基础	88
10020508	王涛	030002	微观经济学	82
10020508	王涛	030003	宏观经济学	87
10020533	刘芸	010001	管理学	94
10020533	刘芸	020001	大学计算机基础	84
10020533	刘芸	020002	数据结构	81
10020533	刘芸	020003	数据库应用基础	79
10030605	孟璇	020001	大学计算机基础	84
10030605	孟璇	030002	微观经济学	83

图 3-13 "学生选课成绩查询"结果

3.3.3　使用查询设计视图创建选择查询

对于比较简单的查询,使用查询向导比较方便。但是对于有条件的查询,使用查询向导则无法完成。使用查询设计视图是建立和修改查询最主要的方法,在设计视图中由用户自主设计查询,比采用查询向导创建查询更加灵活。在查询设计视图中,既可以创建不带条件的查询,也可以创建带条件的查询,还可以对已建查询进行修改。

查询设计视图如图 3-14 所示,分上下两部分。上半部分是字段列表区,其中显示所选表的所有字段;下半部分是设计网格区,其中的每一列对应查询动态数据集中的一个字段,每一行代表查询所需要的一个参数。"字段"行设置查询要选择的字段;"表"行设置字段所在的表或查询的名称;"排序"行设置字段的排序方式;"显示"行设置选择的字段在查询结果中是否显示;"条件"行设置对字段的限制条件;"或"行设置或条件来限制记录的选择。汇总时还会出现"总计"行,用于定义字段在查询中的计算方法。

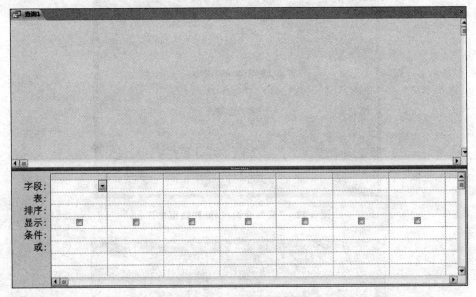

图 3-14　查询设计视图窗口

打开查询设计视图窗口后,会自动显示"查询工具/设计"选项卡,如图 3-15 所示,利用其中的命令可以实现查询过程中的相关操作。

图 3-15　"查询工具/设计"选项卡

1. 创建不带条件的查询

使用查询设计视图可以创建不带条件的查询。

【**例 3-3**】 使用设计视图创建例 3-2 中的"学生选课成绩查询"。

操作步骤如下：

（1）打开"教学管理"数据库，选择"创建"选项卡，在"查询"命令组中单击"查询设计"命令，打开查询设计视图窗口，并显示"显示表"对话框。

（2）在"显示表"对话框中单击"表"选项卡，然后依次双击"学生"表、"课程"表、"选课"表，将 3 个表添加到字段列表区，如图 3-16 所示。关闭"显示表"对话框。

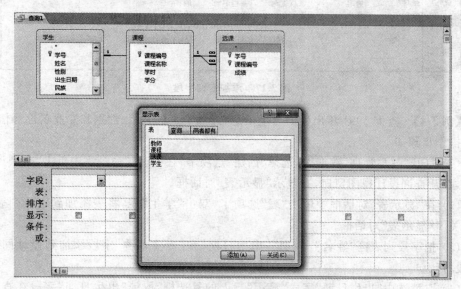

图 3-16 添加表

（3）把查询所需字段从字段列表区添加到设计网格区"字段"行。添加方法有以下 3 种：

① 双击表中的某个字段，该字段就会出现在"字段"栏中。

② 单击"字段"栏的下三角按钮，在下拉列表框中选择相应的目标字段。

③ 单击表中的某个字段，拖动到"字段"栏。

添加结果如图 3-17 所示。

（4）单击"文件"选项卡中的"保存"命令，在"另存为"对话框中输入查询名称"学生选课成绩查询 1"，单击"确定"按钮。

（5）在"查询工具/设计"选项卡"结果"命令组中单击"运行"命令，查看"学生选课成绩查询 1"的运行结果，与图 3-13 一致。

2. 创建带条件的查询

在查询操作中，存在着大量带条件的查询，这时可以在查询设计视图中设置条件来创建带条件的查询。

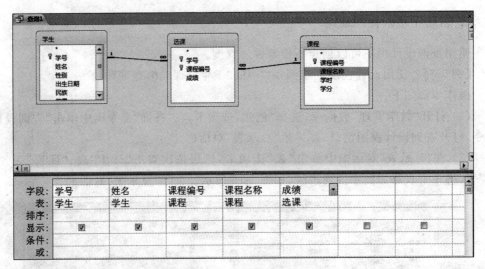

图 3-17   添加查询字段

【例 3-4】   查询 1991 年出生的男生信息,显示学生的姓名、性别和专业名称等信息。

操作步骤如下:

(1) 打开"教学管理"数据库,选择"创建"选项卡,在"查询"命令组中单击"查询设计"命令,打开查询设计视图窗口,并显示"显示表"对话框。

(2) 在"显示表"对话框中单击"表"选项卡,双击"学生"表,将表添加到字段列表区,然后关闭"显示表"对话框。

(3) 把字段列表区"姓名""性别""出生日期"和"专业名称"字段添加到设计网格区"字段"行。

(4) 取消选中"出生日期"字段"显示"行上的复选框,取消"出生日期"字段在查询结果中的显示。

(5) 在"出生日期"列"条件"行的单元格中输入条件表达式"Between ♯1991-1-1♯ And ♯1991-12-31♯","性别"列"条件"行的单元格中输入"男"。设置结果如图 3-18 所示。

(6) 单击快速访问工具栏的"保存"命令,在"查询名称"文本框中输入查询名称"1991 年出生的男生信息查询",单击"确定"按钮。

(7) 在"查询工具/设计"选项卡"结果"命令组中单击"运行"命令,查看查询的运行结果,如图 3-19 所示。

【例 3-5】   查询 1992 年出生的女生或 1991 年出生的男生的基本信息,显示学生的姓名、性别、出生日期和专业名称等信息。

操作步骤如下:

(1) 打开"教学管理"数据库,选择"创建"选项卡,在"查询"命令组中单击"查询设计"命令,打开查询设计视图窗口,并显示"显示表"对话框。

(2) 在"显示表"对话框中选择"表"选项卡,双击"学生"表,将表添加到字段列表区,关闭"显示表"对话框。

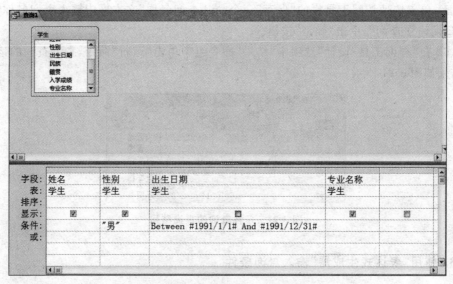

图 3-18　1991 年出生的男生查询

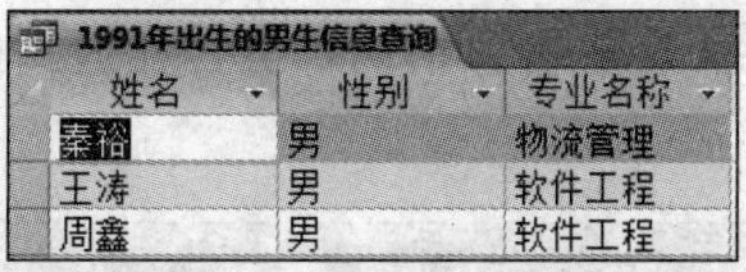

图 3-19　1991 年出生的男生信息查询结果

（3）把"姓名""性别""出生日期"和"专业名称"添加到设计网格区"字段"行。

（4）在"出生日期"字段列"条件"行的单元格中输入条件表达式"Between ♯1992-1-1♯ And ♯1992-12-31♯"，在"性别"列"条件"行的单元格中输入"女"；在"出生日期"字段列"或"行的单元格中输入条件表达式"Between ♯1991-1-1♯ And ♯1991-12-31♯"，在"性别"列"或"行的单元格中输入"男"。设置结果如图 3-20 所示。

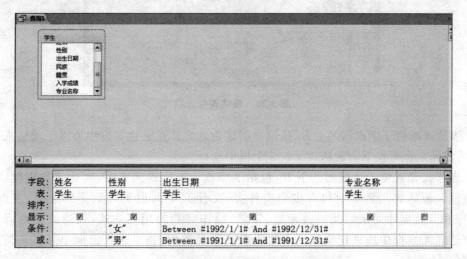

图 3-20　条件查询

（5）单击快速访问工具栏的"保存"命令，在"查询名称"文本框中输入查询名称"根据出生日期建立查询"，单击"确定"按钮。

（6）在"查询工具/设计"选项卡"结果"命令组中单击"运行"命令，查看查询的运行结果，结果如图 3-21 所示。

姓名	性别	出生日期	专业名称
秦裕	男	1991/10/5	物流管理
李丹	女	1992/4/5	物流管理
王芳	女	1992/1/16	物流管理
王涛	男	1991/12/23	软件工程
周鑫	男	1991/11/22	软件工程
刘芸	女	1992/5/16	软件工程
李萍	女	1992/2/25	国际贸易

图 3-21　条件查询的查询结果

3. 使用"表达式生成器"输入查询条件

为了快速、准确地输入表达式，Access 2010 提供了"表达式生成器"。"表达式生成器"提供了数据库中所有的表或查询中字段名称、窗体、报表中的各种控件、函数、常量、操作符和通用表达式。表达式生成器包括两部分：表达式框和表达式元素。如图 3-22 所示。

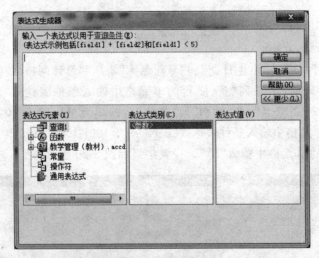

图 3-22　表达式生成器

表达式框位于生成器的上方，供用户创建表达式。在表达式框中可以手动输入表达式，所需元素也可在下方表达式元素 3 个框中选择。

表达式元素位于生成器的下方，包括 3 个框：表达式元素框、表达式类别框、表达式值框。表达式元素框中包含多个文件夹，文件夹中列出了该数据库中表、查询、窗体、报表等数据库对象以及一些函数、常量、操作符和通用表达式；表达式类别框中列出表达式元素框中所选定文件夹内的元素或元素类别；在表达式值框中列出某类别的所有值。

使用"表达式生成器"创建表达式的具体操作如下：

（1）用户在查询设计视图窗口的设计网格区"条件"行中需要输入表达式的单元格右击，在快捷菜单中单击"生成器"命令，打开"表达式生成器"对话框。

（2）在"表达式元素"框中，双击含有所需对象的文件夹，在文件夹中选择包含所需元素的对象。

（3）在"表达式类别"框中，双击元素可以将其粘贴到表达式框中。如果"表达式类别"框中是元素类别，则在"表达式值"框中双击元素的值，可将该值粘贴到表达式框中。

（4）如果需要在表达式中粘贴运算符，则将光标移动到要插入运算符的位置，单击相应的运算符按钮即可。

（5）重复步骤（2）～（4），直到完成表达式的输入，然后单击"确定"按钮即可。

关闭"表达式生成器"后，Access 2010 会将表达式复制到设计网格区启动"表达式生成器"的位置，若此位置原先有一个值，则新的表达式会替换掉原来的值。

3.3.4 在查询中进行计算

在实际应用中，常常需要对查询结果进行统计计算，如求和、计数、求最大值和平均值等。Access 2010 提供了统计查询功能，使用查询设计视图中的"总计"行进行各种统计，还可以通过创建计算字段进行任意类型的计算。

1. 查询计算功能

在 Access 查询中，可以执行两种类型的计算：预定义计算和自定义计算。

1）预定义计算

预定义计算即"总计"计算，是系统提供的用于对查询中的记录组或全部记录进行的计算，它包括总计、平均值、计数、最大值、最小值、标准偏差或方差等。

单击功能区"查询工具/设计"选项卡"显示/隐藏"命令组中的"汇总"命令，将在设计网格中显示"总计"行，单击"总计"行单元格右侧的下三角按钮，在下拉列表框中选择总计项，如图 3-23 所示。"总计"行共有 12 个总计项，其名称和功能如表 3-6 所示。

图 3-23 总计项列表

2）自定义计算

自定义计算是指直接在设计网格的空字段行中输入表达式，从而创建一个新的计算字段，以所输入表达式的值作为新字段的值。

2. 创建查询计算

1）不带条件的统计计算

使用查询设计视图中的"总计"行，可以对查询中的全部记录或记录组计算一个或多个字段的统计值。

表 3-6　各总计项的名称及功能

总　计　项		功　　能
函数	合计(Sum)	计算字段中所有记录值的总和
	平均值(Avg)	计算字段中所有记录值的平均值
	最小值(Min)	取字段中所有记录值的最小值
	最大值(Max)	取字段中所有记录值的最大值
	计数(Count)	计算字段中非空记录值的个数
	标准差(StDev)	计算字段记录值的标准偏差
	变量(Var)	计算字段记录值的变量
其他选项	分组(Group By)	将当前字段设置为分组字段
	第一条记录(First)	找出表或查询中第一条记录的字段值
	最后一条记录(Last)	找出表或查询中最后一条记录的字段值
	表达式(Expression)	创建一个用表达式产生的计算字段
	条件(Where)	设置分组条件以便选择记录

【例 3-6】　统计学生总人数。

把"学生"表作为查询计算的数据源,统计学生总人数就是统计某一个字段的记录个数,一般用没有重复值的字段进行统计,所以选择"学号"字段。操作步骤如下:

(1) 打开"教学管理"数据库,选择"创建"选项卡,在"查询"命令组中单击"查询设计"命令,打开查询设计视图窗口,在"显示表"对话框中将"学生"表添加到字段列表区,然后关闭"显示表"对话框。

(2) 双击"学生"表字段列表中的"学号"字段,将其添加到设计网格区"字段"行。

(3) 单击功能区"查询工具/设计"选项卡"显示/隐藏"命令组中的"汇总"命令按钮,将在设计网格中显示"总计"行,系统自动将"学号"字段的"总计"行设置成 Group By。

(4) 单击"总计"行单元格右侧的下三角按钮,在下拉列表框中选择"计数"函数。效果如图 3-24 所示。

(5) 保存查询,查询名称设置为"学生人数查询"。

(6) 在"查询工具/设计"选项卡"结果"命令组中单击"运行"命令,查看查询的运行结果,如图 3-25 所示。

2) 带条件的查询计算

在实际应用中,往往需要对符合某个条件的记录进行统计计算。

【例 3-7】　统计 1991 年出生的男生人数。

操作步骤如下:

(1) 打开"教学管理"数据库,选择"创建"选项卡,在"查询"命令组中单击"查询设计"命令,打开查询设计视图窗口,在"显示表"对话框中将"学生"表添加到字段列表区,然后关闭"显示表"对话框。

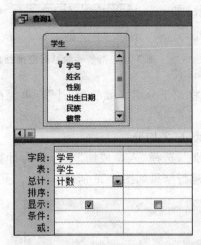

图 3-24 设置"总计"项   图 3-25 总计查询结果

（2）依次双击"学生"表字段列表中的"学号""性别""出生日期"字段，将它们分别添加到设计网格区"字段"行的第 1、2、3 列。

（3）单击功能区"查询工具/设计"选项卡"显示/隐藏"命令组中的"汇总"命令按钮，将在设计网格中显示"总计"行，系统自动将"学号""性别""出生日期"字段的"总计"行设置成 Group By。

（4）单击"学号"字段"总计"行单元格右侧的下三角按钮，在列表中选择"计数"函数，同样，把"性别"和"出生日期"字段的"总计"行都设置为 Where。在"性别"字段"条件"行的单元格中输入条件"男"，在"出生日期"字段"条件"行的单元格中输入条件"year（[出生日期]）＝1991"。设置效果如图 3-26 所示。

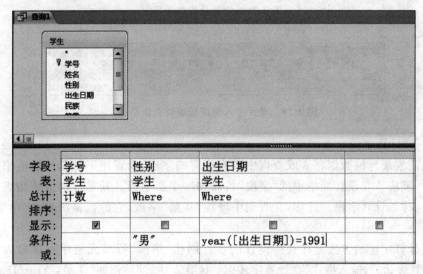

图 3-26 设置查询条件及"总计"项

（5）保存查询，查询名称设置为"1991 年出生的男生人数查询"。

（6）单击"运行"命令，查看查询的运行结果，如图 3-27 所示。

图 3-27　带条件的总计查询结果

3）创建分组统计查询

在查询中，如果需要对记录进行分类统计，可以使用分组统计功能。分组统计时，只需在设计视图中将用于分组字段的"总计"行单元格设置成 Group By 分组即可。

【例 3-8】　统计男女生入学成绩的最高分、最低分、平均分。

该查询的数据源是"学生"表，分组字段是"性别"，选择"入学成绩"字段作为计算对象。设置查询各字段的"总计"项如图 3-28 所示。运行结果如图 3-29 所示。

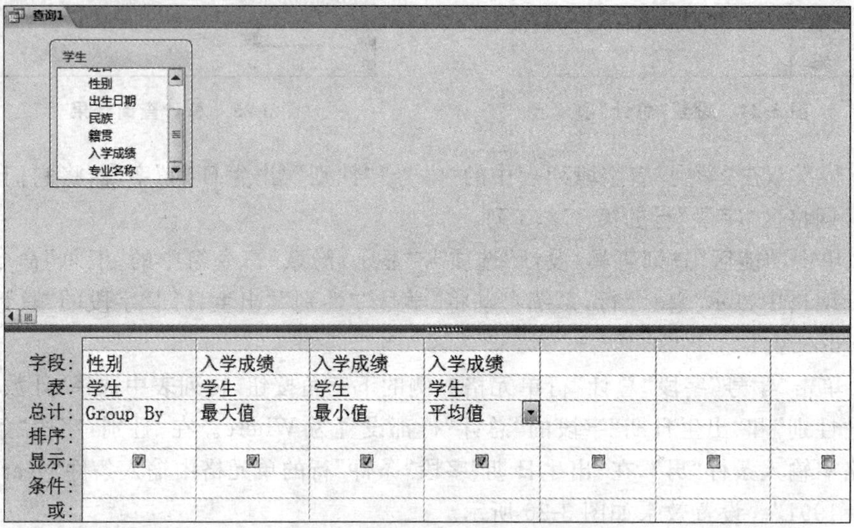

字段	性别	入学成绩	入学成绩	入学成绩			
表	学生	学生	学生	学生			
总计	Group By	最大值	最小值	平均值			
排序							
显示	☑	☑	☑	☑	☑	☑	☑
条件							
或							

图 3-28　设置分组总计项

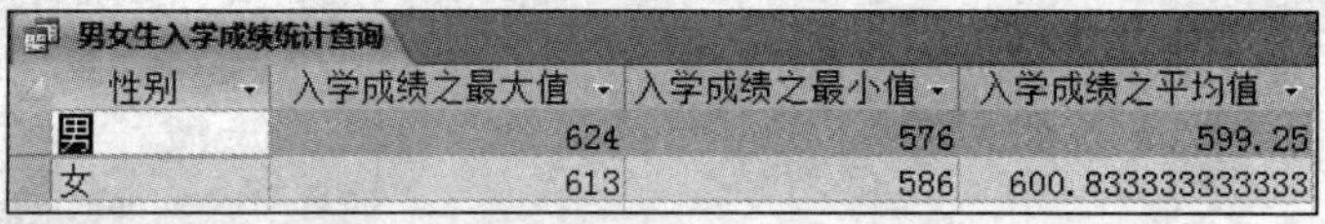

性别	入学成绩之最大值	入学成绩之最小值	入学成绩之平均值
男	624	576	599.25
女	613	586	600.833333333333

图 3-29　男女生入学成绩统计查询结果

4）创建计算字段

如果需要统计的数据在表或查询中没有相应的字段，或者用于计算的数值来自于多个字段时，就应该在设计网格中的"字段"行添加一个新字段。新字段的值使用表达式计算得到，也称为计算字段。比如，在查询中增加"年龄"字段，它的数据源来自"出生日期"字段。

创建计算字段的方法是在查询设计的设计网格"字段"行单元格中直接输入计算字段名及计算表达式，输入格式为"计算字段名：计算表达式"。例如"年龄：Year(Date())－Year([出生日期])"。

【例 3-9】　查询所有学生的姓名、出生日期和年龄。

在查询设计视图设计网格中添加“学生”表的“姓名”和“出生日期”字段，同时创建计算字段“年龄”。计算字段名称为“年龄”，计算表达式为“Year(Date())－Year([出生日期])”，所以在设计网格区第三列“字段”行单元格中输入计算字段，格式为“年龄：Year(Date())－Year([出生日期])”。所设置的计算字段如图 3-30 所示。运行结果如图 3-31 所示。

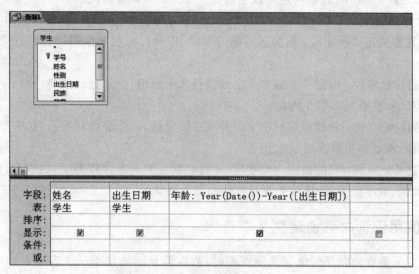

图 3-30　设置计算字段

学生年龄查询

姓名	出生日期	年龄
王进	1992/3/18	23
李丹	1991/11/15	24
赵健	1992/4/22	23
秦裕	1991/10/5	24
李丹	1992/4/5	23
王芳	1992/1/16	23
张庆	1992/4/25	23
王涛	1991/12/23	24
周鑫	1991/11/22	24
刘芸	1992/5/16	23
孟璇	1991/11/19	24
李萍	1992/2/25	23
孙可	1992/3/26	23
金克明	1992/7/25	23

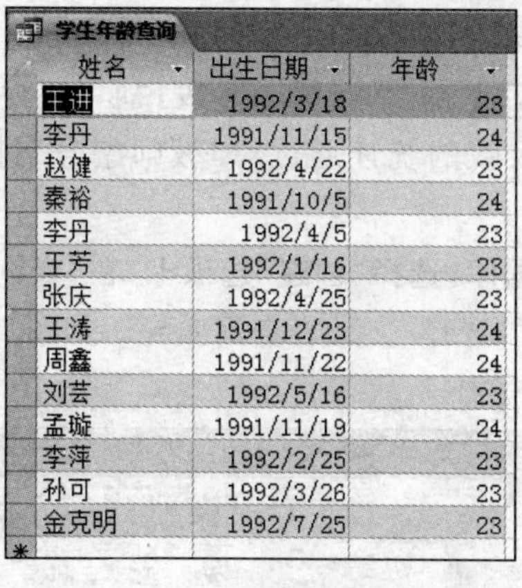

图 3-31　学生年龄查询结果

3.4　创建交叉表查询

交叉表查询是将源于某个表中的字段进行分组，一组列在查询结果的左侧，一组列在查询结果的上部，在查询结果的行与列的交叉处显示表中某个字段的各种计算值。交叉表查询为用户提供了非常清楚的汇总数据，便于分析和使用。

3.4.1　引例

有时用户需要对"教学管理"数据库中的表和查询进行分类统计,例如,统计"教师"表中各个系部教师职称的人数,统计各个专业男女生的平均成绩等。

在 Access 2010 中,此类问题可以通过建立交叉表查询来解决。

创建交叉表查询有两种方法:使用"交叉表查询向导"和使用查询"设计视图"。在创建过程中需要指定 3 种字段:作为列标题的字段、作为行标题的字段以及放在交叉表行列交叉处的字段。

(1) 行标题字段:指定一个或多个字段进行水平分组,一个分组就是一行,字段的取值作为行标题,在查询结果左边显示。

(2) 列标题字段:只能指定一个字段并将字段分组,一个分组就是一列,字段的取值作为列标题,在查询结果顶端显示。

(3) 交叉处字段:只能指定一个字段,并且必须选择一个计算类型,如求和、计数、平均值、最大值、最小值等,计算结果在行与列的交叉处显示。

3.4.2　使用查询向导创建交叉表查询

使用交叉表查询向导创建交叉表查询时,数据源只能来自于一个表或查询,如果使用的字段不在同一个表或查询中,则应先建立一个包含所有要使用字段的查询,然后再以该查询作为数据源创建交叉表查询。

【例 3-10】　统计"教师"表中各系各职称教师的人数。

把"教师"表作为数据源,"系部"为行标题字段,"职称"为列标题字段,行列交叉处显示各职称在各系部的人数,人数的统计通过对"教师编号"进行"计数"完成。操作步骤如下:

(1) 打开"教学管理"数据库,选择"创建"选项卡,在"查询"命令组中单击"查询向导"命令,打开"新建查询"对话框,选择"交叉表查询向导",如图 3-32 所示,单击"确定"按钮,打开"交叉表查询向导"对话框之一。

图 3-32　"新建查询"对话框

（2）在"交叉表查询向导"对话框之一中选择"表：教师"选项，如图 3-33 所示，单击"下一步"按钮，打开"交叉表查询向导"对话框之二。

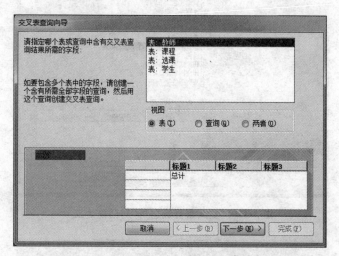

图 3-33 "交叉表查询向导"对话框之一

（3）在"交叉表查询向导"对话框之二中选择"系部"作为行标题字段，如图 3-34 所示，单击"下一步"按钮，打开"交叉表查询向导"对话框之三。

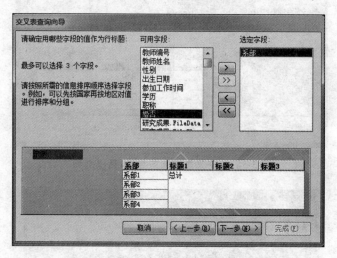

图 3-34 "交叉表查询向导"对话框之二

（4）在"交叉表查询向导"对话框之三中选择"职称"作为列标题字段，如图 3-35 所示，单击"下一步"按钮，打开"交叉表查询向导"对话框之四。

（5）在"交叉表查询向导"对话框之四中选择"教师编号"作为"交叉处计算字段"，选择 Count 函数进行计数，如图 3-36 所示，单击"下一步"按钮，打开"交叉表查询向导"对话框之五。

（6）在"交叉表查询向导"对话框之五中输入查询名称"统计各系部各职称教师人数"，如图 3-37 所示，单击"完成"按钮。

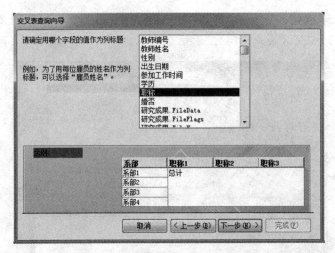

图 3-35 "交叉表查询向导"对话框之三

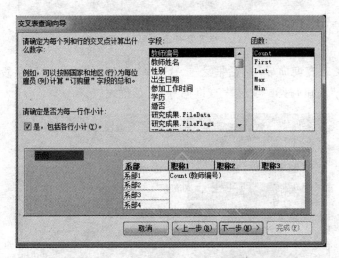

图 3-36 "交叉表查询向导"对话框之四

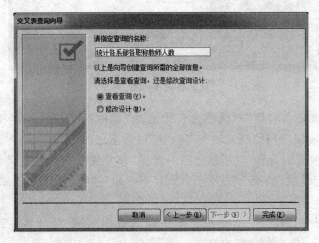

图 3-37 "交叉表查询向导"对话框之五

（7）查询结果如图 3-38 所示。

系部	总计 教师	副教授	讲师	教授
管理	4	2		2
计算机	3	1	1	1
经济	4	1	2	1

图 3-38 各系教师职称的人数查询结果

3.4.3 使用查询设计视图创建交叉表查询

使用查询设计视图可以基于多个表创建交叉表查询。

【例 3-11】 使用查询设计视图创建交叉表查询，统计各个专业男女生的平均成绩。

查询数据源来自于两个表："学生"表和"选课"表，"专业名称"作为行标题字段，"性别"作为列标题字段，行列交叉处显示"成绩"字段的"平均值"。

操作步骤如下：

（1）打开"教学管理"数据库，选择"创建"选项卡，在"查询"命令组中单击"查询设计"命令，打开查询设计视图窗口，在"显示表"对话框中将"学生"表、"选课"表添加到窗口字段列表区。

（2）依次双击"学生"表中的"专业名称"和"性别"字段以及"选课"表中的"成绩"字段，将它们分别添加到设计网格"字段"行的第 1、2、3 列。

（3）在"查询工具/设计"选项卡"查询类型"命令组中单击"交叉表"命令，这时，在设计网格自动添加了"总计"行和"交叉表"行。

（4）在"专业名称"字段"交叉表"行单元格中，单击右侧的下三角按钮，在打开的下拉列表框中选择"行标题"，同样，把"性别"字段"交叉表"行单元格设置为"列标题"，把"成绩"字段"交叉表"行单元格设置为"值"，并且"成绩"字段"总计"行单元格设置为"平均值"。设置效果如图 3-39 所示。

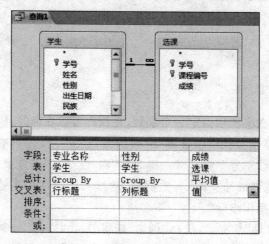

图 3-39 设置交叉表中的字段

（5）保存查询。查询名称为"统计各专业男女生平均成绩"。

（6）运行查询。运行效果如图 3-40 所示。

统计各专业男女生平均成绩		
专业名称 ▾	男 ▾	女 ▾
工商管理	86	89.25
国际贸易	79.6666666666667	85.25
软件工程	86.8	84.5
物流管理		69.4

图 3-40　统计各专业男女生平均成绩

3.5　参数查询

前面介绍的方法创建查询，无论是内容还是条件都是固定的，如果用户希望根据某个或某些字段不同的值查找记录，就要不断更改建立查询的条件，显然很麻烦。为了更灵活地实现查询，Access 2010 提供了参数查询。

3.5.1　引例

用户对"教学管理"数据库进行操作时，有时需要根据某个或某些字段不同的值进行查询，例如，按照学生姓名查看某学生的成绩，查询指定范围内的学生成绩等。

在 Access 2010 中，此类问题可以通过建立参数查询来解决。

参数查询是在运行查询时要求用户输入查询参数，同一个查询中输入不同的参数可以获得不同的查询结果。使用参数查询时因为可以改变查询条件而具有较大的灵活性。利用 Access 2010，用户可以建立单参数查询和多参数查询。

使用查询设计视图创建参数查询过程与前面创建查询过程类似，只是需要添加运行查询时系统将显示的提示信息，即在设计网格区"条件"行单元格中输入提示信息，输入格式是：

[提示信息]

3.5.2　单参数查询

单参数查询就是在字段中指定一个参数，在执行参数查询时，输入一个参数值。

【例 3-12】　以"学生选课成绩查询"为数据源，建立一个参数查询，按照学生姓名查看某学生的成绩，显示"学号""姓名""课程名称"和"成绩"等信息。

该查询以"学生选课成绩查询"为数据源，选择"姓名"字段为查询字段，该字段不同的值作为查询参数。操作步骤如下：

（1）打开"教学管理"数据库，选择"创建"选项卡，在"查询"命令组中单击"查询设计"命令，打开查询设计视图窗口，在"显示表"对话框中选择"查询"选项卡，将"学生选课成绩查询"添加到窗口字段列表区。

（2）依次双击"学生选课成绩查询"中的"学号""姓名""课程名称""成绩"字段，将它们分别添加到设计网格"字段"行的第 1、2、3、4 列。

（3）在设计网格区"姓名"字段列"条件"行单元格中输入"[请输入学生姓名]"，设置效果如图 3-41 所示。注意，方括号中的内容为查询运行时出现在参数对话框中的提示文本。提示文本中可以包含查询字段的字段名，但不能与字段名完全相同。

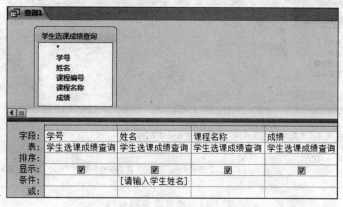

图 3-41　设置单参数查询

（4）保存查询。查询名为"按姓名查询学生选课成绩"。

（5）运行查询，将显示"输入参数值"对话框，在"请输入学生姓名"文本框中输入要查询的学生姓名，如"王进"，如图 3-42 所示。单击"确定"按钮。

（6）查询结果如图 3-43 所示。

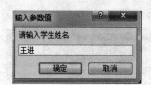

图 3-42　"输入参数值"对话框　　　　　　　图 3-43　单参数查询结果

3.5.3　多参数查询

多参数查询即指定多个参数，在执行查询时，需要依次输入多个参数值。

如果要设置多个参数，则要在多个字段对应的"条件"行单元格中输入带方括号的文本作为提示信息。执行查询时，根据提示信息依次输入特定值。

【例 3-13】　建立一个多参数查询，用于查询指定范围内的学生成绩，显示"姓名""课程名称""成绩"信息。

该查询以"学生选课成绩查询"为数据源，选择"成绩"作为参数字段，查询时需要用户输入要查询成绩范围的下限和上限。操作步骤如下：

（1）打开"教学管理"数据库，选择"创建"选项卡，在"查询"命令组中单击"查询设计"命令，打开查询设计视图窗口，在"显示表"对话框中选择"查询"选项卡，将"学生选课成绩查询"添加到窗口字段列表区。

（2）依次双击"学生选课成绩查询"中的"姓名""课程名称""成绩"字段，将它们分别添加到设计网格"字段"行的第1、2、3列。

（3）在设计网格区"成绩"字段列"条件"行单元格中输入"Between［请输入查询成绩下限：］And［请输入查询成绩上限：］"，设置效果如图3-44所示。

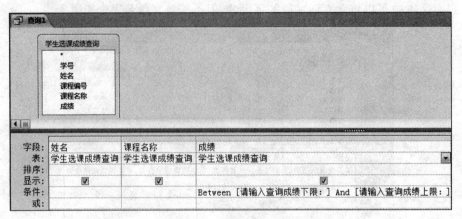

图 3-44　设置多参数查询

（4）保存查询。查询名为"按指定成绩范围查询学生选课成绩"。

（5）运行查询，将显示"输入参数值"对话框之一，在"请输入查询成绩下限："文本框中输入80，如图3-45所示。单击"确定"按钮，在"输入参数值"对话框之二的"请输入查询成绩上限："文本框中输入90，如图3-46所示。单击"确定"按钮。

（6）查询结果如图3-47所示。

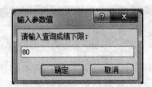

图 3-45　输入第一个查询参数值对话框

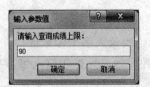

图 3-46　输入第二个查询参数值对话框

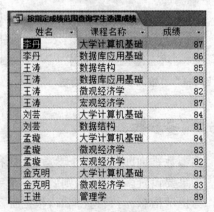

图 3-47　多参数查询结果

3.6　操作查询

前面介绍的几种查询都是从数据源中产生符合条件的动态数据集，并没有改变表中原有的数据。而操作查询不仅可以检索到满足条件的记录，而且可以对满足条件的记录进行更改。

3.6.1 引例

用户经常会为数据表中大量的数据进行成批的删除、更新、追加工作而发愁,例如,在已有数据表的基础上生成一个"优秀成绩"表用于存储成绩在 90 分以上的学生信息,删除"学生"表中所有男生的记录,在"优秀成绩"表中追加 80～90 分之间的学生记录,把"学生"表中少数民族的学生入学成绩增加 10 分等。

以上问题如果全部在表中进行手动修改,不仅费时费力而且不能保证准确无误。Access 2010 提供了操作查询以解决此类问题。

比如,可以根据需要在数据库中增加一个新的表,以及对数据库中的数据进行增加、删除、修改等操作。操作查询会引起数据库中数据的变化,因此,一般先对数据库进行备份后再运行操作查询。操作查询包括生成表查询、追加查询、更新查询和删除查询 4 种。

3.6.2 生成表查询

生成表查询是利用已有的一个或多个数据表生成满足条件的新表的查询。用户既可以在当前数据库中创建新表,也可以在另外的数据库中生成新表。利用生成表查询建立新表时,如果数据库中已经存在同名的表,则新表将覆盖同名的表。这种由表产生查询,再由查询生成表的方法,使得数据的组织更加灵活、方便。生成表查询所创建的表中的字段继承源表的字段名称、数据类型以及字段的大小属性,但字段的其他属性以及主键设置不会被继承。

【例 3-14】 利用生成表查询,把成绩在 90 分以上的学生的"学号""姓名""课程名称""成绩"等信息存储到新表"优秀成绩"表中。

操作步骤如下:

(1) 打开"教学管理"数据库,选择"创建"选项卡,在"查询"选项组中单击"查询设计"命令,打开查询设计视图窗口,在"显示表"对话框中把"学生"表、"课程"表、"选课"表添加到窗口字段列表区。

(2) 依次双击"学生"表中的"学号""姓名"字段,"课程"表中的"课程名称"字段,"选课"表中的"成绩"字段,将它们分别添加到设计网格"字段"行的第 1、2、3、4 列。

(3) 在设计网格区"成绩"字段列"条件"行单元格中输入条件">＝90",如图 3-48 所示。

(4) 单击"查询工具/设计"选项卡"查询类型"命令组的"生成表"命令,打开"生成表"对话框。在"表名称"文本框中输入要创建的新表名称"优秀成绩",选择"当前数据库"以将新表放入当前"教学管理"数据库中,如图 3-49 所示。单击"确定"按钮。

(5) 切换到"数据表视图",预览新表。如需修改,可切换到"设计视图"对查询进行修改。

(6) 运行查询,会显示生成表提示框,如图 3-50 所示。单击"是"按钮,建立"优秀成绩"表。如果不建立新表,则单击"否"按钮。

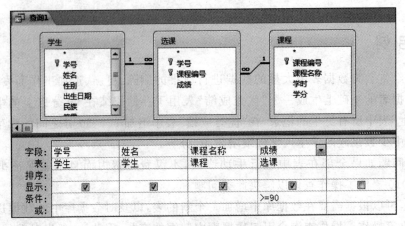

图 3-48 生成表查询设置

图 3-49 "生成表"对话框

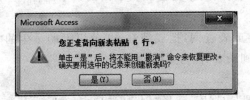

图 3-50 生成表提示框

（7）在导航窗格"表"对象中出现"优秀成绩"表。打开效果如图 3-51 所示。

图 3-51 生成的"优秀成绩"表

（8）保存查询，查询名称为"优秀成绩查询"。

3.6.3 删除查询

删除查询可以从一个或多个表中成批删除满足条件的记录。如果要删除的记录来自多个表,必须满足以下几点:

(1) 在关系窗口中定义相关表之间的关系。

(2) 在关系对话框中选中"实施参照完整性"复选框。

(3) 在关系对话框中选中"级联删除相关记录"复选框。

【例 3-15】 删除"学生"表中所有男生的记录。

删除查询将永久删除指定记录,无法恢复,因此,运行删除查询时要慎重,最好要先对"学生"表备份。在 Access 2010 主窗口导航窗格"表"对象中,右击"学生"表,在快捷菜单中选择"复制"命令,然后再右击,在快捷菜单中选择"粘贴"命令,在弹出的对话框中输入新的表名,如"学生表的副本",即完成了"学生"表的备份。该删除查询将对"学生表的副本"进行操作。

具体操作如下:

(1) 打开"教学管理"数据库,选择"创建"选项卡,在"查询"命令组中单击"查询设计"命令,打开查询设计视图窗口,在"显示表"对话框中把"学生表的副本"添加到窗口字段列表区。

(2) 单击"查询工具/设计"选项卡"查询类型"命令组的"删除"命令,在设计网格区将显示"删除"行。

(3) 双击"学生表的副本"字段列表中的" * "(" * "代表所有字段),这时系统将设计网格区第一列"删除"单元格设定为 From,表示要对"学生表的副本"进行删除操作。

(4) 双击"学生表的副本"字段列表中的"性别"字段,将其添加到设计网格区第二列,这时系统将设计网格区第二列"删除"单元格设定为 Where,在"性别"列"条件"行单元格中输入条件"男"。如图 3-52 所示。

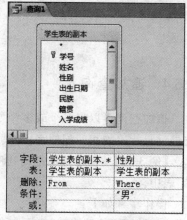

图 3-52 删除查询设置

(5) 切换到"数据表视图",预览"删除查询"检索到的记录,如图 3-53 所示。再切换到"设计视图"。

学号	姓名	学生表的副	出生日期	民族	籍贯	入学成绩	专业名称	字段0
10010301	王进	男	1992/3/18	汉族	山东淄博	579	工商管理	男
10010311	赵健	男	1992/4/22	苗族	云南曲靖	596	工商管理	男
10010403	秦裕	男	1991/10/5	汉族	河北邢台	624	物流管理	男
10020501	张庆	男	1992/4/25	回族	山东潍坊	611	软件工程	男
10020508	王涛	男	1991/12/23	汉族	湖北武汉	605	软件工程	男
10020514	周鑫	男	1991/11/22	汉族	山东枣庄	576	软件工程	男
10030617	孙可	男	1992/3/26	汉族	江苏南京	598	国际贸易	男
10030619	金克明	男	1992/7/25	朝鲜族	吉林延边	605	国际贸易	男

图 3-53 预览删除查询检索到的记录

（6）运行查询,会显示删除记录提示框,如图3-54所示。单击"是"按钮,系统将删除满足条件的所以记录。如果不删除记录,则单击"否"按钮。

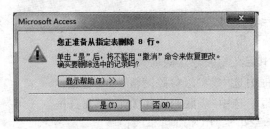

图3-54   删除查询提示框

（7）保存查询,查询名称为"删除男生记录"。

（8）打开"学生表的副本",可以看到所有男生的记录已被删除。删除查询结果如图3-55所示。

学号	姓名	性别	出生日期	民族	籍贯	入学成绩	专业名称
10010305	李丹	女	1991/11/15	汉族	山东青岛	586	工商管理
10010417	李丹	女	1992/4/5	汉族	湖南长沙	613	物流管理
10010433	王芳	女	1992/1/16	汉族	山东济南	602	物流管理
10020533	刘芸	女	1992/5/16	彝族	四川成都	589	软件工程
10030605	孟璇	女	1991/11/19	汉族	山东烟台	613	国际贸易
10030614	李萍	女	1992/2/25	汉族	山东临沂	602	国际贸易

图3-55   删除查询结果

3.6.4   追加查询

追加查询可以将一个或多个数据源表或查询的一组记录添加到另一个表中。追加记录时只能追加相匹配的字段,其他字段将被忽略。

【例3-16】   创建追加查询,将选课成绩在80～90分之间的学生记录添加到"优秀成绩"表中。

操作步骤如下:

（1）打开"教学管理"数据库,选择"创建"选项卡,在"查询"命令组中单击"查询设计"命令,打开查询设计视图窗口,在"显示表"对话框中把"学生"表、"课程"表、"选课"表添加到窗口字段列表区。

（2）选择"查询工具/设计"选项卡,在"查询类型"命令组中单击"追加"命令,打开"追加"对话框,在"表名称"下拉列表框中选择"优秀成绩"表,并选择"当前数据库",如图3-56所示。单击"确定"按钮,设计网格区将显示"追加到"行。

（3）在字段列表区,依次双击"学生"表中的"学号""姓名"字段,"课程"表中的"课程名称"字段,"选课"表中的"成绩"字段,将它们分别添加到设计网格"字段"行的第1、2、3、4列,这时系统在"追加到"行会依次自动填上"学号""姓名""课程名称""成绩"。

（4）在设计网格区"成绩"字段列"条件"行单元格中输入条件"＞＝80 And ＜90"。设置如图3-57所示。

图 3-56 "追加"对话框

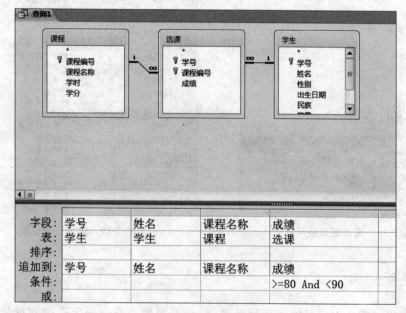

字段:	学号	姓名	课程名称	成绩	
表:	学生	学生	课程	选课	
排序:					
追加到:	学号	姓名	课程名称	成绩	
条件:				>=80 And <90	
或:					

图 3-57 追加查询设置

(5) 切换到"数据表视图",预览"追加查询"检索到的记录,如图 3-58 所示。再切换到"设计视图"。

学号	姓名	课程名称	成绩
10010305	李丹	大学计算机基础	87
10010305	李丹	数据库应用基础	86
10020508	王涛	数据结构	85
10020508	王涛	数据库应用基础	88
10020508	王涛	微观经济学	82
10020508	王涛	宏观经济学	87
10020533	刘芸	大学计算机基础	84
10020533	刘芸	数据结构	81
10030605	孟璇	大学计算机基础	84
10030605	孟璇	微观经济学	83
10030605	孟璇	宏观经济学	82
10030619	金克明	大学计算机基础	81
10030619	金克明	微观经济学	83
10010301	王进	管理学	89

图 3-58 预览追加查询检索到的记录

（6）运行查询，会显示追加记录提示框，如图 3-59 所示。单击"是"按钮，系统将开始追加满足条件的记录。如果不追加记录，则单击"否"按钮。

（7）保存查询，查询名称为"追加优秀成绩记录"。

（8）打开"优秀成绩"表，可以看到在原表的尾部增加了成绩在 80～90 分之间的学生记录。追加查询结果如图 3-60 所示。

学号	姓名	课程名称	成绩
10010301	王进	大学计算机基	91
10010305	李丹	管理学	93
10010305	李丹	宏观经济学	91
10020508	王涛	大学计算机基	92
10020533	刘芸	管理学	94
10030605	孟璇	国际经济学	92
10010305	李丹	大学计算机基	87
10010305	李丹	数据库应用基	86
10020508	王涛	数据结构	85
10020508	王涛	数据库应用基	88
10020508	王涛	微观经济学	82
10020508	王涛	宏观经济学	87
10020533	刘芸	大学计算机基	84
10020533	刘芸	数据结构	81
10030605	孟璇	大学计算机基	84
10030605	孟璇	微观经济学	83
10030605	孟璇	宏观经济学	82
10030619	金克明	大学计算机基	81
10030619	金克明	微观经济学	83
10010301	王进	管理学	89

图 3-59　追加记录提示框　　　　图 3-60　追加查询结果

3.6.5　更新查询

在数据表视图中可以对记录进行修改，但当需要修改符合一定条件的批量记录时，使用更新查询是更有效的方法。更新查询就是利用查询对表中满足条件的记录进行成批的改动。如果建立表间联系时设置了级联更新，那么运行更新查询也可能引起多个表的变化。

【例 3-17】　创建更新查询，把"学生"表中少数民族的学生入学成绩增加 10 分。

先对"学生"表进行备份得到"学生表的副本 2"，在此，对"学生表的副本 2"进行更新查询。操作步骤如下：

（1）打开"教学管理"数据库，选择"创建"选项卡，在"查询"命令组中单击"查询设计"命令，打开查询设计视图窗口，在"显示表"对话框中把"学生表的副本 2"添加到窗口字段列表区。

（2）选择"查询工具/设计"选项卡，在"查询类型"命令组中单击"更新"命令，在设计网格区将显示"更新到"行。

（3）在字段列表区，依次双击"学生表的副本 2"表中的"入学成绩"和"民族"字段，将它们分别添加到设计网格"字段"行的第 1、2 列。

（4）在"入学成绩"字段"更新到"行中输入表达式"［入学成绩］＋10"，在"民族"字段的"条件"行中输入条件"<>"汉族""，设置如图 3-61 所示。

（5）切换到"数据表视图"，预览"更新查询"检索到的记录，如图 3-62 所示。再切换到"设计视图"。

（6）运行查询，会显示更新记录提示框，如图 3-63 所示。单击"是"按钮，系统将开始更新满足条件的记录；如果不更新记录，则单击"否"按钮。

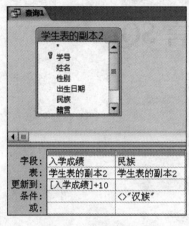

图 3-61　更新查询设置

图 3-62　预览更新查询检索到的记录

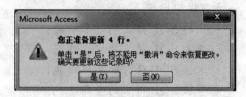

图 3-63　更新记录提示框

（7）保存查询，查询名称为"更新少数民族学生入学成绩"。

（8）打开"学生表的副本 2"表，可以看出表中少数民族学生入学成绩均增加了10 分。更新查询结果如图 3-64 所示。

学号	姓名	性别	出生日期	民族	籍贯	入学成绩	专业名称
10010301	王进	男	1992/3/18	汉族	山东淄博	579	工商管理
10010305	李丹	女	1991/11/15	汉族	山东青岛	586	工商管理
10010311	赵健	男	1992/4/22	苗族	云南曲靖	606	工商管理
10010403	秦裕	男	1991/10/5	汉族	河北邢台	624	物流管理
10010417	李丹	女	1992/4/5	汉族	湖南长沙	613	物流管理
10010433	王芳	女	1992/1/16	汉族	山东济南	602	物流管理
10020501	张庆	男	1992/4/25	回族	山东潍坊	621	软件工程
10020508	王涛	男	1991/12/23	汉族	湖北武汉	605	软件工程
10020514	周鑫	男	1991/11/22	汉族	山东枣庄	576	软件工程
10020533	刘芸	女	1992/5/16	彝族	四川成都	599	软件工程
10030605	孟璇	女	1991/11/15	汉族	山东烟台	613	国际贸易
10030614	李萍	女	1992/2/25	汉族	山东临沂	602	国际贸易
10030617	孙可	男	1992/3/26	汉族	江苏南京	598	国际贸易
10030619	金克明	男	1992/7/25	朝鲜族	吉林延边	615	国际贸易

图 3-64　更新查询结果

3.7　本 章 小 结

本章在介绍查询对象的定义、功能、类型和视图方式的基础上，详细介绍了 Access 2010 中构成查询条件表达式的常量、运算符和函数，主要介绍了各种查询的创建：使用查询向导和查询设计视图创建选择查询，在查询中进行计算；使用查询向导和查询设计视图创建交叉表查询；使用查询设计视图创建单参数查询和多参数查询；创建生成表查询、删除查询、追加查询和更新查询。

第 4 章

结构化查询语言 SQL

本章学习目标
- 了解 SQL 语言的基本功能；
- 熟悉 SQL 语言的定义功能；
- 掌握 SQL 语言的操纵功能；
- 掌握 SQL 语言的查询功能。

SQL(Structured Query Language,结构化查询语言)是一种通用的且功能极其强大的关系数据库语言,也是关系数据库的标准语言,本章主要介绍 Access 支持的 SQL 具有的数据定义、数据操纵、数据控制等功能。

4.1 SQL 语言概述

SQL 最早是在 20 世纪 70 年代由 IBM 公司开发的,主要用于关系数据库中的信息检索。虽然查询是其最重要的功能之一,但 SQL 绝不仅仅是一个查询工具,它可以独立完成数据库的全部操作。按照其实现的功能可以将 SQL 语句划分为 4 类。

(1) 数据定义语言(Data Definition Language,DDL):用于定义数据的逻辑结构及数据项之间的关系,如 CREATE、DROP、ALTER 语句等。

(2) 数据操纵语言(Data Manipulation Language,DML):用于增加、删除、修改数据等,如 INSERT、UPDATE、DELETE 语句等。

(3) 数据查询语言(Data Query Language,DQL):按照一定的查询条件从数据库对象中检索符合条件的数据,如 SELECT 语句。

(4) 数据控制语言(Data Control Language,DCL):在数据库系统中,具有不同角色的用户执行不同的任务,并且应该被给予不同的权限。数据控制语言用于设置或更改用户的数据库操作权限,如 GRANT、REVOKE 语句等。如表 4-1 所示。

表 4.1 SQL 的动词

SQL 功能	动　词	SQL 功能	动　词
数据定义	CREATE、DROP、ALTER	数据查询	SELECT
数据操纵	INSERT、UPDATE、DELETE	数据控制	GRANT、REVOKE

4.2　SQL 数据定义

有关数据定义的 SQL 语句分为 3 组,分别是建立(CREATE)数据库对象、修改(ALTER)数据库对象和删除(DELETE)数据库对象。

1. 建立表结构

使用 CTEATE TABLE 命令,其语法如下:

```
CREATE TABLE <表名>
(<字段名 1><数据类型 1>   [(<大小>)] [NOT NULL] [PRIMARY KEY|UNIQUE]
[,<字段名 2><数据类型 2>   [(<大小>)] [NOT NULL] [PRIMARY KEY|UNIQUE] ]
[,…] )
```

说明:

(1) 在语法命令中,<>表示必选项,[]表示可选项,|表示多选一,且命令关键字不区分大小写。

(2) 定义表时,必须指定表名、各个字段名及相应的数据类型和字段大小(由系统自动确定的字段大小省略),并且各个字段之间用英文的逗号分隔。常用数据类型如表 4-2 所示。

表 4.2　SQL 常用数据类型

数据类型	说　明	数据类型	说　明
Smallint	短整型(2 字节)	Memo	备注型
Integer	长整型(4 字节)	Image	用于 OLE 对象
Money	货币型(8 字节)	Char	字符型(存储 0~255 个字符)
Datetime	日期/时间型(8 字节)		

(3) NOT NULL 指定字段不允许为空值,PRIMARY KEY 定义主键,UNIQUE 定义唯一键。

【例 4-1】　在"教学管理"数据库中建立"教师表",表结构如下:

编号(char,6 字符),姓名(char,8 字符),性别(char,2 字符),出生日期(datetime),简历(memo),婚否(logical),照片(OLEObject),编号为主键,姓名不允许为空值。

操作步骤如下:

(1) 打开"教学管理"数据库,执行"创建"→"查询"→"查询设计"命令,打开查询设计视图,然后关闭"显示表"对话框。

(2) 执行"查询工具/设计"→"查询类型"→"数据定义"命令,在"数据定义"查询窗口中输入如下 SQL 语句:

```
create table 教师表
(编号 char(6) primary key,
姓名 char(8) not null,
性别 char(2),
出生日期 datetime,
简历 memo,
婚否 logical,
照片 OLEobject
)
```

（3）在设计视图下，单击功能区的"运行"按钮，执行 SQL 语句，创建教师表。

（4）在左侧导航窗格中双击创建的"教师表"，得到结果如图 4-1 所示。

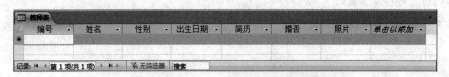

图 4-1　利用数据定义查询创建的教师表

（5）保存该数据定义查询。

2. 修改表

如果创建的表不能满足要求，可以利用 ALTER TABLE 命令，进行表结构的修改，包括修改、添加和删除字段等。

（1）修改字段：

```
ALTER TABLE <表名>ALTER [column] <字段名><数据类型> (<大小>)
```

注意：该命令只能对已有字段进行修改，不能修改字段名。

（2）添加字段：

```
ALTER TABLE <表名>ADD [column] <字段名><数据类型> (<大小>)
```

（3）删除字段：

```
ALTER TABLE <表名>DROP [column] <字段名>
```

【例 4-2】 对"教师"表结构进行修改，写出操作语句。

（1）为"教师"表增加一个整数类型的"电话号码"字段。

（2）将新增加的"电话号码"字段修改为 Text(11)。

（3）将新增加的"电话号码"字段删除。

操作 1：

```
ALTER  TABLE 教师 ADD 电话号码 Smallint
```

操作 2：

ALTER TABLE 教师 ALTER 电话号码 text(11)

操作 3：

ALTER TABLE 教师 DROP 电话号码

3. 删除表

如果需要删除某个不需要的表，可以使用 DROP TABLE 语句，其语句格式为：

DROP TABLE <表名>

注意：删除表后，在表上定义的索引也一起被删除。

【例 4-3】 删除建立的"教师表"。

DROP TABLE 教师表

4.3 SQL 数据操纵

数据操纵语句由 INSERT(插入)、UPDATE(更新)、DELETE(删除)三种语句组成。

1. 插入记录

INSERT 语句实现数据的插入功能，其语句格式为：

INSERT INTO <表名>[(<字段名 1>[,<字段名 2>…])]
    VALUES(<表达式 1>[,<表达式 2>[,…]])

说明：如果缺省字段名，则必须为新记录中的每个字段都赋值，且数据类型和顺序要与表中定义的字段一一对应。

【例 4-4】 向"教师"表中插入两条新记录。

Insert into 教师(教师编号,教师姓名,性别,出生日期,学历,婚否)
    values ("197603","孙勇","男",#1963-05-01#,"大学本科",yes)

注意：文本数据需用英文状态的单引号或者双引号括起来，日期数据应用"#"括起来。

2. 更新记录

使用 UPDATE 命令，其语法如下：

UPDATE <表名>
    SET <字段名 1>=<表达式 1>[,<字段名 2>=<表达式 2>…] [WHERE <条件表达式>]

【例 4-5】 将"教师"表中的所有副教授的职称升为教授。

Update 教师 set 职称="教授" where 职称="副教授"

3. 删除记录

使用 DELETE 命令,其语法如下:

```
DELETE FROM <表名>[WHERE <条件表达式>]
```

【例 4-6】 将"教师"表中的所有男老师删除。

```
Delete  from 教师 where 性别="男"
```

4.4 SQL 数据查询

数据查询是数据库的核心操作,使用 SQL 语言的 SELECT 命令可以实现数据查询功能,其语法格式如下:

```
SELECT [ALL|DISTINCT][TOP n [percent]]
<选项>[AS <显示列名>][,<选项>[AS <显示列名>…]]
FROM <表名 1>[<别名 1>][,<表名 2>[<别名 2>…]]
[WHERE <条件>]
[GROUP BY <分组选项 1>[,< 分组选项 2>…]][HAVING <分组条件>]
[UNION[ALL] SELECT 语句]
[ORDER BY <排序选项 1>[ASC|DESC][,<排序选项 2>[ASC|DESC]…]]
```

4.4.1 基本查询

基本查询包括投影、选择、排序、分组等操作。

1. 投影

投影是从数据源中纵向选择若干列,其格式为:

```
SELECT <目标列 1>[,<目标列 2>[,<目标列 3>,…]] FROM <表或查询>
```

说明:
(1) <目标列>可以是数据源中已有的字段,也可以是一个计算表达式。
(2) 使用"*"表示选择数据源中的所有字段。

【例 4-7】 查询"教师"表中所有老师的姓名、职称和学历。

操作步骤如下:
(1) 打开"数据定义"窗口,输入以下 SQL 语句

```
SELECT 教师姓名,职称,学历 FROM 教师
```

(2) 单击功能区的"运行"按钮,执行 SQL 语句,查询结果如图 4-2 所示。
(3) 单击功能区的"视图"列表按钮,选择"设计视图"命令,切换到查询设计视图,结果如图 4-3 所示。

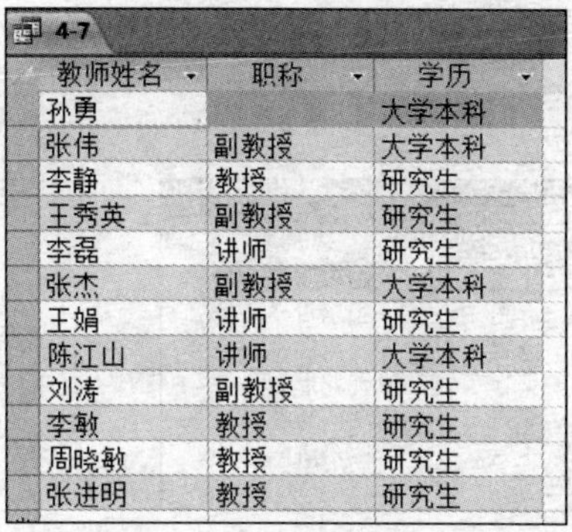

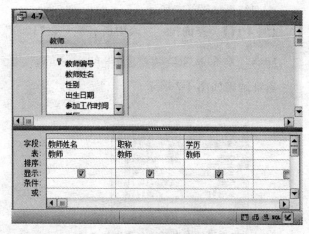

图 4-2　查询教师记录　　　　　　　　　　图 4-3　查询设计视图

【例 4-8】　查询"教师"表中所有老师的年龄。

SELECT 教师姓名,year(date())-year(出生日期) AS 年龄 FROM 教师

查询结果如图 4-4 所示。

【例 4-9】　查询"课程"表中学分有哪几种。

SELECT distinct 学分 FROM 课程

查询结果如图 4-5 所示。

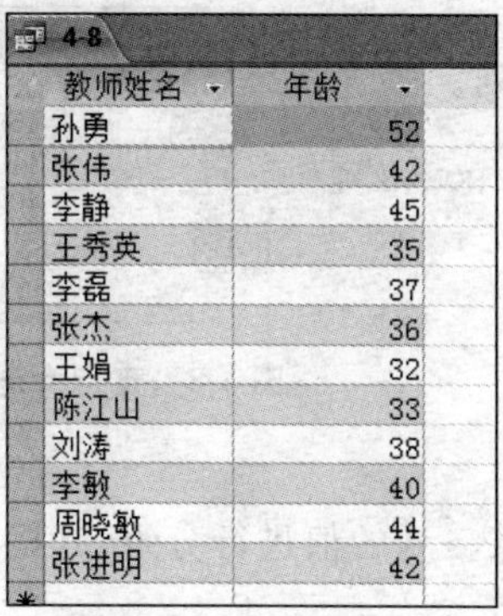

图 4-4　查询老师年龄　　　　　　　　　　图 4-5　查询学分种类

2. 选择

选择查询是从记录源中横向选择满足条件的若干行,其格式为:

SELECT <目标列>FROM <表名>WHERE <筛选条件>

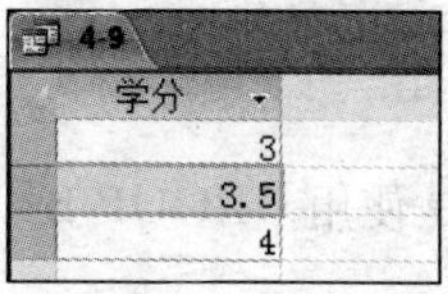

【例 4-10】　查询"教师"表中所有已婚的女老师的姓名和出生日期。

SELECT 姓名,出生日期 FROM 教师 WHERE 性别="女" and 婚否=yes

查询结果如图 4-6 所示。

【例 4-11】 查询"学生"表中所有学号以"1001"开头的学生姓名和籍贯。

SELECT 姓名,籍贯 FROM 学生 WHERE 学号 LIKE "1001 * "

查询结果如图 4-7 所示。

4-10	
姓名	出生日期
李静	1970/11/24
王娟	1983/2/5
李敏	1975/10/11
周晓敏	1971/1/18
*	

图 4-6　查询已婚女老师姓名和出生日期

4-11	
姓名	籍贯
王进	山东淄博
李丹	山东青岛
赵健	云南曲靖
秦裕	河北邢台
李丹	湖南长沙
王芳	山东济南
*	

图 4-7　查询学生姓名和籍贯

3. 排序

排序是使用 ORDER BY 子句对查询结果按照一个或多个列的升序或者降序排列，默认是升序。其格式为：

ORDER BY <排序项> [ASC|DESC]

说明：

(1) <排序项>除了是字段名还可以是序号 1,2,3,…

(2) ASC 是升序，DESC 是降序。

【例 4-12】 查询所有女老师的年龄并按降序排列。

SELECT year(date())-year(出生日期) AS 年龄 FROM 教师
WHERE 性别="女" ORDER BY 1 desc

查询结果如图 4-8 所示。

4-12
年龄
45
44
40
35
32

图 4-8　查询女老师的年龄

4. 分组

分组是使用 GROUP BY 子句对查询结果按照某一列的值进行分组，其格式为：

GROUP BY <分组项> [HAVING <分组筛选条件>]

说明：HAVING 短语对分组后的结果进行筛选，且必须和 GROUP BY 子句同时使用。

【例 4-13】 统计"教师"表中男女老师的人数。

SELECT 性别,COUNT(*) AS 人数 FROM 教师 GROUP BY 性别

查询结果如图 4-9 所示。

【例 4-14】 统计选课人数超过 4 人的课程编号。

SELECT 课程编号,COUNT(*) AS 人数 FROM 选课 GROUP BY 课程编号 HAVING COUNT(*)>4

查询结果如图 4-10 所示。

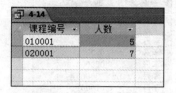

图 4-9　统计男女老师人数　　　　　图 4-10　统计课程编号

4.4.2　连接查询

查询时涉及到两个或者多个表时,需要用连接查询,有以下两种方式:

1. 在 WHERE 子句中指定连接条件,其格式为:

```
SELECT <目标列>FROM <表名 1>,<表名 2>
WHERE <表名 1>.<字段名 1>=<表名 2>.<字段名 2>
```

注意:<字段名 1>和<字段名 2>是<表名 1>和<表名 2>的公共字段名。

2. 在 FROM 子句中指定连接条件,其格式为:

```
SELECT <目标列>FROM <表名 1>
INNER JOIN <表名 2>ON <表名 1>.<字段名 1>=<表名 2>.<字段名 2>
```

【例 4-15】 查询所有学生的选课情况。

```
SELECT 姓名,课程编号 FROM 学生,选课 WHERE 学生.学号=选课.学号
```

或者

```
SELECT 姓名,课程编号 FROM 学生 INNER JOIN 选课 ON学生.学号=选课.学号
```

查询结果如图 4-11 所示。

【例 4-16】 查询所有女同学选的课程名称。

```
SELECT 姓名,课程名称,性别　 FROM 学生,选课,课程 WHERE 学生.学号= 选课.学号 AND 选课.
课程编号=课程.课程编号 AND 性别="女"
```

查询结果如图 4-12 所示。

4.4.3　子查询

子查询也称为嵌套查询,是在一个 SELECT 语句的 WHERE 子句中包含另外一个 SELECT 语句。如下所示:

```
SELECT <目标列>FROM <表名 1>
WHERE <字段名 1>IN (SELECT <字段名 1>FROM 表名 2 WHERE <筛选条件>)
```

4-15	
姓名	课程编号
王进	020001
王进	030003
李丹	010001
李丹	020001
李丹	020003
李丹	030003
李丹	010001
李丹	020001
李丹	030002
王芳	010001
王芳	020003
王涛	020001
王涛	020002
王涛	020003
王涛	030002
王涛	030003
刘芸	010001
刘芸	020001
刘芸	020002
刘芸	020003
孟璇	020001
孟璇	030002
孟璇	030003
孟璇	030004
金克明	020001

记录：第1项(共28项)

图 4-11　查询所有同学选课情况

4-16		
姓名	课程名称	性别
李丹	管理学	女
李丹	大学计算机基础	女
李丹	数据库应用基础	女
李丹	宏观经济学	女
李丹	管理学	女
李丹	大学计算机基础	女
李丹	微观经济学	女
王芳	管理学	女
王芳	数据库应用基础	女
刘芸	管理学	女
刘芸	大学计算机基础	女
刘芸	数据结构	女
刘芸	数据库应用基础	女
孟璇	大学计算机基础	女
孟璇	微观经济学	女
孟璇	宏观经济学	女
孟璇	国际经济学	女

图 4-12　查询女同学选课名称

说明：

（1）＜字段名 1＞是＜表名 1＞和＜表名 2＞的公共字段。

（2）括号内的 SELECT 语句（子查询）必须有确定的结果，该结果作为括号外 SELECT 语句（父查询）的条件。

【例 4-17】　查询选修“大学计算机基础”的所有学生的学号。

```
SELECT 学号 FROM 选课 WHERE 课程编号 IN (SELECT 课程编号
FROM 课程 WHERE 课程名称="大学计算机基础")
```

查询结果如图 4-13 所示。

【例 4-18】　查询出没有选修课程编号是“020003”课程的学生信息。

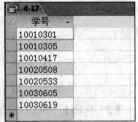

4-17	
学号	
10010301	
10010305	
10010417	
10020508	
10020533	
10030605	
10030619	
*	

图 4-13　查询学生学号

```
SELECT * FROM 学生 WHERE 学号 NOT IN (SELECT 学号 FROM 选课 WHERE 课程编号=
"020003")
```

查询结果如图 4-14 所示。

4.4.4　合并查询

合并查询是将两个 SELECT 语句的查询结果通过并运算（UNION）合并为一个查询结果，但是要求两个查询结果具有相同的查询列。

4-18

学号	姓名	性别	出生日期	民族	籍贯	入学成绩	专业名称
10010301	王进	男	1992/3/18	汉族	山东淄博	579	工商管理
10010311	赵健	男	1992/4/22	苗族	云南曲靖	596	工商管理
10010403	秦裕	男	1991/10/5	汉族	河北邢台	624	物流管理
10010417	李丹	女	1992/4/5	汉族	湖南长沙	613	物流管理
10020501	张庆	男	1992/4/25	回族	山东潍坊	611	软件工程
10020514	周鑫	男	1991/11/22	汉族	山东枣庄	576	软件工程
10030605	孟璇	女	1991/11/19	汉族	山东烟台	613	国际贸易
10030614	李萍	女	1992/2/25	汉族	山东临沂	602	国际贸易
10030617	孙可	男	1992/3/26	汉族	江苏南京	598	国际贸易
10030619	金克明	男	1992/7/25	朝鲜族	吉林延边	605	国际贸易
*							

图 4-14　查询学生信息

【例 4-19】 查询学分是 3 分和 4 分的课程的课程编号和课程名称。

```
SELECT 课程名称,课程编号 FROM 课程 WHERE 学分=3
UNION  SELECT 课程名称,课程编号 FROM 课程 WHERE 学分=4
```

或者

```
SELECT 课程名称,课程编号 FROM 课程 WHERE 学分=3 OR 学分=4
```

查询结果如图 4-15 所示。

4-19

课程名称	课程编号
管理学	010001
人力资源管理	010003
数据结构	020002
数据库应用基础	020003
微观经济学	030002
宏观经济学	030003
国际经济学	030004
*	

图 4-15　查询课程编号和名称

4.5　本章小结

本章主要对 SQL 语言的基本功能进行了详细的步骤说明和操作方法讲解,使读者对 Access 2010 中查询的 SQL 语言查询有了全面的了解。方便读者在日后工作学习中通过 SQL 语言对数据库进行数据定义、数据操纵、数据查询等基本的操作。

第5章

窗　体

本章学习目标

- 了解窗体的概念、作用和分类；
- 掌握窗体视图的种类、特点和切换方法；
- 熟练掌握快速创建窗体的方法；
- 熟练掌握窗体的设计、控件的操作和属性设置的方法；
- 了解导航窗体和控制窗体的作用和设计方法。

窗体(Form)也称为表单，是数据库系统最终用户与数据库实现人机交互的界面，用户通过窗体可以方便地查看、输入和编辑数据库中的数据，并提高数据库的安全性，一个数据库应用系统的优劣很大程度上取决于窗体的设计。本章主要介绍窗体的概念、作用、创建方法和窗体控件的常规设置等内容。

5.1　窗体概述

本书在第2章至第4章中详细讲解了数据库、表和查询的操作，但是数据库应用系统的最终用户通常不采用这样的操作方式。主要原因有两个：一是这样的操作方式不安全，普通用户不应该具有接触核心数据的权限，一个好的系统应该根据用户的不同提供不同的数据，以保护核心数据；二是这样的操作方式不方便，用户可能并不掌握数据库的操作，也没有必要去进行比较复杂的操作，用户总是希望能够尽可能方便和快捷地去使用一个系统。

综合上述原因，数据库应用系统应该为用户提供一个方便、快捷、友好的人机操作界面，使用户在该界面下实现对数据库的查看、统计分析、输入和编辑等操作，并能够控制应用程序的流程，这样的数据库对象在 Access 2010 中被称为"窗体"。如图 5-1 和图 5-2 所示，可以方便地操作数据库对象，实现数据的查找、增加、删除和修改。

5.1.1　窗体的功能

窗体作为用户与数据库应用系统交互的界面，一方面要提供数据操作的功能，方便用户操作；另一方面作为一个系统的操作界面，窗体还应具备程序控制的功能，实现操作

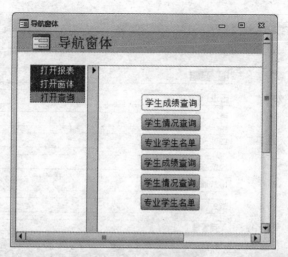

图 5-1　窗体示例之导航窗体

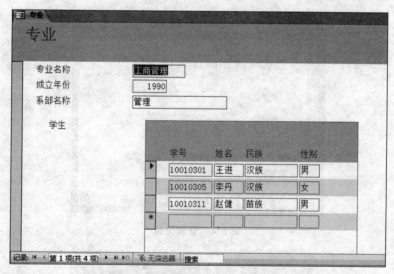

图 5-2　窗体示例之数据操作界面

界面的跳转。

1. 数据操作功能

图 5-3 所示的窗体是对于"学生"数据进行数据操作的示例，窗体默认显示了表中的数据，用户可以通过鼠标和键盘方便地为"学生"添加、删除和修改数据。

2. 程序控制功能

图 5-4 和图 5-5 所示的窗体是"教学管理"数据库几个简单应用的程序控制界面，用户可以选择不同的身份登录，系统将为不同的用户打开相应的欢迎界面，并在后续操作界面中打开需要的表、窗体或报表。

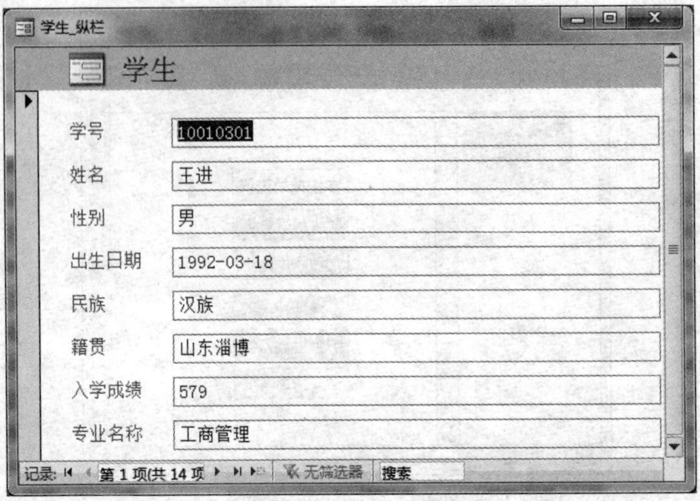

图 5-3　纵栏式窗体

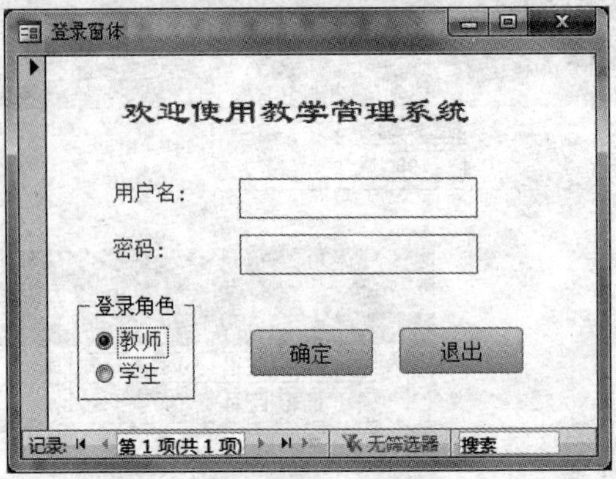

图 5-4　登录窗体

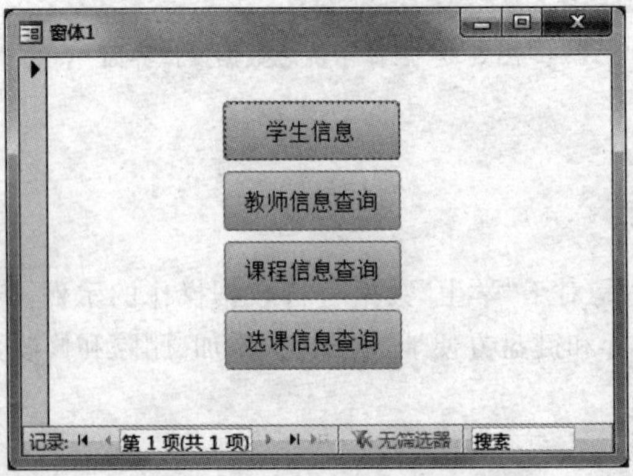

图 5-5　学生用户基本操作界面

5.1.2 窗体的分类

窗体的分类通常以运行时的外观为标准,称为窗体界面的布局,根据不同的布局形式,窗体可分为 7 种类型。

1. 纵栏式窗体

纵栏式窗体的特点是一行记录独占一个窗体界面,利用导航栏上的操作按钮实现记录的切换,如图 5-5 所示,窗体最下方即为导航栏。

2. 表格式窗体

表格式窗体以立体表格的形式显示多行记录,显示顺序与数据源相同。

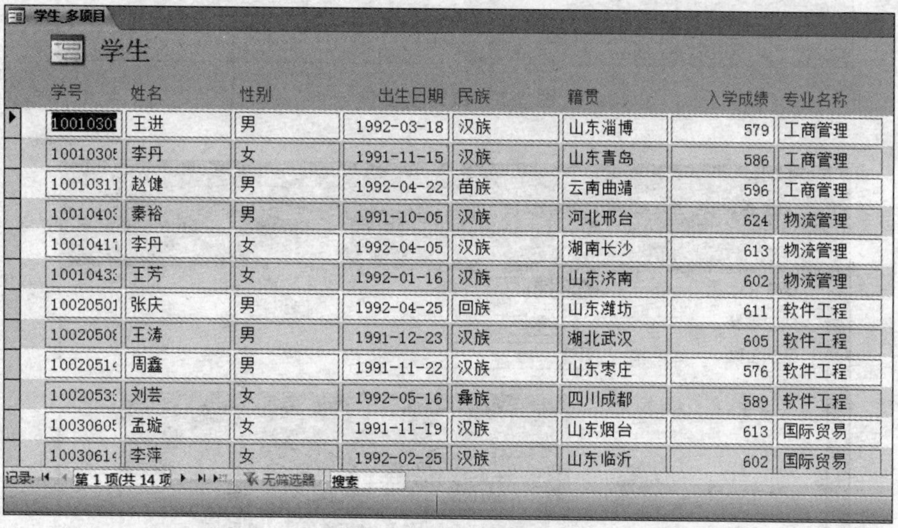

图 5-6　表格式窗体

3. 数据表窗体

数据表窗体以数据表的形式显示多行记录,显示的风格与表的数据表视图的风格基本相同,如图 5-7 所示。

4. 主/子窗体

主/子窗体也可以称为"父/子窗体",一般用于显示存在 $1:n$ 联系的两个表,窗体界面分为两部分:一部分是主窗体,主要用于存放主表数据;另一部分是子窗体,用于存放与主窗体相关联的子表,如图 5-8 所示。

5. 图表窗体

图表窗体以图表的形式显示表中的数据,可以更为直观地对数据表进行分析,如

学生

学号	姓名	性别	出生日期	民族	籍贯	入学成绩
10010301	王进	男	1992-03-18	汉族	山东淄博	579
10010305	李丹	女	1991-11-15	汉族	山东青岛	586
10010311	赵健	男	1992-04-22	苗族	云南曲靖	596
10010403	秦裕	男	1991-10-05	汉族	河北邢台	624
10010417	李丹	女	1992-04-05	汉族	湖南长沙	613
10010433	王芳	女	1992-01-16	汉族	山东济南	602
10020501	张庆	男	1992-04-25	回族	山东潍坊	611
10020508	王涛	男	1991-12-23	汉族	湖北武汉	605
10020514	周鑫	男	1991-11-22	汉族	山东枣庄	576
10020533	刘芸	女	1992-05-16	彝族	四川成都	589
10030605	孟璇	女	1991-11-19	汉族	山东烟台	613
10030614	李萍	女	1992-02-25	汉族	山东临沂	602
10030617	孙可	男	1992-03-26	汉族	江苏南京	598
10030619	金克明	男	1992-07-25	朝鲜族	吉林延边	605

记录: 第 1 项(共 14 项 无筛选器 搜索

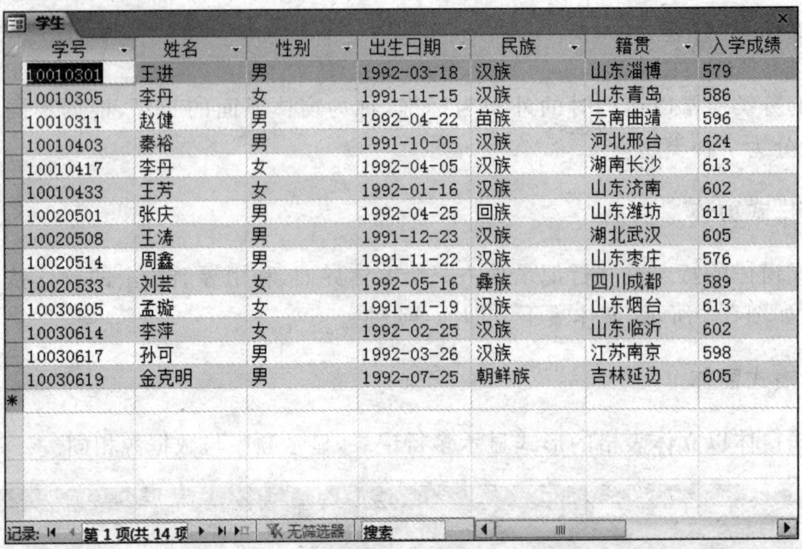

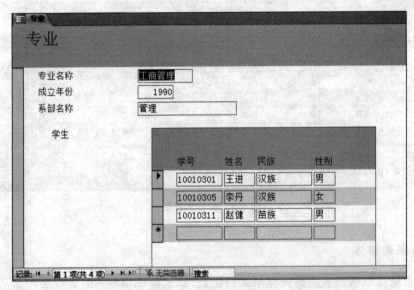

图 5-7　数据表窗体

图 5-8　系部-学生主/子窗体

图 5-9 所示。

6. 数据透视表窗体

数据透视表窗体是通过指定行、列标题和统计字段形成的一种表格，并将该表格放在窗体界面中，类似于交叉表查询，主要用于源数据表或查询结果的统计分析，如图 5-10 所示。

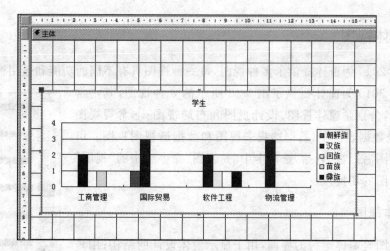

图 5-9　各专业不同民族学生数柱状图表窗体

将筛选字段拖至此处	课程名称 ▼							
	大学计算机基础	管理学	国际经济学	宏观经济学	数据结构	数据库应用基础	微观经济学	总计
专业名称 ▼	成绩 的平均值	成绩 的平均值	成绩 的平均值	成绩 的平均值	成绩 的平均值	成绩 的平均值	成绩 的平均值	成绩 的平均值
工商管理	89	91		84.5		86		87.85714286
国际贸易	82.5		83.5	82			83	82.85714286
软件工程	88	94		87	83	83.5	82	85.77777778
物流管理	76	68				67	68	69.4
总计	85	82.4	83.5	84.5	83	80	79	82.64285714

图 5-10　各专业课程平均成绩数据透视表窗体

7. 数据透视图窗体

数据透视图窗体与数据透视表窗体类似,或者说是数据透视表的图形化显示,如图 5-11 所示。

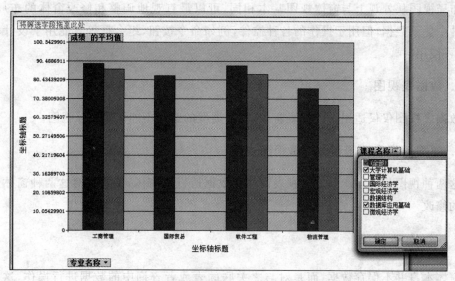

图 5-11　各专业各课程平均成绩数据透视图窗体

5.1.3 窗体视图

Access 2010 为窗体提供了多种视图,每一种视图具有不同的功能和适用情况。

Access 2010 为窗体提供了图 5-12 所示的 6 种视图,其中常规视图 3 种,分别是窗体视图、设计视图和布局视图;非常规视图 3 种,分别是数据表视图、数据透视表视图和数据透视图视图。可以在打开视图后通过"开始"选项卡中的"视图"命令组中的"视图"命令实现视图的切换。

图 5-12 窗体视图

1. 窗体视图

窗体视图是窗体运行的界面,用于显示窗体设计的结构;用户可以在窗体视图中查看、输入和编辑数据,但不可以调整控件的位置和大小。

在导航栏中双击窗体便可以打开窗体视图,如果希望用其他视图打开窗体,需要选中窗体后右击,在其快捷菜单中选择其他视图。

2. 设计视图

设计视图提供了详细的窗体结构,用于创建和修改窗体,添加和修改窗体控件,是窗体详细设计的基本界面,在该界面下窗体中用于显示数据的控件只显示数据的源,而不显示具体的数据。

3. 布局视图

布局视图从外观上与窗体视图基本相同,可以最直观地调整和修改窗体的布局,窗体控件中显示数据,但用于操作的各种控件,例如命令按钮、组合框等只能用于设计和修改,不可使用。

4. 数据表视图

数据表视图仅仅适用于数据表窗体,其他类型的窗体不能切换到该视图。

5. 数据透视表视图和数据透视图视图

这两种视图只适用于数据透视表窗体和数据透视图窗体,主要是对这两种窗体进行界面的修改。

5.1.4 窗体数据源

窗体本身并不保存数据,而是对与之关联的表或者查询中的数据进行操作,这些表或者查询被称为窗体的数据源。一旦窗体和数据源建立了联系,两者的数据便保持同步,即一部分中的数据发生变化,另外一部分中的数据也会发生变化。

例如图 5-3 中窗体的数据源是学生表,修改窗体中"王进"同学的专业为"软件工程",刷新学生表,学生表中王进的专业也变为软件工程,反之亦然。

在 Access 2010 中,一个窗体的数据源最多只能是一个表或者一个查询,因此当需要在一个窗体中操作多个表中的数据时,需要先建立一个多表连接查询,然后将该查询作为窗体的数据源。

5.2　创建窗体

单击"创建"选项卡,在"窗体"命令组中,可以看到与创建窗体相关的 6 个命令,分别是"窗体""窗体设计""空白窗体""窗体向导""导航"和"其他窗体",其中"其他窗体"中还包括 6 个选项。

使用这些命令可以创建不同的窗体,其各自适用情况如下。

1. 窗体

使用"窗体"命令可迅速创建包含数据源所有字段的纵栏式窗体,但是必须先为窗体选择数据源。

2. 窗体设计

单击"窗体设计"命令前,无须选择数据源,该命令的作用是创建一个不包括任何控件的空白窗体,并切换到设计视图,方便修改窗体属性或者添加、修改控件。

3. 空白窗体

该命令与"窗体设计"命令类似,其作用是创建一个空白窗体并切换到布局视图。

4. 窗体向导

使用"向导"方式创建窗体。

5. 导航

单击"导航"命令后,出现导航栏布局选项,如图 5-13 所示,这些布局选项决定了不同形式的导航风格,但无论布局如何,其作用是相同的,通过单击导航栏上的按钮,可以切换到不同的操作界面,完成不同的操作,详见 5.5.1 节。

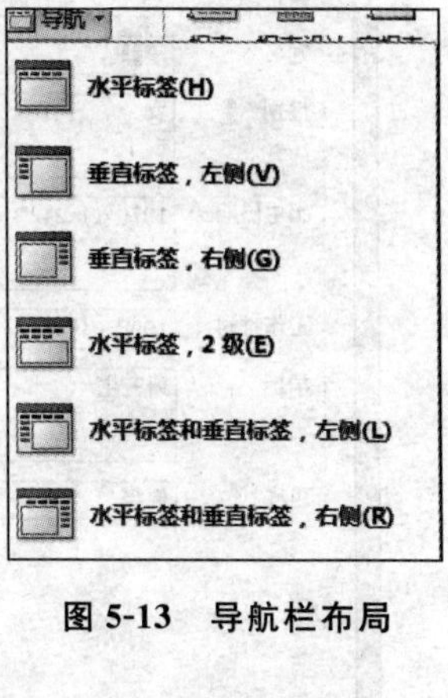

图 5-13　导航栏布局

6. 其他窗体

其他窗体中包含 6 种比较特殊的窗体,具体选项和应用见表 5-1。

表 5-1　其他窗体选项和功能

命令名称	功　能　简　介
多个项目	创建表格式窗体,字段名在顶端,一行显示一条记录
数据表	创建数据表窗体
分割窗体	创建纵栏式窗体,并在窗体下方以数据表窗体的形式显示该窗体的数据源
模式对话框	创建一个弹出式窗体,该窗体浮于数据库上方,不关闭窗体无法进行其他的操作,一般用于制作登录窗体或者程序控制窗体
数据透视图	创建基于数据源的数据透视图窗体,非自动生成,需进行设置
数据透视表	创建基于数据源的数据透视表窗体,非自动生成,需进行设置

5.2.1　快速创建窗体

使用"窗体"可以快速创建窗体,默认情况下创建的窗体是纵栏式窗体,整个窗体显示数据源中的一行记录,用户可以通过窗体下方的导航栏实现记录的切换和定位,该操作需要为窗体指定数据源。

如果数据源是一个一对多的连接查询,则创建一个主子窗体,在纵栏式窗体下方显示子窗体。

【例 5-1】　用教师表为数据源创建窗体。

操作步骤如下:

(1) 打开数据库,在导航窗格中单击"教师"表;

(2) 单击"创建"选项卡,在"窗体"命令组中,单击"窗体"命令;

(3) 命名为"教师",保存窗体对象,切换到窗体视图运行,运行效果如图 5-14 所示。

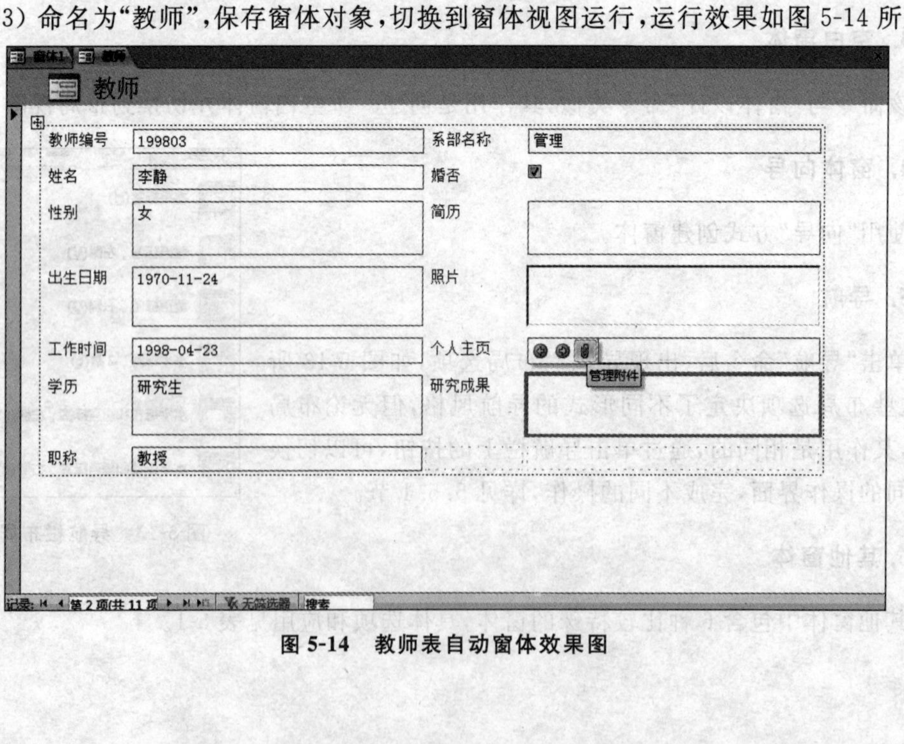

图 5-14　教师表自动窗体效果图

5.2.2　创建数据表窗体

单击"其他窗体"→"数据表"命令,可以创建数据表窗体,该操作需要为窗体指定数据源。

数据表窗体的显示风格与表的数据表视图基本相同,不同之处在于数据表窗体中的记录没有打开关联子表的标志▓回,不能打开关联的子表。事实上窗体采用"主/子窗体"的方式查看子表数据,更方便和直观。

【例 5-2】　用教师表为数据源创建数据表窗体。

操作步骤如下:

(1) 打开数据库,在导航窗格中单击"教师"表;

(2) 单击"创建"选项卡,在"窗体"命令组中,单击"其他窗体"命令,选中"数据表"命令,创建窗体;

(3) 命名为"教师-数据表",保存窗体对象,切换到窗体视图运行,运行效果如图 5-15 所示。

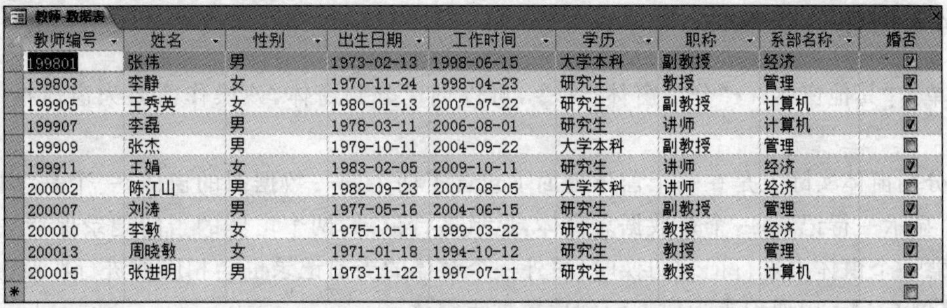

教师编号	姓名	性别	出生日期	工作时间	学历	职称	系部名称	婚否
199801	张伟	男	1973-02-13	1998-06-15	大学本科	副教授	经济	☑
199803	李静	女	1970-11-24	1998-04-23	研究生	教授	管理	☑
199905	王秀英	女	1980-01-13	2007-07-22	研究生	副教授	计算机	☐
199907	李磊	男	1978-03-11	2006-08-01	研究生	讲师	计算机	☑
199909	张杰	男	1979-10-11	2004-09-22	大学本科	副教授	管理	☐
199911	王娟	女	1983-02-05	2009-10-11	研究生	讲师	经济	☑
200002	陈江山	男	1982-09-23	2007-08-05	大学本科	讲师	经济	☑
200007	刘涛	男	1977-05-16	2004-06-15	研究生	副教授	管理	☑
200010	李敏	女	1975-10-11	1999-03-22	研究生	教授	经济	☑
200013	周晓敏	女	1971-01-18	1994-10-12	研究生	教授	管理	☑
200015	张进明	男	1973-11-22	1997-07-11	研究生	教授	计算机	☑

图 5-15　"教师-数据表"窗体效果图

5.2.3　创建多个项目窗体

单击"其他窗体"→"多个项目"命令,可以创建一个以立体表格风格显示的多个项目窗体,该操作需要为窗体指定数据源。

多个项目窗体的显示风格与数据表窗体类似,但多项目窗体有更多的立体元素,例如可以包含图标、按钮和其他控件等。

【例 5-3】　以课程表为数据源创建多个项目窗体。

操作步骤如下:

(1) 打开数据库,在导航窗格中单击"课程"表;

(2) 单击"创建"选项卡,在"窗体"命令组中,单击"其他窗体"命令,选中"多个项目"命令,创建窗体;

(3) 命名为"课程-多个项目",保存窗体对象,切换到窗体视图运行,运行效果如图 5-16 所示。

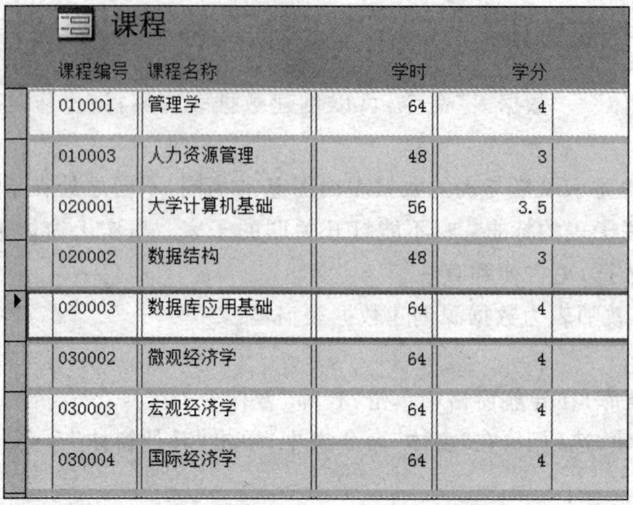

课程

课程编号	课程名称	学时	学分
010001	管理学	64	4
010003	人力资源管理	48	3
020001	大学计算机基础	56	3.5
020002	数据结构	48	3
020003	数据库应用基础	64	4
030002	微观经济学	64	4
030003	宏观经济学	64	4
030004	国际经济学	64	4

图 5-16 “课程-多个项目”窗体效果图

5.2.4 创建分割窗体

单击“其他窗体”→“分割窗体”命令，可以创建分割窗体，该操作需要为窗体指定数据源。

分割窗体实际上是在一个窗体界面下包含了两个同一数据源的窗体，一个是纵栏式窗体，显示一行记录；一个是数据表窗体，显示多行记录，两个窗体的当前记录保持一致，在任意一个窗体中进行记录切换时，另外一个窗体的当前记录也会相应地进行切换。

【例 5-4】 用课程表为数据源创建数据表窗体。

操作步骤如下：

(1) 打开数据库，在导航窗格中单击“课程”表。

(2) 单击“创建”选项卡，在“窗体”命令组中，单击“其他窗体”命令，选中“分割窗体”命令，创建窗体。

(3) 保存窗体对象，命名为“课程-分割”，切换到窗体视图运行，运行效果如图 5-17 所示。

5.2.5 创建数据透视表窗体

单击“其他窗体”→“数据透视表”命令，可以创建一个空白的数据透视表窗体。

该命令创建的窗体是一个空白窗体，需要用户指定行标题、列标题和汇总(明细)字段，单击数据透视表工具栏上的“设计”选项卡，在“显示/隐藏”命令组中单击“字段列表”命令可以显示和隐藏“字段列表”，在“字段列表”显示的情况下，将“行标题”“列标题”和“汇总或明细”字段分别拖到对应的区域，即实现设计。

在任意汇总数据上右击打开快捷菜单，在“自动计算”子菜单中选择不同的命令，可以更改汇总方式。

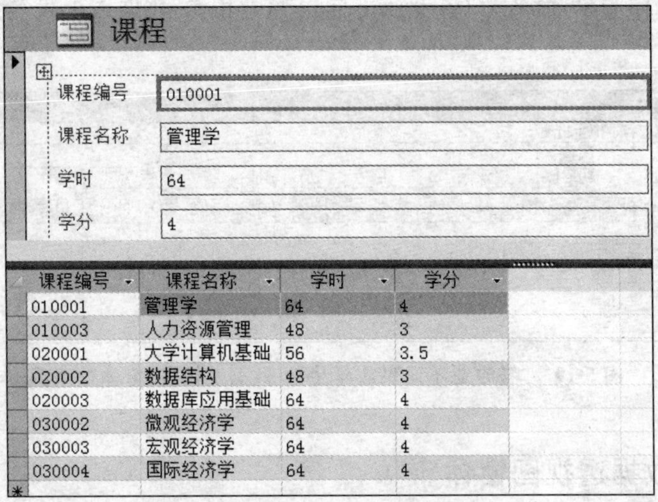

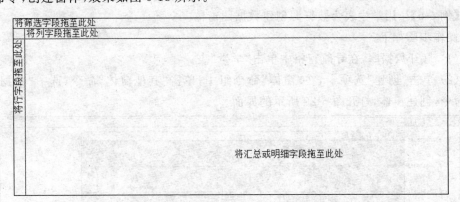

图 5-17 "课程-分割"窗体效果图

  如果用户需要对要分析的数据进行筛选,可以将用于筛选的字段拖到筛选区域,在窗体视图下,在筛选条件下拉列表框中可以对统计数据进行筛选。

【例 5-5】 用学生表为数据源创建数据透视表窗体。

操作步骤如下:

(1)打开数据库,在导航窗格中单击"学生"表。

(2)单击"创建"选项卡,在"窗体"命令组中,单击"其他窗体"命令,选中"数据透视表"命令,创建窗体,效果如图 5-18 所示。

图 5-18 数据透视表窗体设计界面

  (3)如果字段列表未显示,在"显示/隐藏"命令组中单击"字段列表"命令。

  (4)将"民族"字段拖入"行字段"区域,将"专业"字段拖入"列字段"区域,将"学号"字段拖入"汇总或明细字段"区域,单击任意图表区"学号"标题,打开快捷菜单,在"自动计算"菜单中选择"计数"命令,再次打开快捷菜单,选择隐藏详细信息命令,可将细节隐藏。

  (5)将"出生日期"字段拖动到"筛选字段"区域;切换到窗体视图,在图表区左上方"出生日期"下拉列表框中,取消部分出生日期前边的对钩,查看窗体。

（6）保存窗体对象，命名为"各专业不同民族学生数-数据透视表"，窗体的运行效果如图 5-19 所示。

专业名称▼	朝鲜族		汉族		回族		苗族		彝族		总计	
	学号	的计数	学号	的计数	学号	的计数	学号	的计数	学号	的计数	学号	的计数
工商管理				2				1				3
国际贸易		1		3								4
软件工程				2		1				1		4
物流管理				3								3
总计		1		10		1		1		1		14

图 5-19　"各专业不同民族学生数-数据透视表"窗体效果图

5.2.6　创建数据透视图窗体

单击"其他窗体"→"数据透视图"命令，可以创建一个空白的数据透视图窗体。

该命令创建的窗体是一个空白窗体，需要用户指定分类字段和统计字段，单击数据透视表工具栏上的"设计"选项卡，在"显示/隐藏"命令组中单击"字段列表"命令可以显示和隐藏"字段列表"，在"字段列表"显示的情况下，将"分类字段""统计字段"字段分别拖到对应的区域，即实现设计。在图标区上方的汇总字段上右击，打开快捷菜单，在"自动计算"菜单中选择不同的命令，可以更改汇总方式。

如果用户需要对要分析的数据进行筛选，可以将用于筛选的字段拖到筛选区域，在窗体视图下，可以通过筛选条件下拉列表框对统计数据进行筛选。

【例 5-6】　用学生表为数据源创建数据图窗体。

操作步骤如下：

（1）打开数据库，在导航窗格中单击"学生"表。

（2）单击"创建"选项卡，在"窗体"命令组中，单击"其他窗体"命令，选中"数据透视图"命令，创建窗体，打开图 5-20 所示的界面。

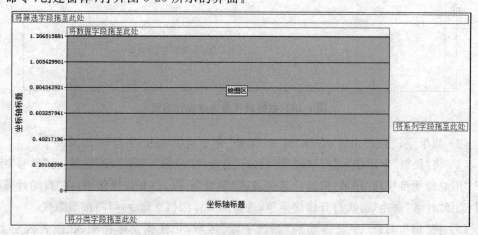

图 5-20　数据透视图窗体设计界面

（3）如果字段列表未显示，则在"显示/隐藏"命令组中单击"字段列表"命令。

（4）将"专业"字段拖入"分类字段"区域，将"民族"字段拖入"系列"区域，将"学号"字段拖入图标区域，在图标区上方的"学号"上右击打开快捷菜单，在"自动计算"菜单中选择"计数"命令。

（5）将"出生日期"字段拖动到"筛选字段"区域。

（6）切换到窗体视图，在"出生日期"下拉列表框中，取消部分出生日期前边的选中状态，查看窗体。

（7）保存窗体对象，命名为"各专业不同民族学生人数-数据透视图"，窗体的运行效果如图 5-21 所示。

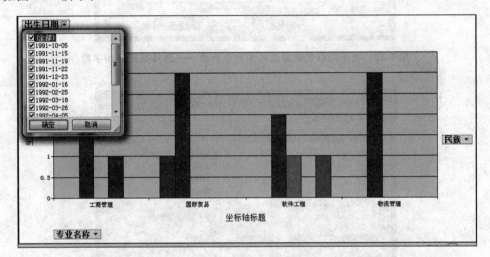

图 5-21 "各专业不同民族学生人数-数据透视图"窗体效果

5.2.7 使用向导创建窗体

使用"窗体向导"命令，用户可以在向导的指引下，指定窗体记录源、字段、布局、显示风格，快速创建一个简单窗体。

若用户指定的数据源是已经建立了一对多关系的两个表，那么使用向导创建窗体时，可以设置为"主/子窗体"。

【例 5-7】 使用向导创建课程表窗体。

操作步骤如下：

（1）打开数据库，单击"创建"选项卡，在"窗体"命令组中，单击"窗体向导"命令，启动窗体向导，如图 5-22 所示。

（2）在"表/查询"下拉列表框中选择"表：课程"作为数据源，该表中的字段显示在"可用字段"列表框内，选择"课程编号""课程名称""学时"，将它们添加到"选定字段"列表框内，单击"下一步"按钮，如图 5-23 所示。

（3）选择窗体的布局为"表格"，单击"下一步"按钮。

（4）设置窗体的标题为"课程"，这里有另外两个选项，默认选项是"预览报表"，也可

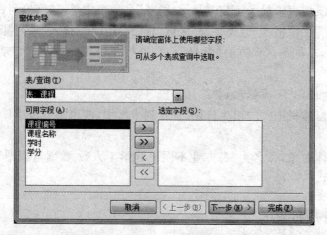

图 5-22　使用向导创建窗体的第一个界面——选择数据源和字段

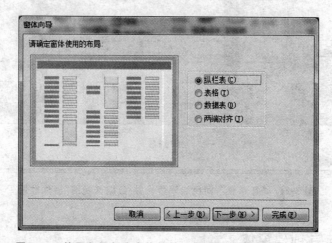

图 5-23　使用向导创建窗体的第二个界面——选择窗体布局

以选择"修改报表设计"进入设计视图对该窗体进行修改；单击"完成"按钮。

【例 5-8】　使用向导创建系部-教师表主/子窗体。

操作步骤如下：

（1）打开数据库，单击"创建"选项卡，在"窗体"命令组中，单击"窗体向导"命令，启动窗体向导。

（2）在"表/查询"下拉列表框中选择"系部"表作为数据源，该表中的字段显示在"可用字段"列表框内，选择"系部编号""系部名称"，将它们添加到选定字段列表框内，选择"教师"表，将"教师编号""姓名""性别"添加到"选定字段"列表框内，单击"下一步"按钮。

（3）选择"通过 系部"，确定以系部为主表，选中"带有子窗体的窗体"单选按钮，如图 5-24 所示，单击"下一步"按钮。注意，如果选择了"一对多"关系中"多"的一方作为主表则不能生成"主/子窗体"，只能生成一个窗体，在本例中"多"的一方为选择"通过教师"。

（4）选择子窗体的布局方式为"表格"，单击"下一步"按钮。

（5）分别为主窗体和子窗体指定标题，单击"完成"按钮，效果如图 5-25 所示。

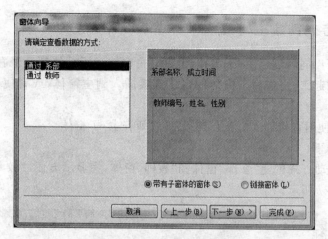

图 5-24 选择数据查看方式

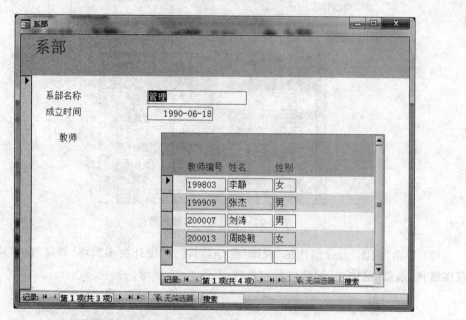

图 5-25 系部教师主/子窗体

使用向导创建主/子窗体的前提是两个表事先需建立一对多关系,否则会出现图 5-26 所示的错误。

图 5-26 未建立关系的两个表建立主/子窗体

5.2.8　其他方式创建主/子窗体

使用向导可以同时创建主/子窗体,但有时主窗体和子窗体都已经存在了,此时只需将两个窗体关联起来,将作为子窗体的窗体直接插入到主窗体,或者使用子窗体控件来完成。

【例 5-9】　使用直接插入方法创建系部-教师表主/子窗体。

操作步骤如下:

(1) 使用自动方式创建"系部"窗体和"教师"窗体,为显示方便,"教师"窗体只选择部分字段,如图 5-27 所示。

图 5-27　系部窗体与教师窗体

(2) 单击"视图"命令组中的"视图"命令,切换到"设计视图",将"教师"窗体从导航栏直接拖到"系部"窗体中,调整位置和外观,如图 5-28 所示。

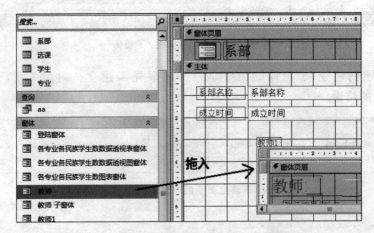

图 5-28　系部窗体与教师窗体建立主/子窗体

【例 5-10】 使用"子窗体/子报表控件"创建系部-教师表主/子窗体。

操作步骤如下：

（1）使用自动方式创建"系部"窗体和"教师"窗体，为显示方便，"教师"窗体只选择部分字段。

（2）单击"视图"命令组中的"视图"命令，切换到"设计视图"，在"窗体设计"选项卡中选择"设计"标签，将窗体控件中的"子窗体/子报表控件"添加到系部窗体中，同时选中"使用控件向导"。

图 5-29 列出了展开的"子窗体/子报表控件"列表框内的所有图标。

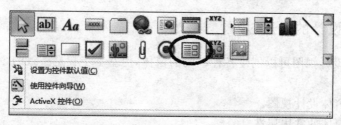

图 5-29 窗体"子窗体/子报表控件"

（3）在"子窗体向导"中选中"使用现有的窗体"单选按钮，在图 5-30 所示的列表框中选择"教师"窗体，单击"下一步"按钮。

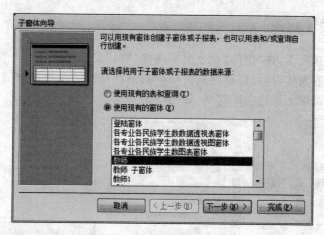

图 5-30 "子窗体向导"对话框

（4）设置子窗体标题，完成设计。

注意：如果在步骤（2）中没有选择"使用控件向导"，则控件向导不会自动打开，需要在属性窗口中修改子窗体的数据源，具体方法将在 5.3 节中介绍。

5.3 窗体设计

自动创建窗体的方式虽然能够快速地创建窗体，但是所创建的窗体一般都是一些有着固定布局、模式和功能的简单窗体，而且只能对数据库中的数据进行处理。当用户需要修改已有窗体,创建特殊需求的窗体,进行复杂的数据处理,或者希望创建个性化的窗体时,则需要在窗体设计视图中完成。在窗体设计视图中,用户可以完全控制窗体的布局和外观,设置窗体和控件的格式,还可以添加更多的功能。

5.3.1　引例

用户希望设计符合自己习惯的窗体操作界面,例如更改窗体的背景颜色,采用更方便的操作控件,在操作界面中加入对表中数据的统计与分析等,此时使用自动方式创建的窗体无法满足用户需求,需要在窗体设计视图中完成。

5.3.2　窗体设计的一般过程

使用窗体设计视图可以创建各种不同的窗体,但基本步骤是一致的,一般包含以下5个基本步骤。

(1) 打开窗体设计视图。
(2) 确定窗体的常用属性。
(3) 在设计视图中添加控件。
(4) 设置窗体或控件的属性、事件和布局。
(5) 运行并保存窗体。

5.3.3　窗体设计视图

单击"创建"选项卡,在"窗体"命令组中选择"窗体设计"命令,打开窗体设计视图;当用户需要修改现有窗体时,可以在导航窗格中右击要修改的窗体,选择打开窗体的视图,或在视图打开的情况下进行视图切换,如图5-31所示。

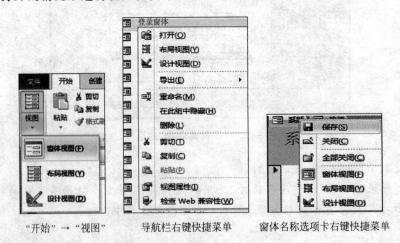

"开始" → "视图"　　导航栏右键快捷菜单　　窗体名称选项卡右键快捷菜单

图 5-31　窗体视图切换的 3 种常见方式

在窗体设计视图中可以查看到窗体的 5 个组成部分,包括窗体页眉、页面页眉、主体、页面页脚和窗体页脚,每个部分被称为一个"节",选中任意节的下边线,可以改变每个节的大小。

　　默认情况下,视图中只显示一个"主体"节,其他 4 个节不显示,在窗体视图中右击,
打开图 5-32 所示的快捷菜单,选择"页面页眉/页脚"或者"窗
体页眉/页脚"命令,可以设置各节的显示和隐藏操作。

　　在窗体运行和打印时,各节的功能和显示各不相同。

1. 窗体页眉节

　　窗体页眉位于窗体的顶部,用于显示窗体的名称、提示信
息或放置控制命令按钮等。在打印窗体时,只在第一页的开
始打印一次。

图 5-32　显示和隐藏主体
　　　　　以外的四个节

2. 页面页眉节

　　页面页眉只在窗体打印时才会出现,在窗体运行时不会
出现,打印时显示在每一页上方,而且每页仅出现一次。

3. 主体节

　　主体是显示数据、操作数据和进行程序控制的基本区域,每个窗体都必须有一个主
体节,同时主体也是窗体在设计视图中默认显示的节。

4. 页面页脚节

　　页面页脚在窗体运行时不会出现,只有在窗体打印时才会出现在每一页的下方,而
且每页仅出现一次,通常显示页码、日期等信息。

5. 窗体页脚

　　通常用来对主体节上的记录进行计数或者进行各种数据统计,其他与窗体页眉基本
相同。

5.3.4　属性表及窗体常用属性

　　属性决定了对象的结构、外观及与之相关联的数据等,这里所说的对象包括窗体和
窗体中的控件,在窗体设计视图"窗体设计工具"选项卡的"设计"标签中,单击"属性表"
命令可以显示和隐藏属性表,如图 5-33 所示;也可以在窗体设计视图中通过右键快捷菜
单来完成上述操作。

图 5-33　属性表的显示与隐藏

属性表是设置窗体和控件对象的工具，主要由 3 个部分组成，如图 5-34 所示。

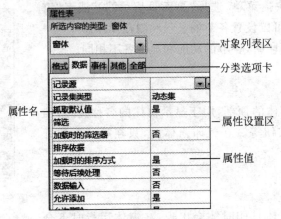

图 5-34　属性表的组成

1. 对象列表区

对象列表区用于显示或选定当前操作对象。

2. 分类选项卡

Access 2010 将一个对象的所有属性分为 4 个类型，单击任一分类选项卡都可以看到该分类的所有属性，如果不能确定要设置的属性分类，可以在"全部"选项卡中查找该属性。

属性选项卡分类及作用如表 5-2 所示。

表 5-2　属性分类

格式	对象标题、位置、大小、颜色、边框等显示信息
数据	对象数据来源及数据操作方式等
事件	设置对象响应特定事件时的动作，例如双击，单击，更新后等
其他	与以上三条无关的属性，例如名称、提示信息等

3. 属性设置区

属性的设置在属性设置区内完成，属性设置区的左侧为属性名，在属性表中选中一个属性名后，该属性的说明出现在状态栏上，用户可以根据属性说明确定属性的作用及如何设置属性值。

窗体有许多属性，下面选择其中最常用的部分属性进行简单的介绍。

1）常用格式属性

（1）标题属性确定了窗体标题栏中显示的文字。

（2）默认视图指定窗体的显示样式，包括单个窗体、连续窗体、数据表、数据透视表、数据透视图、分割窗体 6 种视图。

（3）记录选定器指定窗体左侧是否有记录选定器。

（4）自动居中指定窗体在运行时是否放在屏幕的中间。

（5）边框样式指定边框的样式，例如边框线是否透明等。

（6）最大最小化按钮指定窗体上是否有最大最小化按钮。

2）常用数据属性

（1）记录源指定窗体所基于的表、查询或 SQL 语句，为窗体显示、操作数据便捷提供数据来源。

（2）输入掩码属性用于设定控件的输入格式。

（3）默认值属性用于设定一个非绑定控件默认的值。

（4）允许编辑、允许添加、允许删除指定在窗体中能否对数据源中的记录进行修改、添加和删除操作。

5.3.5　在窗体中添加控件

在窗体设计视图下，单击"窗体设计工具"中的"设计"标签，在工具栏上出现的最大的命令组就是"控件"命令组。

默认状态下该命令组处于折叠状态，仅显示第一行命令，单击列表框下边的下三角按钮可以展开控件命令组，显示所有的命令图标，如图 5-35 所示。

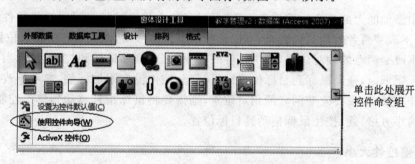

图 5-35　展开的控件命令组

在控件下方，选择"使用控件向导"命令，确保控件向导处于可用状态，然后按以下步骤完成控件的添加。

（1）选择需要的控件。

（2）将鼠标移动到窗体中，当鼠标指针变为带"＋"的形状时，在合适的位置，按下鼠标左键拖动，可以添加一个控件。

（3）如果已启用了控件向导，则控件添加后释放鼠标时会弹出相应的控件设置向导，使用向导可对添加的控件进行简单的设置。

（4）若一个控件已经存在，选中控件，右击，在快捷菜单中选择"更改为"命令，可以根据需要更换控件类型。

（5）选中要删除的控件，在右键快捷菜单中选择删除或者直接按下键盘上的 Del 键，可以删除该控件。

（6）通过属性表设置控件的属性。

5.3.6　调整窗体及窗体控件的布局

控件属性设置完成后，通过对控件的大小、位置、对齐方式等布局选项的调整，可以获得最佳的外观效果。

1．选择控件

图形化操作一般要求先选中后操作，选定对象是其他操作的基础，对象选定操作如表 5-3 所示。

表 5-3　控件选定操作

控件操作	操作说明
选择单一控件	在控件上单击
选择多个控件	鼠标圈选或者按住 Shift 键逐个单击或者圈选对象
选择所有控件	Ctrl＋A

2．移动控件

窗体中添加的大部分控件都带有一个附加标签，在移动控件时可以选择控件和标签一起移动，不改变两者的相对位置，也可以选择单个控件移动，改变两者的相对位置。

如果不改变两者的相对位置，选中控件的任一部分，移动鼠标到控件边沿，当鼠标指针变为双十字形时，拖动鼠标到目标位置即可，部分控件没有附加标签，参考不改变相对位置的操作方式；如果要改变两者的相对位置，则需要将鼠标指针移动到移动控制柄（控件左上角的小方格）处，按住鼠标拖动到目标位置。

3．调整控件大小

精确调整控件大小可以通过属性表中设置控件的格式属性来完成，如果对控件大小的要求不那么精确，也可以通过鼠标完成。

选中目标控件，将鼠标移动到控件的左边沿或下边沿，当鼠标指针变成双向箭头时，拖动鼠标可以调整控件的大小；如果选择多个控件，则所有控件将等比例改变大小。

如果需要统一调整多个控件的相对大小，则先选中所有控件，打开右键快捷菜单，或在"排列"标签中选择"调整大小和排序"命令组中的"大小/空格"命令，在其下拉列表框中选择相应命令进行调整，如图 5-36 所示。

该下拉列表框中包含多个选项，其中"至最高""至最短""至最宽"和"至最窄"4 个选项分别使所有控件与其中最高、最矮、最宽和最窄的控件保持一致。

4．调整控件间距和控件对齐

选中要调整间距的控件，打开快捷菜单或在"排列"标签中选择"调整大小和排序"命

图 5-36 窗体设计工具选项卡中的"排列"标签

令组中的"大小/空格"命令,在其下拉列表框中选择相应命令进行调整。

与控件间距相关的命令包括"水平相等""水平增加"和"水平减少"3 个水平间距设置,"垂直相等""垂直增加"和"垂直减少"3 个垂直间距设置,图 5-37 显示了两个命令按钮"水平相等"的处理效果。

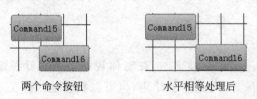

图 5-37 两个按钮的水平处理效果

选中多个控件,打开快捷菜单或在"排列"标签中选择"调整大小和排序"命令组中的"对齐"命令,在其下拉列表框中列出了控件对齐操作命令,包括靠左、靠右、靠上和靠下等对齐方式,可以调整所有选中的控件以左侧基线、右侧基线、上方基线、下方基线为标准对齐。

5. 快速布局

选中多个控件,打开快捷菜单或在"排列"标签的"表"命令组中单击"表格"或"堆积"命令,可以实现快速布局,具体效果图如图 5-38 所示。

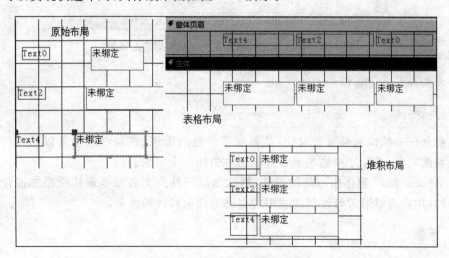

图 5-38 表格/堆积布局效果图

布局完成后切换到窗体视图,可以查看窗体运行的效果,如果用户对窗体设计效果不满意,可以重新切换到设计视图进行修改,修改满意后保存设计好的窗体,窗体设计完成。

5.4 窗体控件及控件属性

控件是包含在窗体中的对象,窗体的各种功能都是通过控件来实现的,实际上所谓的窗体设计,除了对窗体本身的属性进行设置以外,更重要的是控件的设计。

Access 2010 包含了 24 种控件,不同控件的外观、重要属性和适用的操作都有很大的区别,本节重点介绍常用控件及其属性,对于非常用控件只做简略介绍。

5.4.1 标签

标签(Lable) **Aa** 是不可编辑性文本,在窗体视图下用鼠标和键盘无法编辑,主要用于在窗体中显示说明性文本,可以单独使用,也可以和其他控件关联,对其他控件进行解释说明。如图 5-39 所示。

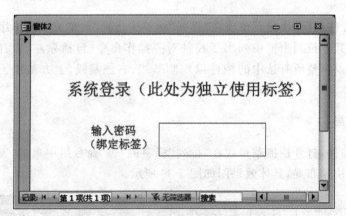

图 5-39   独立使用的标签及与文本框绑定的标签

标签的重要属性包括如下几种。

1. 名称

名称是任一控件的最重要属性,是控件唯一性的标识,在属性表中可以通过控件名称切换当前对象,在程序中也是通过对象名称引用一个对象。

在 Access 2010 窗体中添加的控件,默认是以控件英文名加本窗体所添加控件的序号命名的,用户可以通过修改属性表中的名称属性值修改控件名。

2. 标题

标题属性决定了在标签上所显示文本的内容,用户可以通过属性表中的标题属性完成设置,也可以在添加标签时直接将标签要显示的文本输入到标签中。

3. 背景样式和边框样式属性

背景样式和边框样式属性决定了标签背景是否透明以及标签边框的线形。

4. 其他属性

其他属性包括背景/前景色、高度、宽度、文本名称(字体)、字号、文本对齐方式、是否可见等。

【**例 5-11**】 设置独立标签和关联标签,完成图 5-39 所示的窗体。

操作步骤如下:

(1)创建一个"窗体设计",打开"窗体设计视图"。

(2)在"控件"命令组中选择"标签"控件,添加到窗体中,直接输入"系统登录"。

(3)选择"文本框"控件,将之添加到窗体中,单击窗体上文本框控件左侧的标签,只选中标签将它删除。

(4)添加第二个标签,在属性表中将其标题属性设置为"请输入密码"。

(5)复制(或者剪切)第二个标签,选中文本框,粘贴,此时在第二个标签上出现黑色方块"移动空值柄",拖动文本框,可以看到标签一起移动,关联完成,如图 5-40 所示。

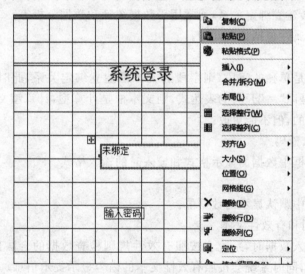

图 5-40 将标签关联到其他控件上

(6)保存窗体,切换到窗体视图,运行效果如图 5-39 所示。

5.4.2 文本框

文本框(Text)**ab** 是窗体最常用的控件,主要用来实现与用户的数据交互,方便用户查看、输入和修改数据,窗体运行时文本框里的文本是可以通过鼠标和键盘来实现编辑的,复制、粘贴、覆盖、删除等操作在文本框中均可实现。

按数据的来源不同,文本框可以分为以下三种。

1. 绑定型文本框

绑定型文本框以数据库表中的字段为数据源,两者建立绑定关系,一方数据发生变化,另外一方也会跟着变化(有时需要刷新),所以绑定型文本框通常用于对数据库中数据的操作。例如本章第三节中快速创建的窗体中的文本框都属于绑定型,用来操作数据库中的数据。

设置一个文本框为绑定型一般有两种方法:一是先添加文本框,然后设置文本框的数据源为表中的字段;二是单击"工具"命令组中的"添加现有字段"命令,在弹出的"字段列表"中找到合适的字段,直接拖入到窗体中。这两种方法都需要先指定窗体的记录源。

2. 非绑定型文本框

非绑定型文本框不与数据库表中的数据建立绑定关系,所以通常不用来操作数据库中的数据,而是用来接收用户输入的数据。例如例 5-11 中输入密码的文本框。

3. 计算型文本框

计算型文本框中的数据是通过一个计算公式得到的,即便数据库表中的字段参与了公式的构建,也不会建立绑定关系,通常用于数据统计和数据分析等。

文本框的重要属性包括如下几种。

1)控件来源

如果控件来源是单独的字段,则字段和文本框建立绑定关系,此时的文本框是绑定型;如果数据来源是以"="开头的表达式,则文本框是计算型,计算型文本框内的值是根据表达式动态更新的,但不能更改。

2)格式和输入掩码

分别设置文本框中数据的显示格式和输入时的输入格式。

3)默认值

指定在文本框中默认显示的数据值。

4)有效性规则和有效性文本

在文本框中输入数据时,系统会按照有效性规则检查数据的合法性,违反有效性规则的数据不被接受,同时系统会按照有效性文本的内容显示提示信息。

5)可用

可用属性决定了文本框是否接受键盘和鼠标的操作,即是否可以获得焦点。用于显示结果的文本框可以将可用属性设置为"否",从而避免不必要的修改。

6)是否锁定

被锁定的文本框可以获得焦点,但不能修改或删除文本框内的数据。

【例 5-12】　利用文本框控件,设计教师信息窗体。

操作步骤如下:

(1) 使用"窗体设计"创建一个空的窗体,显示"窗体页眉/页脚",调整主体区的高度至仅能容纳一个文本框。

（2）在主体中添加两个文本框，在第一个文本框的关联标签内输入教师编号，在第二个文本框的关联标签内输入教师姓名。

（3）在属性表名称框内选择"窗体"，设置窗体的记录源为"教师"表，设置窗体默认视图为"多个窗体"，单击"工具"命令组中的"添加现有字段"命令，将"系部名称"字段拖动到窗体的主体区。

（4）设置第一个文本框的数据来源为"教师编号"，第二个文本框的数据来源为"教师姓名"。

（5）调整 3 个文本框的大小和对齐，同时选中 3 个文本框，在快捷菜单中选择"布局"→"表格"命令，文本框的附加标签自动移动到窗体页眉区，并与文本框垂直对齐。

（6）在窗体页脚区添加一个文本框，修改其关联标签标题为"教师人数"，设置文本框的数据来源属性为"＝Count（教师编号）"，也可以直接在文本框内输入上述公式，如图 5-41 所示。

图 5-41　教师信息窗体设计

（7）切换到窗体视图，如图 5-42 所示，将李静老师的系部由"管理"改为"管理系"，当试图修改教师人数时，发现无法修改，在状态栏可以查看无法修改的原因；打开教师表，可以看到李静老师的系部名称已经被修改，将数据恢复到原始状态，返回并保存窗体。

在本例题中 4 个文本框都带有关联标签，选中这些标签可以移动和删除它们，但是如果要将一个关联标签移动到窗体的另外一个节，使用鼠标直接拖动是无法实现的，此时需要使用"剪切"→"粘贴"的方法。

5.4.3　命令按钮

命令按钮（Command）▨▨▨在窗体中主要用于程序的控制、事件的触发等特定操作，Access 2010 为命令按钮内置了近三十种功能，除此之外，使用"宏"和 VBA 可以实现更多的操作和控制。

插入命令按钮释放鼠标时会弹出"命令按钮向导"对话框，在该对话框中设置命令按钮的功能，可以自动生成命令按钮。

【例 5-13】为"学生-纵栏"窗体添加按钮导航。

操作步骤如下：

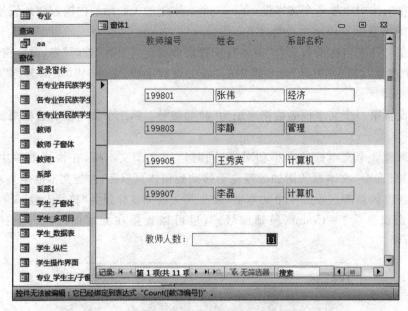

图 5-42　教师情况窗体运行效果

（1）打开"学生-纵栏"窗体，切换到设计视图。

（2）在窗体空白处添加一个命令按钮，添加前要确保图 5-43 所标出的"使用控件向导"选项处于选中状态，此时按钮添加后会自动弹出图 5-44 所示的"命令按钮向导"对话框。

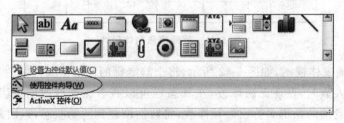

图 5-43　确保"使用控件向导"处于选中状态

图 5-44　命令按钮向导

（3）在"类别"列表框中选择"记录导航"，在"操作"列表框中列出了所有相关的操作，选择"转至下一项记录"，单击"下一步"按钮。

（4）在图 5-45 所示的对话框中，选择在命令按钮上显示文本还是图片，如果要显示文本，则在右侧的文本框中直接输入；如果要显示图片，则在列表框中选择；如果对默认图片不满意，可以单击"浏览"按钮，按提示完成图片的添加；本例选择文本，并在"文本"文本框内输入"下一项记录"，单击"下一步"按钮。

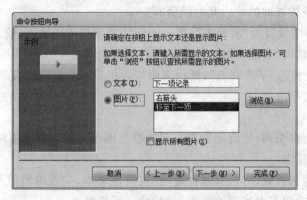

图 5-45　设置命令按钮标题

（5）为按钮设置"控件名"属性值，单击"完成"按钮。

（6）重复以上过程，分别添加"上一项""第一项"和"最后一项"3 个按钮，切换到窗体视图。

（7）分别单击添加的 4 个按钮，验证导航效果，确认无误后保存窗体。

使用"命令按钮向导"的"类别"列表框，可以设置按钮的其他功能，这些功能包括记录的删除和修改，窗体和报表的打开关闭操作，设置过程和记录导航基本类似。

命令按钮的格式属性与标签和文本框的格式属性基本相同，由于命令按钮不参与数据处理，所以其数据属性只有一个——是否可用，设置为否时，按钮无法点击。

5.4.4　列表框和组合框

与文本框一样，列表框（List） 和组合框（Combo） 也是用于显示和编辑数据的窗体对象，但是与文本框只能提供一个数据的操作不同，列表框和组合框提供的是一组值。组合框和列表框可以显示一组值或者从一组现有的值中选择一个值完成数据的编辑。

列表框显示的是一个列表，总是显示多条数据，当数据太多一页无法全部显示时，列表框中会自动生成垂直滚动条显示更多的数据；组合框默认情况下只显示一条数据，单击下三角按钮才显示全部数据，此外组合框可以看作是列表框和文本框的结合体，除了选择数据外还可以输入数据。

1. 列表框重要属性

1）列数

列数属性决定了列表框中数据的列数；默认情况下，该属性值为 1，即默认只显示一列数据。

2）控件来源

控件来源属性指定和列表框建立关联的表或者查询中的字段。

3）行来源类型/行来源

这两个属性分别指定了列表框的行来源类型和行来源。

（1）行来源类型设置为"表/查询"，则行来源应指定为某个表或查询，列表框将根据指定的列数显示表或查询的前边几列的所有记录行。

（2）行来源类型设置为"值列表"，则行来源需要用户手动输入，输入时各行取值用逗号隔开，例如可以输入"汉族,壮族,苗族……"，则在列表框中，每行显示一个民族。

（3）行来源设置为"字段列表"，则行来源需要指定一个表或者查询，列表框中将显示该表或查询的所有字段名。

4）绑定列

如果列表框有多个列，则绑定列指定列表框与哪个列的字段值相对应。

5）其他常用属性

其他常用属性包括默认值、有效性规则、有效性文本、是否编辑值列表、可用、是否锁定等，这些属性的设置与上述属性设置类似，此处不再赘述。

【例 5-14】　列表框绑定列的取值。

操作步骤如下：

（1）创建一个窗体设计，在窗体设计视图中加入一个列表框控件和一个文本框控件，修改列表框关联标签标题为"源"，修改列数属性为 3，修改行来源类型为"表/查询"，行来源为"专业"表，绑定列不做调整，保持默认值 1，如图 5-46 所示。

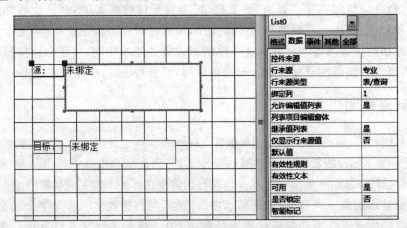

图 5-46　设置列表框行来源和行来源类型

（2）修改文本框的关联标签标题属性为"目标"，修改文本框数据来源，输入"=list0"，切换到窗体视图，在列表框中选择不同的行，可以看到文本框与列表框中第一列的值保持相同，如图 5-47 所示。

（3）切换到设计视图，修改列表框的绑定列为 2，重新切换到窗体视图，在列表框中选择不同的行，可以看到此时文本框与列表框中第二列的值保持相同，如图 5-48 所示。

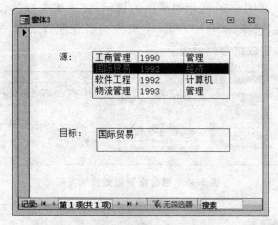

图 5-47　列表框绑定列的值为第一列

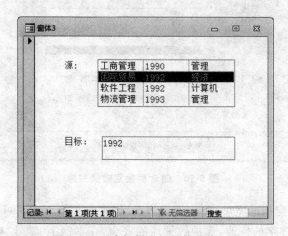

图 5-48　列表框绑定列的值为第二列

2. 组合框重要属性

组合框与列表框的属性基本相同,用法也基本相同,只是因为组合框可以看作文本框和列表框的组合,所以多了一个"限于列表"属性,该属性用于指定在文本框中输入的数据是否必须是列表框内已经存在的值,如果设置为"是",则输入的数据必须是出现在列表框内的值,即无法输入新值;如果设置为"否",则用户可以输入新的值,该值会自动添加到列表部分。

【例 5-15】　利用组合框和列表框创建一个根据学生姓名查询科目成绩的"学生-成绩查询窗体"。

操作步骤如下:

(1) 创建一个包含学号、姓名、课程名称、成绩的查询,保存为"姓名-成绩"查询。

(2) 创建一个窗体设计,在窗体设计视图中加入一个组合框控件,在添加组合框控件前先确保"使用控件向导"处于打开状态。

（3）按照图 5-49 和图 5-50 所示对话框的提示，完成组合框的设置，选择"表：学生"作为组合框的数据源，选择"学号""姓名"字段作为组合框行来源，指定"学号"为排序依据，指定组合框标题，完成组合框设置。

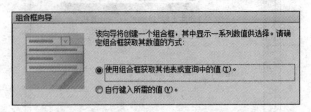

图 5-49　组合框获取数值的方式

图 5-50　组合框指定数据来源

在图 5-51 中指定列的宽度，列表框上方的"隐藏键值列"命令，可以将表关键字隐藏，以避免误操作对关键字的修改，保护数据库的安全，在本例中"学号"被隐藏。

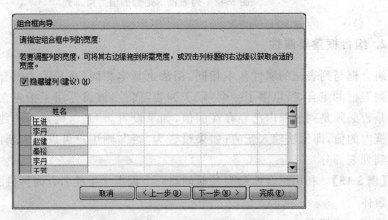

图 5-51　组合框各列格式设置

（4）在窗体中添加一个列表框，取消向导设置，不使用向导。

（5）设置列表框的关联标签标题为"成绩"，名字为 list0，列数为 2，绑定列为 2，行来源类型为"表/查询"，行来源为"select 课程编号，成绩 from 学生-成绩 where 姓名＝

combo0"。

（6）在组合框的"事件"选项卡中，选择"更改"事件，单击右侧的对话框标志，打开对话框，选择其中的"代码生成器"选项，如图 5-52 所示。

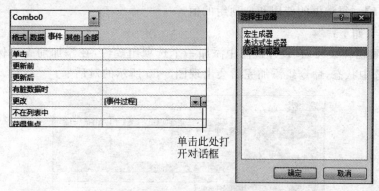

图 5-52 组合框更改事件设置

（7）在事件代码编辑器中，输入 Me.list0.Requery，如图 5-53 所示，关闭代码编辑页面（关于代码编辑的详细情况将在第 8 章中介绍）。

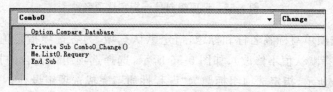

图 5-53 组合框更改事件代码

（8）切换到窗体视图，单击列表框中学生的姓名，查看其所选成绩的变化，保存窗体，如图 5-54 所示。

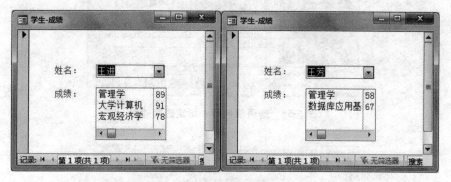

图 5-54 "姓名-成绩"窗体运行效果图

5.4.5 命令组控件及所包含控件

命令组（Frame）是一个容器控件，可以在里边包含其他的对象，例如选项按钮（Option）、复选框（Check）和切换按钮（Toggle）等，但一般情况下包含的是选项按钮。

在选项组中可以包含多个选项,但只能选中一个选项。无论被选中选项的标题是什么,选项组的值都只能是整数数字型,默认是选项序号,也可以自行输入值。

使用控件向导可以方便地创建命令组控件。

【例5-16】 复选框的使用和选项组的值。

操作步骤如下:

(1)创建窗体设计,在设计视图中添加一个选项组控件,在添加前先确保"使用控件向导"处于选中状态,命令组添加完后会出现图5-55所示的对话框;

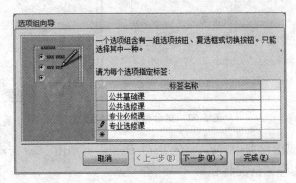

图5-55　选项组向导—指定选项名称

(2)为各选项填写标签名称和标题,指定默认选项,为各选项指定值(该值只能是数值型,本例中选择默认值不修改),如图5-56所示,选择选项组内包含的控件类型和显示风格,如图5-57所示,指定选项组标题为"课程性质",完成选项组设计;

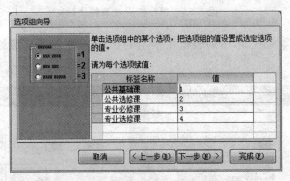

图5-56　选项组向导—指定选项的值

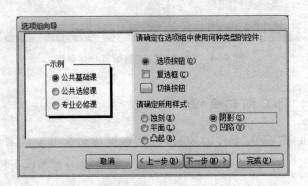

（3）修改选项组的名称为 frame0，在窗体中插入一个文本框控件，设置关联标签标题为"选项组的值是："，设置数据来源为"=frame0"；

（4）切换到窗体视图，在选项组中选择不同的选项，在文本框中查看选项组的值，如图 5-58 所示。

如果在选项组中存放的是复选框，同样只能选择其中的一项，但如果复选框直接放在窗体中，则可以实现多选，被选中的复选框内有一个对号；再次单击复选框，对号消失，取消选中状态。

切换按钮主要用于"开/关"选择，单击切换按钮，按钮背景呈现深色，标题文本以白色显示，表示某事件"开"；再次单击该按钮，则恢复正常显示状态，表示某事件"关"。

图 5-58　复选框的值

5.4.6　选项卡控件和其他控件

选项卡控件(Option Group)□是一个包含多个页(page)的控件，每个页面都可以作为一个独立的窗体单独设计，也可以把已有的窗体从数据库导航栏直接拖入页面中。

在窗体中插入的选项卡控件默认只有两个页，右击选项卡控件，打开快捷菜单，选择"插入页"命令。可以插入新的页，每个页可以独立地设置标题。

除了以上介绍的常用控件外，窗体控件还包括图像、绑定对象、未绑定对象，图表、附件等控件，这些控件使用频率低，设置也比较简单，在此不再一一介绍。

5.4.7　窗体和窗体控件的事件

无论是窗体还是窗体中的控件，都可以感知外界施加的某些动作，并做出响应，例如例 5-11 中的"下一条记录"按钮，它能够感知鼠标单击的动作，并做出响应，把源数据表当前记录向下移动了一条。

这些窗体或控件可以识别和响应的行为被称为事件，在 Access 2010 中，每个对象可以识别和响应一个或者多个事件，这些响应使数据动态显示、修改和程序控制成为可能。

对象响应事件的方法有 3 种，分别是宏、VBA 代码和表达式，分别在第 7 章和第 8 章中介绍。

5.5　导航窗体、窗体查询和窗体操作

用户可以使用窗体方便地对数据库中的表进行查、删、增、改等操作，也可以用于程序流程的控制以及为程序提供输入。本节将介绍包括导航窗体、窗体查询和窗体操作在

内的最常用的 3 种窗体应用。

5.5.1　引例

用户希望从一个窗体操作界面控制所有的数据库对象，而不是从导航窗格中进行，此时可以使用导航窗体来满足用户需求。

有时候用户需要为某个查询或者其他操作对象输入临时数据，此时可以使用窗体查询来满足用户需求。

有时候用户希望通过窗体直接操作数据，而不是先打开表或者查询，再进行各种操作。

5.5.2　创建导航窗体

一般情况下，Access 2010 数据库是发布到 Web 上使用的，在 Web 上使用数据库时，数据库导航窗格并不显示，要操作的对象，包括窗体、查询、表和报表均无法从导航窗格打开，此时需要创建一个导航窗体来实现各对象的操作和控制。此外使用导航窗体可以使系统界面更友好更美观，更符合一般用户的操作习惯。

在"创建"选项卡中选择"窗体工具"组的"导航"下拉列表框，单击"窗体导航栏"风格，打开导航窗体的设计界面，将导航栏与窗体结合在一起，在窗体运行时单击导航栏可以打开对应的窗体。

有两种方法可以将导航栏与窗体结合在一起：一种方法是把窗体从数据库导航栏拖动到窗体导航栏；另一种方法是选中窗体导航标题，设置其"导航目标名称"属性值。

【例 5-17】　创建教学管理数据库的导航窗体。

操作步骤如下：

（1）创建一个名为"查询操作"的窗体，在窗体中添加若干个命令按钮，每个命令按钮在控件导航中设置为"杂项""运行查询"，如图 5-59 所示，在列表框中选择要运行的查询，该窗体创建完成后可以通过这些控制按钮打开需要的所有查询。

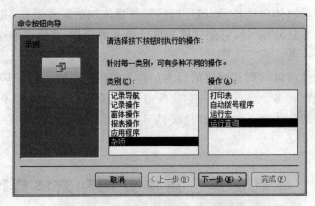

图 5-59　"查询操作"窗体的命令按钮向导

（2）使用类似的方法创建"窗体操作"窗体和"报表操作"窗体，将所有要打开的窗体和报表的打开操作归入这两个窗体中。

（3）单击"创建"按钮，在"窗体"命令组中，单击"导航"，选择第二种导航风格，创建导航窗体，如图5-60所示。

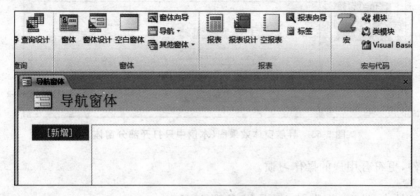

图 5-60 导航窗体设计界面

（4）单击窗体导航区域的"新增"，在其中输入"打开查询"，在属性表中设置"导航目标名称"的属性值为"查询操作"窗体，如图5-61所示。

图 5-61 设置导航目标名称

（5）把"打开窗体""打开报表"窗体从数据库导航栏直接拖到窗体导航栏，如图5-62所示。

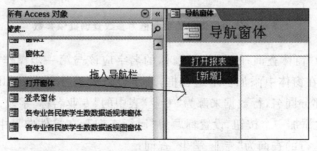

图 5-62 将窗体从数据库导航栏拖入窗体导航栏

（6）设置窗体的弹出方式为"是"，切换到窗体视图，可以通过导航栏和控制按钮打开需要的对象，效果图如图5-63所示。

使用导航窗体，可以将整个数据库中的对象集中管理，把整个数据库系统设计成一

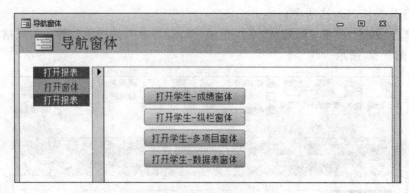

图 5-63   导航窗体效果图(本例中只打开部分窗体)

个应用软件,更符合用户的操作习惯。

5.5.3   窗体控件为参数查询提供参数输入

参数查询可以在参数输入对话框中输入查询参数,根据具体的参数值生成查询结果,使查询具有了通用性,但参数查询运行界面不够方便和友好。在窗体中可以将参数输入对话框隐藏,使用窗体控件为查询提供参数,并将查询结果显示在窗体中,使查询操作更加方便和友好。

【**例 5-18**】   使用窗体控件为参数查询提供参数。

操作步骤如下:

(1) 创建一个参数查询,根据专业名称查询该专业的学生信息,在条件区域输入"[Forms]![窗体查询]![combo1]",保存为"专业-学生"查询,如图 5-64 所示;

字段:	学号	姓名	性别	专业名称
表:	学生	学生	学生	学生
排序:				
显示:	☑	☑	☑	☑
条件:				[Forms]![窗体查询]![combo1]
或:				

图 5-64   使用窗体中的组合框为参数查询提供参数

(2) 创建名为"窗体查询"的窗体,此窗体的名字应该与第一步操作中查询条件区域中窗体名称一致,在窗体中添加一个组合框,该组合框的控件名为 combo1,此处与查询条件区域中控件部分同名,行数据来源为"专业"表中的"专业名称"字段;

(3) 在窗体上添加一个按钮,设置标题为"运行查询",在控件向导中选择"杂项""运行查询",选择要运行的查询为"专业-学生"查询;

(4) 保存并切换到窗体视图,在组合框里选择不同的专业,单击"运行查询"按钮,查看运行效果;

(5) 切换到设计视图,在窗体中添加一个列表框,在向导中将行数据来源设置为"专业-学生"查询的 3 个字段;

（6）切换到窗体视图，如图 5-65 所示。在组合框中选择不同的专业，但列表框中的数据并不会做相应的改变；

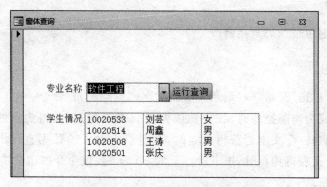

图 5-65　使用列表框显示查询结果

（7）选择"开始"选项卡"记录"命令组中的"全部刷新"命令，在其下拉列框中单击"全部刷新"命令，该命令用于刷新窗体中的数据，此时列表框中的数据随组合框中数据的变化做相应的调整。按下功能键 F5 也可以刷新列表框。

在本例题中，每次改变组合框的值，都需要手动刷新窗体，操作很不方便，如果希望列表框中数据自动更新，则需要使用宏或者 VBA 的相关知识。

5.5.4　窗体操作

在窗体运行时，窗体操作一般都是通过操作窗体控件来完成的，例如单击按钮、选择组合框中的选项、在文本框中输入值等。

对于带有导航栏的数据操作窗体，可以使用导航栏完成记录查找、添加、修改和删除等操作，窗体导航栏的操作如图 5-66 所示。

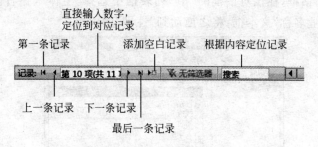

图 5-66　窗体导航栏及其操作

1. 查找记录

在窗体中查找记录可以通过窗体导航栏实现。

2. 添加数据

单击导航栏添加空白记录，在最后一条记录后添加一条新记录，然后在新记录中填写内容。

3. 修改数据

使用导航栏定位记录后直接修改。

4. 删除记录

先定位记录,单击"开始"→"记录"→"删除"→"删除记录"命令。

当一个控件成为当前控件时,我们称该控件获得了焦点,获得焦点的控件直接接受键盘的输入,例如当一个文本框获得焦点时,在键盘上输入的数据直接出现在该文本框中;当一个命令按钮获得焦点时,按下键盘上的 Enter 键,该命令按钮被按下,相当于使用鼠标单击了该按钮。

在窗体视图下,按下键盘上的 Tab 键,可以快速切换当前控件,然后使用键盘对这些控件进行操作。默认情况下控件切换的顺序与控件添加的顺序是相同的,如果用户希望改变切换顺序,可以在设计视图下通过控件的"Tab 键索引"属性指定当前控件的 Tab 序号,Tab 序号从 0 开始,编号越小,越早获得焦点;也可以单击"窗体设计工具"选项卡下的"设计"标签,在"工具"命令组中,单击"Tab 键次序"命令,打开"Tab 次序"对话框,选中控件,上下拖动改变其 Tab 键次序。

【例 5-19】 修改"学生-纵栏"窗体中的 Tab 顺序。

操作步骤如下:

(1) 打开"学生-纵栏"窗体,切换到窗体视图,按下 Tab 键,观察焦点的变化;

(2) 切换到设计视图(或布局视图),选中"出生日期"文本框,修改其"Tab 键索引"属性值为 0(该控件在窗体运行时自动获得焦点),选择"民族"文本框,"Tab 键索引"属性值为 1;

(3) 单击"窗体设计工具"→"设计"→"工具"→"Tab 键次序"命令,打开图 5-67 所示的"Tab 键次序"对话框,在该对话框的"节"列表框中选择"主体",在右侧"自定义次序"列表框中选中"专业名称"文本框,将之拖动到"性别"的前边;

图 5-67 "Tab 键次序"对话框中调整自定义次序

(4) 切换到窗体视图,按下 Tab 键,观察焦点的变化情况。

5.6 本 章 小 结

本章介绍了 Access 2010 系统开发的主要工具——窗体,首先通过一个简单的问题引出了窗体的概念和作用,然后介绍了窗体的分类和视图,在此基础之上介绍了快速创建窗体的方法,然后以两节的篇幅重点介绍了窗体设计和窗体中控件的设计,最后在详细介绍窗体设计的基础上,简单介绍了导航窗体的设计、窗体和查询的联合应用以及使用窗体操作数据的方法,要设计比较复杂和功能更强大的窗体,还需要学习本书后面介绍的宏和 VBA 的相关知识。

第 6 章

报　表

本章学习目标
- 了解报表的概念、功能、类型及视图；
- 掌握创建报表的方法；
- 掌握对报表数据进行分组和排序的方法；
- 掌握图表格式设置的方法；
- 掌握创建子报表的方法；
- 了解打印报表的方法。

本章首先是报表概述，再介绍创建报表的方法，最后介绍如何打印报表并给出本章小结。

6.1　报　表　概　述

报表是 Access 2010 的一个数据库对象，用户按照指定的要求组织信息。报表不仅可以打印和预览数据源，还可以将数据进行排序、分组和汇总统计，并将结果一并输出。报表通常用于查看数据，不能直接输入或修改数据。

6.1.1　报表的功能

报表的主要作用是比较和汇总数据，显示经过格式化且分组的信息，并可以将它们打印出来。具体功能包括：

（1）按照用户要求制定报表，以格式化的形式输出数据。

（2）可以输出数据库中的原始数据、经过组合或汇总的数据，对输出结果进行分组和排序。

（3）将数据库中的数据以清单、标签或图表等多种形式输出，便于用户查看。

6.1.2　报表的类型

在 Access 2010 中，根据报表的布局，将报表分为 4 种类型，分别是纵栏式报表、表格式报表、图表报表和标签报表。

1. 纵栏式报表

可显示一条或多条记录,一行显示一个字段,每条记录会占据若干行的空间,字段标题显示在左侧,如图 6-1 所示。

2. 表格式报表

类似 Excel 的工作表,使用行和列显示数据,如图 6-2 所示。一条记录占一行,一页可以显示多条记录。字段标题显示在每一列的上方,可以将数据分组,也可以将每组中的数据进行计算和统计。

3. 图表报表

图表报表以图表的形式显示数据,可以使用户更直观地浏览数据,如图 6-3 所示。

学生

入学成绩	624
学号	10010403
姓名	秦裕
性别	
出生日期	1991/10/5
民族	汉族
籍贯	河北邢台
专业名称	物流管理

图 6-1 纵栏式报表

学生入学成绩

学号	姓名	入学成绩	专业名称
10010403	秦裕	624	物流管理
10030605	孟璇	613	国际贸易
10010417	李丹	613	物流管理
10020501	张庆	611	软件工程
10030619	金克明	605	国际贸易
10020508	王涛	605	软件工程
10030614	李萍	602	国际贸易
10010433	王芳	602	物流管理
10030617	孙可	598	国际贸易
10010311	赵健	596	工商管理
10020533	刘芸	589	软件工程
10010305	李丹	586	工商管理

图 6-2 表格式报表

4. 标签报表

标签报表是一种尺寸较小的报表,经常用于商品标签、客户邮件标签、员工卡等的设计,如图 6-4 所示。

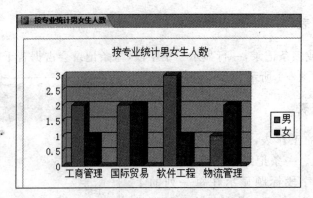

表 6-3　图表报表

| 标签 学生证 |

学生证
学号：10010311
姓名：赵健
性别：男
系部：工商管理

学生证
学号：10010403
姓名：秦裕
性别：男
系部：物流管理

学生证
学号：10010417
姓名：李丹
性别：女
系部：物流管理

学生证
学号：10010433
姓名：王芳
性别：女
系部：物流管理

图 6-4　标签报表

6.1.3　报表的视图

　　Access 2010 为用户提供了 4 种视图，分别为设计视图、布局视图、报表视图和打印预览视图。

　　打开报表视图命令组的方法与查询完全一致。

1. 设计视图

　　报表在该视图下并不实际运行，该视图用于创建、编辑和修改报表的结构、内容及格式，如图 6-5 所示。

2. 布局视图

　　布局视图用于调整报表设计。在布局视图中，用户可以通过一系列的控件对报表进行布局设计。可以逐个调整控件，也可以将它们作为整体调整，统一设置字段、行、列或整个布局,还可以删除字段或设置格式,如图 6-6 所示。

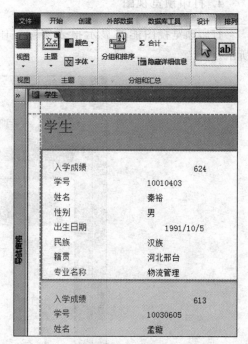

图 6-5　设计视图　　　　　　　　　　图 6-6　布局视图

3. 报表视图

该视图能精确地浏览报表内容,可以使用筛选功能来选择需要的数据,但是无法改变报表控件的属性,如图 6-7 所示。

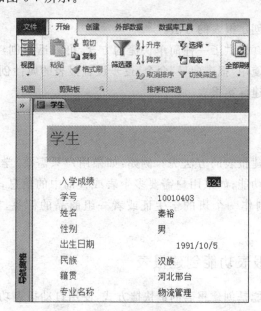

图 6-7　报表视图

4. 打印预览视图

打印预览视图能够显示报表实际打印时的效果，也可以直接打印报表，如图 6-8 所示。

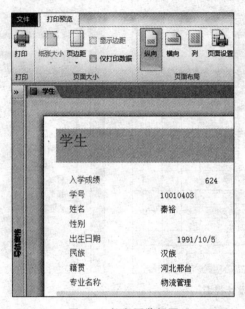

图 6-8　打印预览视图

6.2　使用向导创建报表

本节将介绍 3 种创建报表的方法。

首先，Access 2010 提供了一种简单快捷的方式，可以迅速创建报表，即自动报表功能；其次，用户也可以使用"报表向导"命令，逐步设置报表的属性创建报表；最后，介绍如何通过"标签"命令创建标签报表。

6.2.1　引例

用户如何选择创建报表的方法呢？ 例如，如果用户只需要"学生"表中的信息，就可以选择使用自动报表功能；如果用户需要多个表或查询中的信息，就需要选择报表向导功能；如果用户需要制作一个班的学生证或者一组商品的标签，就要选择标签向导功能了。

6.2.2　使用自动报表功能创建报表

使用自动报表功能是创建报表的最快捷方式，使用自动报表功能创建的报表包含来自一个数据源的所有字段。

【例 6-1】 以学生表为数据源,创建"学生"报表,显示学生表的信息。

操作步骤如下:

在导航窗格中选择"学生"表,然后单击"创建"选项卡,在"报表"命令组中单击"报表"命令,进入"学生"报表界面,默认为布局视图显示。

注:自动报表的数据源可以是表,也可以是查询;生成的报表以该表或查询为数据源,包含了数据源中所有的字段。

6.2.3 使用报表向导创建报表

使用向导方式可以根据用户选择的记录源、字段和报表版面格式等信息快速地创建报表。报表向导可用选择来自多个表或者查询中的部分或全部字段作为报表的数据源,还可以指定数据的分组和排序方式,对数据进行汇总。

【例 6-2】 使用"报表向导"创建报表,输出"学生"表中的学号、姓名、性别、出生日期和专业名称,并按"性别"分组,组内按"学号"排序。

操作步骤如下:

(1) 打开"教学管理"数据库,在数据库窗口中选择"创建"选项卡,在"报表"命令组中单击"报表向导"命令,打开"报表向导"对话框,如图 6-9 所示。

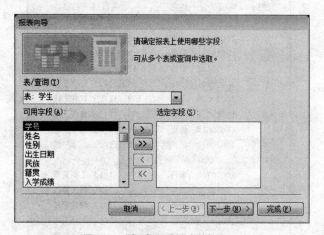

图 6-9 "报表向导"对话框之一

(2) 单击"表/查询"右侧的下三角按钮,从下拉列表框中选择"表:学生"作为报表的数据来源。这时,"可用字段"列表框中显示"学生"表中包含的所有字段。依次双击"学号""姓名""性别""出生日期""专业名称"字段,将它们添加至"选定字段"列表框中,单击"下一步"按钮。

(3) 选择"性别"为分组字段,如图 6-10 所示,单击"下一步"按钮。

(4) 选择"学号"为排序字段,本例为"升序",单击"下一步"按钮。

(5) 选择"阶梯""纵向"为报表布局,单击"下一步"按钮。

(6) 为报表指定标题为"学生-1"。单击"完成"按钮。

(7) 进入打印预览视图,如图 6-11 所示。用户可以在导航窗格中找到已经创建的报

图 6-10 "报表向导"对话框之二

表。如果用户对布局不满意,可以切换到布局视图调整当前报表布局。

学生-1

性别	学号	姓名	出生日期	专业名称
男				
	10010301	王进	1992/3/18	工商管理
	10010311	赵健	1992/4/22	工商管理
	10010403	秦裕	1991/10/5	物流管理
	10020501	张庆	1992/4/25	软件工程
	10020508	王涛	1991/12/23	软件工程
	10020514	周鑫	1991/11/22	软件工程
	10030617	孙可	1992/3/26	国际贸易
	10030619	金克明	1992/7/25	国际贸易
女				
	10010305	李丹	1991/11/15	工商管理
	10010417	李丹	1992/4/5	物流管理
	10010433	王芳	1992/1/16	物流管理
	10020533	刘芸	1992/5/16	软件工程

图 6-11 "学生-1"报表

6.2.4 使用标签向导创建标签报表

标签是用于标明物品的品名、重量、体积、用途等信息的简要标牌。这里可以是商品标签、邮件标签、入场券、证件等。

标签报表的主要作用是把一张大的打印纸切割成很多小部分。每一部分都各自打印出你所规定的相同或者相似的内容。在 Access 2010 中,使用标签向导可以帮我们提取数据表中的数据做成标签,并且打印出来。

【例 6-3】 创建"学生证"标签报表,显示学生证上的信息。

操作步骤如下：

（1）打开"教学管理"数据库，在数据库窗口中选择"创建"选项卡，在"报表"命令组中单击"标签"命令，打开"标签向导"对话框，如图6-12所示。指定标签尺寸或自定义尺寸。本例选择C91149，即每个标签为55mm×91mm，每页2列标签。单击"下一步"按钮。

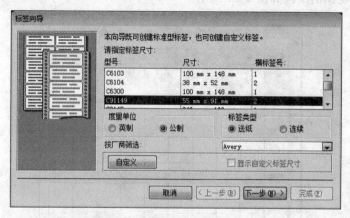

图6-12 "标签向导"对话框之一

（2）选择标签中文字的字体、颜色等。单击"下一步"按钮。

（3）设计原型标签。如图6-13所示。"{}"内为选择的"可用字段"，其他为直接输入的文字。单击"下一步"按钮。

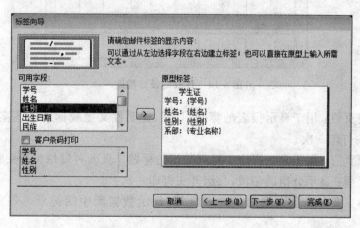

图6-13 "标签向导"对话框之二

（4）选择排序字段，本例为"学号"。单击"下一步"按钮。

（5）为该报表指定标题为"标签 学生证"，显示结果如图6-4所示。

6.3 使用设计器创建报表

自动报表和向导可以帮助我们快速地创建报表，但是如果要自定义报表的布局和内容，或者将已经创建的报表进行修改，就需要使用报表设计器了，它是一种灵活的创建报表的方法。

6.3.1 报表的设计视图

报表设计视图的结构如图 6-14 所示。

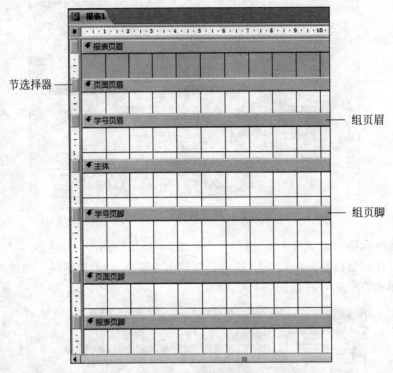

图 6-14　报表的设计视图

（1）报表页眉：用于显示报表的标题、日期、说明性文字或标志性图案，报表页眉只在第一页开头打印一次。

（2）页面页眉：用于显示报表中每列数据的标题。页面页眉每页开头打印一次。

（3）组页眉：显示分组的字段，每组开头打印一次。

（4）主体：报表显示数据的最主要区域，显示数据源中的记录。每条记录只打印一次。

（5）组页脚：用于显示分组以后的统计信息，每组结尾打印一次。

（6）页面页脚：用于显示报表中页码、页数等内容。页面页脚每页结尾打印一次。

（7）报表页脚：用于显示整个报表的统计信息、日期等相关内容，每个报表末尾打印一次。

6.3.2 使用报表设计器创建报表

使用报表设计器创建报表的方法，与使用窗体设计器创建窗体的方法类似，只需指定报表的数据源，在报表中添加相应控件，设置控件的属性等即可。

在实际应用中,可以先使用向导初步创建报表,再使用设计视图或布局视图对报表进行编辑。这样,既提高了效率,又保证了报表编辑的灵活性。

【例 6-4】 创建一个名称为"教师信息"的报表,显示教师的相关信息,如图 6-15 和图 6-16 所示。

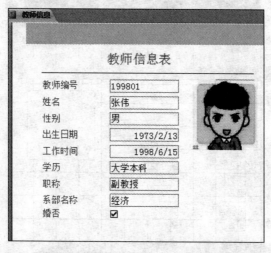

图 6-15 "教师信息"报表第一页上半部分

图 6-16 "教师信息"报表末页下半部分

操作步骤如下:

(1) 打开"教学管理"数据库,单击"创建"选项卡,在"报表"命令组中单击"报表设计"命令,打开报表设计视图。在设计区域右击,选择"报表页眉/页脚"快捷菜单命令。

单击"报表设计工具"→"设计"→"工具"→"属性表"命令,打开报表的"属性表"窗格,将报表的"记录源"设置为"教师"表。

(2) 在"页面页眉"节中添加一个标签,标题为"教师信息表"。设置字体为"黑体",字号为 18 磅,标签高度为 0.9cm,宽度为 3.5cm。如图 6-17 所示。

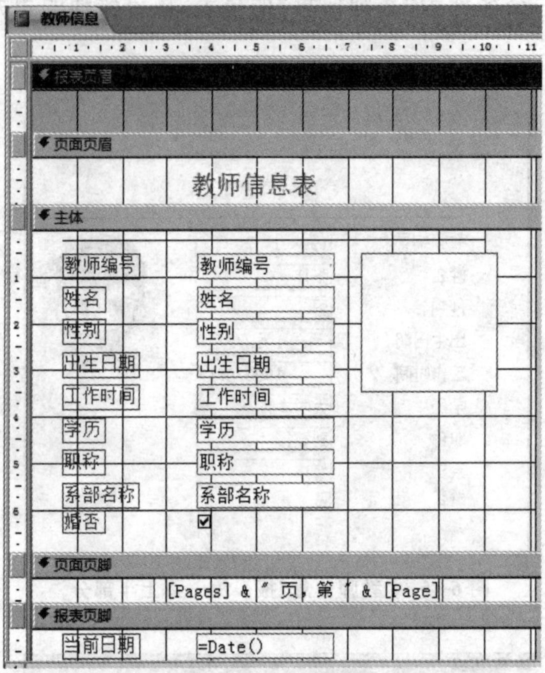

图 6-17 "教师信息"报表设计视图

(3) 单击"报表设计工具"下的"设计"选项卡,单击"工具"命令组中的"添加现有字段"命令,打开报表的"字段列表"窗格,将相应字段拖动到主体节,并进行以下调整:

① 将"婚否"标签移动到复选框前面。

② 将"照片"标签删除,图片绑定对象框的"缩放模式"属性设置为"缩放","边框样式"属性设置为"透明",显示时不加边框。

(4) 单击"报表设计工具"下的"设计"选项卡,单击"页眉/页脚"命令组中的"页码"命令,格式为"第 N 页,共 M 页"。

(5) 在"报表页脚"中添加一个文本框控件,关联标签的标题为"当前日期:"。文本框的"控件来源"属性为"=Date()","格式"属性为"长日期"。

(6) 在主体节上方添加一条直线,"边框样式"属性设置为"虚线"。

(7) 适当调整报表中各节高度以及各控件大小、位置、对齐等,设计结果如图 6-17 所示。也可以切换到布局视图,在浏览数据的同时,调整报表及控件格式和布局。

(8) 保存报表,将报表命名为"教师信息"。

(9) 将"教师信息"报表的视图方式设置为"打印预览",报表的预览效果如图 6-15 和图 6-16 所示。

(10) 单击"打印预览"选项卡"关闭预览"选项组中的"关闭打印预览"命令,退出打印预览视图。

设计报表的时候,可以灵活地使用报表属性、控件属性和节属性等设计出内容更加丰富的报表。报表中的控件属性与窗体中的控件属性相同，此处不再赘述。下面介绍报表的一些常用属性及设置方法。

1. 报表属性

① 记录源。

可以是表、查询或者 SQL 语句。

② 筛选。

设置筛选条件可以令报表只输出符合条件的记录。

③ 加载时的筛选器。

指定在打开报表时是否应用筛选条件。

④ 排序依据。

设置记录的排序条件。

⑤ 加载时的排序方式。

指定是否在打开报表时应用排序规则。

⑥ 记录锁定。

设置在生成报表所有页之前，是否禁止其他用户修改数据源中的记录。

⑦ 打开。

在"事件"选项卡中，在报表打开的时候执行该属性设置的宏、表达式或代码。

⑧ 关闭。

在"事件"选项卡中，在报表关闭的时候执行该属性设置的宏、表达式或代码。

2. 节属性

① 强制分页。

设置为"是"，则可以强制换页。

② 保存同页。

设置为"是"，表示一节区域内所有行保持在同一页中；设置为"否"，表示跨页边界编排。

6.3.3　创建图表报表

图表报表指在报表中以图表的形式显示数据，使数据更加直观、形象。

【例 6-5】　以"学生"表为数据源，按专业统计男女生人数。

操作步骤如下：

（1）打开"教学管理"数据库，创建一个空报表，在报表设计视图中，添加"控件"命令组中的"图表"控件，打开"图表向导"对话框之一，选择用于创建图表的表或查询，这里选择"学生"表。

（2）单击"下一步"按钮，进入"图表向导"对话框之二，在"可用字段"列表中分别选择"学号""性别""专业名称"字段。

（3）单击"下一步"按钮，进入"图表向导"对话框之三，选择所需图表类型，本例为"三维柱形图"。

（4）单击"下一步"按钮，进入"图表向导"对话框之四，分别将"学号""性别""专业名称"字段拖动到相应位置，如图 6-18 所示。

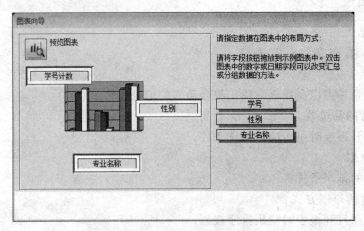

图 6-18 "教师信息"报表设计视图

（5）单击"下一步"按钮，进入"图表向导"对话框之五，输入图表标题"按专业统计男女生人数"，单击"完成"按钮。

（6）保存报表，进入打印预览视图，结果如图 6-19 所示。

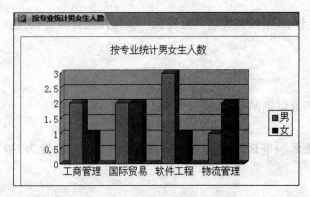

图 6-19 "按专业统计男女生人数"图表

6.3.4 报表的排序与分组

分组是指报表设计时按选定的某个（或几个）字段值是否相等而将记录划分成组的过程。可以按照指定字段对报表中的数据进行排序和分组，并对各组数据进行统计。Access 2010 可以设置多个排序字段，也可以设置多级分组。排序和分组的功能可以同时使用。

【例 6-6】 创建一个名为"学生入学成绩"的报表，按照入学成绩降序输出所有学生的信息。

操作步骤如下：

（1）打开"教学管理"数据库，单击"创建"选项卡，在"报表"命令组中单击"报表设计"命令，打开报表设计视图。报表"记录源"设置为"学生"表。

（2）从"字段列表"中将"学生"表的"学号""姓名""入学成绩""专业名称"字段添加到主体中，选中主体中的所有控件，执行"报表设计工具/排列"选项卡"表"命令组中的"表格"命令，建立表格式报表，如图 6-20 所示。

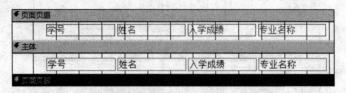

图 6-20 "教师信息"报表设计视图

（3）选择"报表设计工具/设计"选项卡，单击"分组和汇总"命令组中的"分组和排序"命令，打开"分组、排序和汇总"窗格，单击"添加排序"命令，如图 6-21 所示，打开"选择字段"列表，选择"入学成绩"字段，在排序依据中选择"降序"，如图 6-22 所示。

图 6-21 "添加排序"命令   **图 6-22 按"入学成绩"降序排列**

（4）保存报表，命名为"学生入学成绩"，预览效果如图 6-2 所示，各行按照"入学成绩"降序排列。

【例 6-7】 以"学生"表为数据源，建立一个名为"各专业学生人数"的报表对象，要求如下：

（1）按"专业名称"分组，并对同一专业分别按男女生的"出生日期"升序排列。

（2）在报表中插入页码页数。

（3）统计每个专业的学生人数及所有学生人数。

操作步骤如下：

（1）打开一个新的报表设计视图，报表的记录源设置为"学生"。

（2）添加"报表页眉"节和"报表页脚"节，在"报表页眉"节中放置一个标签控件，标题为"系部学生情况"。

（3）设置报表布局：在"字段列表"中，分别将"学号""姓名""专业名称""性别""出生日期"5 个字段按顺序添加到主体节中。

将 5 个标签剪切后粘贴到"页面页眉"节中。并按照图 6-23 调整布局。

在 5 个标签下方添加一条直线，在"属性表"中将"边框样式"设置为"实线"，"边框宽度"设置为 2pt。

（4）选择"报表设计工具/设计"选项卡，单击"分组和汇总"命令组中的"分组和排序"命令，打开"分组、排序和汇总"窗格，单击"添加组"命令，打开"选择字段"列表，选择"专业名称"字段，如图 6-24 所示。

图 6-23 "各专业学生人数"设计视图

单击图 6-24 中的"添加排序"命令,打开"选择字段"列表,选择"性别"字段;再单击"添加排序"命令,选择"出生日期"字段,设置结果如图 6-25 所示。其中,"性别"为一级排序项,"出生日期"为二级排序项。

图 6-24 设置分组字段后的操作界面

设置分组后,在报表设计视图中会增加"组页眉"节。若有增加相应的"组页脚"节,可以单击"分组形式"设置行中的"更多"命令,展开分组设置行,设置"有页脚节"。如图 6-25 所示。

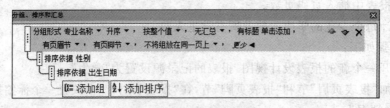

图 6-25 设置分组和排序

在"分组、排序和汇总"窗格中,还可以进行其他的选项设置,如升序/降序、标题、汇总等。

设置完成后,在报表设计视图中会增加"专业名称页眉"节和"专业名称页脚"节。

(5) 将"专业名称"文本框从主体节剪切并粘贴到"专业名称页眉"节。

(6) 在"专业名称页脚"节中添加文本框控件,设置标签的标题为"专业人数:",文本框的"控件来源"设置为"=Count([学号])",作用是统计每个专业的学生人数。

在该节下面添加一条直线,"边框样式"设置为"点线"。

（7）在"报表页脚"节中添加文本框控件，设置标签的标题为"总人数："，文本框的"控件来源"设置为"＝Count（［学号］）"，作用是统计所有学生人数。

（8）适当调整报表中各节高度、控件大小、位置、对齐等，切换到布局视图微调，然后保存报表，命名为"各专业学生人数"。预览效果如图 6-26 和图 6-27 所示。

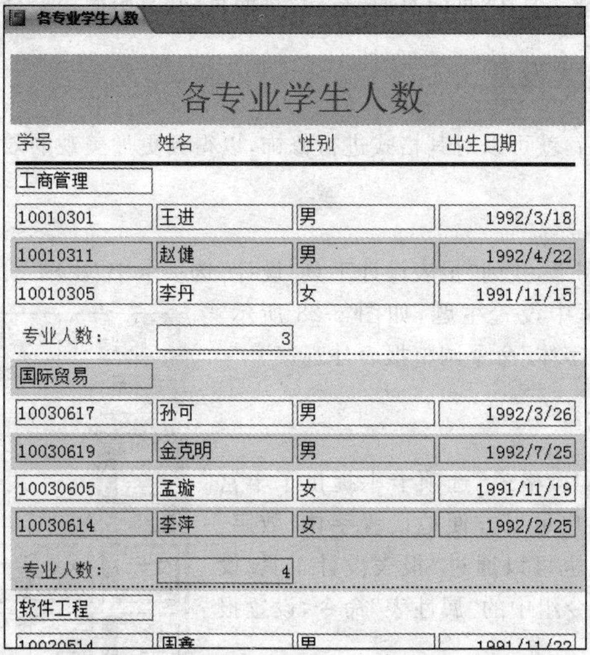

图 6-26 "各专业学生人数"打印预览视图页首

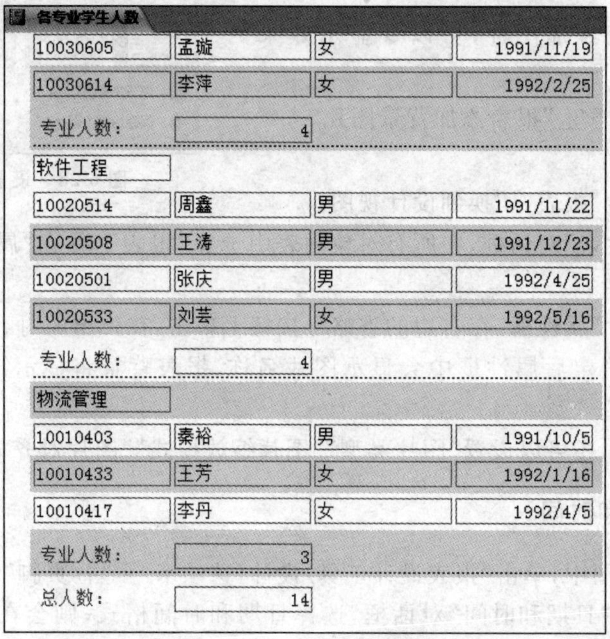

图 6-27 "各专业学生人数"打印预览视图页尾

说明：本例在"组页脚"节和"报表页脚"节中都使用了聚合函数 Count()，结果却不相同，是因为 Access 2010 会自动根据该函数所在的节进行数据统计。在"组页眉"节和"组页脚"节中使用聚合函数，如 Count()、Avg()、Sum()、Min()、Max()等，其统计范围就是一个组中的记录；在"报表页眉"节和"报表页脚"节中使用聚合函数，其统计范围就是整份报表中的记录。但在"页面页眉"节和"页面页脚"节中使用聚合函数不起作用。

6.3.5　报表的格式设置

报表设计好之后，就可以对其格式进行修饰，以得到更加美观的效果。

1. 主题格式

在报表设计视图下，找到"报表设计工具/设计"选项卡中"主题"命令组，单击"主题"命令，在下拉列表框中设置主题，如图 6-28 所示。也可以通过"颜色""字体"命令调整报表外观。

2. 自定义格式

在"报表设计工具/格式"选项卡中提供了丰富的格式设置工具，用户可以方便地设置字体、数字、背景、条件格式等。也可以通过"报表设计工具/设计"选项卡"工具"命令组中的"属性表"命令，设置报表或控件的格式。

3. 添加背景图片

在报表背景上添加图片，可以令显示效果更美观。

图 6-28　设置主题格式

【例 6-8】　为"学生"报表添加背景图片。

操作步骤如下：

（1）打开"学生"报表，切换到设计视图。

（2）打开"属性表"对话框，在所有对象列表中选择"报表"，并在"属性表"中选择"格式"选项卡。

（3）单击"图片"属性框，在右边的省略号按钮上单击，在弹出的"插入图片"对话框中选择适合的图片，确定后属性框中会显示图片名称，报表背景将显示该图片，如图 6-29 所示。

在"属性表"中，还可以设置"图片类型""图片缩放模式""图片对齐方式"等属性。

4. 添加日期和时间

（1）在设计视图中，单击"报表设计工具/设计"选项卡"页眉/页脚"命令组中的"日期和时间"命令，打开"日期和时间"对话框，选择日期和时间格式，则会在"报表页眉"节插入一个显示日期和时间的文本框。

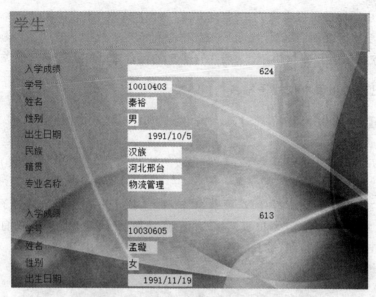

图 6-29 添加了背景图片的"学生"报表

（2）在报表中添加文本框控件，设置"控件来源"属性为日期或时间表达式，例如"＝Date()""＝Time()""＝Now()"，然后再通过"格式"属性设置相应的日期和时间格式。

5. 添加分页符和页码

1）使用"分页符"分页

在设计视图中，从"控件"命令组中选择"分页符"控件，然后在报表需要分页的位置处单击，分页符以短虚线的形式显示在报表的某个节的左边。

2）在报表中添加页码

选择"报表设计工具/设计"选项卡"页眉/页脚"命令组中的"页码"命令，在页面页眉或页面页脚中添加页码。

在报表中添加文本框控件，然后设置"控件来源"属性为显示页码的表达式，如下所示：

```
="第"&[Page]&"页，共"[Page]&"页"          '显示格式为"第 N 页，共 M 页"
="第"&[Page]&"页"                         '显示格式为"第 N 页"
=[Page]&"/"&[Pages]                       '显示格式为"N/M"
```

上述表达式中的[Page]和[Pages]是两个系统变量，分别表示当前页码和总页数。

6.4 创建子报表

子报表是插在其他报表中的报表，包含子报表的报表称为主报表。建立子报表可以将主报表数据源中的数据和子报表数据源中对应的数据同时显示在一个报表中，从而更加清楚地表现两个数据源中的数据及其联系。

在报表中添加的子报表只能在"打印预览"视图中预览,不能编辑。

在创建子报表之前,要确保主报表的数据源和子报表数据源之间已经建立了正确的关联,这样才能保证子报表中的记录与主报表中的记录之间有正确的对应关系。

1．在已有的报表中创建子报表

【**例 6-9**】　创建主子报表,同时显示"学生"表和"选课"表中的记录。

操作步骤如下:

(1) 打开"学生"报表作为主报表(如果没有主报表,需先创建主报表),进入"设计视图"。

(2) 从"报表设计工具/设计"选项卡的"控件"选项组中选择"子窗体/子报表"命令,当其添加到主体节中,打开"子报表向导"对话框,选择"使用现有的表和查询"选项。

(3) 单击"下一步"按钮,选择子报表的数据源及子报表中使用的字段。本例选择"课程编号""成绩",如图 6-30 所示。

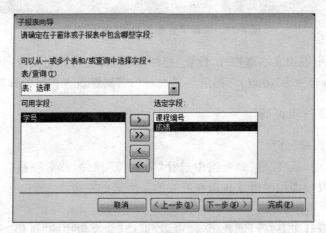

图 6-30　子报表数据源和字段

(4) 单击"下一步"按钮,定义主报表链接子报表的字段,如图 6-31 所示。

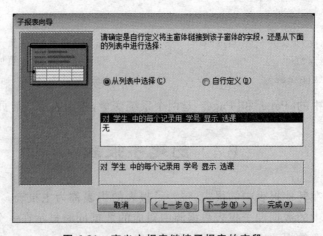

图 6-31　定义主报表链接子报表的字段

（5）单击"下一步"按钮，指定子报表的名称，本例为"学生成绩报表"。

（6）单击"完成"按钮，报表设计视图如图 6-32 所示。

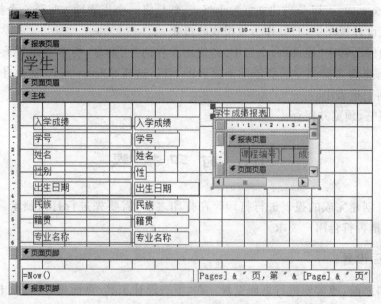

图 6-32 主报表的设计视图

（7）删除子报表左上角的关联标签，切换到布局视图，调整子报表的列宽、对齐方式等。

（8）保存报表对象，命名为"学生"，预览效果如图 6-33 所示。

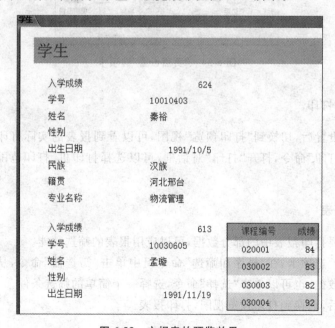

图 6-33 主报表的预览效果

2. 将子报表插入现有报表中

在 Access 中,可以分别建立好两个报表,然后将一个报表插入另外一个报表中。

(1) 在设计视图中,打开作为主报表的报表。

(2) 确保已选中"控件"命令组中的"使用控件向导"命令,将希望作为子报表的报表从导航窗格拖到主报表中需要添加子报表的节区,这样 Access 2010 就会自动将子报表控件添加到主报表中。

(3) 调整、预览并保存。

6.5　打　印　报　表

可以将创建完成的报表进行打印。在打印之前,需要先进行打印预览,查看报表的版面内容,是否符合用户要求。

1. 页面设置

在打印之前,通常要进行页面设置。在"报表设计工具/页面设置"选项卡中的"页面布局"和"页面设置"命令组中,可以对页面的纸张、页边距、列数、打印方向等进行设置。单击"页面布局"命令组中的"页面设置"命令,可以打开"页面设置"选项卡。如图 6-34所示。

图 6-34　"页面设置"选项卡

2. 预览和打印

完成页面设置后,切换到"打印预览"视图,可以看到报表的实际打印效果,执行"打印"命令组的"打印"命令,打开"打印"对话框,可以选择打印机、打印范围和打印份数等属性。

3. 筛选报表

如果只需要打印报表中的部分数据,可以应用报表的筛选功能。

选择"开始"选项卡,在"排序和筛选"命令组中单击"筛选器"命令,从筛选列表中选择需要打印的数据;也可以单击"选择"命令,选择一个简单的筛选条件。

筛选完成后,切换到打印预览视图,打印报表。

4. 导出报表

在打印预览视图下,选择"数据"命令组中的相应命令;或者在报表视图下,选择"外部数据"选项卡的"导出"命令组中的相应命令,可以将 Access 报表导出为 Word、Excel、PDF、文本文件等其他格式的文件,供用户使用。

6.6　本章小结

本章首先介绍了报表的主要功能、报表的类型以及报表的视图方式等基础知识;详细介绍了使用向导创建报表的 3 种方法;在介绍如何使用设计器创建报表的基础上,介绍了如何创建图表报表、如何对报表数据进行排序和分组以及如何设置报表格式;介绍了创建子报表的方法;最后介绍了如何打印报表。

第 7 章

宏 的 操 作

本章学习目标
- 了解宏的基本概念、宏的结构和宏的设计视图；
- 熟练掌握独立宏、条件宏和子宏的创建方法及步骤；
- 掌握嵌入宏、数据宏和自动运行宏的创建方法及步骤。

本章首先介绍宏的概述，再介绍独立宏、条件宏和子宏的创建步骤以及嵌入宏、数据宏的创建过程，最后介绍宏的调试和运行并给出本章小结。

7.1 宏 的 概 述

7.1.1 宏的基本概念

宏是 Access 数据库的一个对象，由一个或多个操作组成，以实现特定的功能。宏在运行时，其中的每个操作依次执行，自动地执行多个动作，如预览、打印报表等操作。也就是说，运用宏就是为了按照一定的顺序自动完成大量重复的操作，而且不需要编程。

Access 中的宏可以连接多个窗体和报表，以浏览其中相关联的数据；可以自动查找和筛选记录，以加快查找所需记录的速度；可以自动进行特殊数据的校验；可以设置窗体和报表的大部分属性；也可以自动打开窗体和其他对象，完成一组特定的工作。

通过 VBA 编程也可以实现宏的操作，以完成较复杂的任务。

7.1.2 宏的结构

Access 2010 中的宏由操作、参数、组、条件、子宏、注释等部分组成，与计算机程序结构在形式上十分相似。通过学习宏，对过渡到 VBA 学习有较大的帮助。

1. 宏名

通过宏对象的名称可以引用宏，若一个宏对象中有且仅有一个宏时，不需要宏名。

2. 操作

操作是宏最基本的内容，表示宏的执行动作。Access 2010 提供了 60 多种宏操作。

3．参数

参数是向操作提供的值,位于每个操作的下面。参数可以设置,也可以不设置。参数的个数因操作不同而不同。

4．组

在 Access 2010 中,可以根据操作目的的相关性对宏的若干操作进行分组,以便使宏的结构清晰,具有更好的可读性。

5．条件

条件是计算结果等于真或假的表达式,表达式包括算术、逻辑、常数、函数、控件、字段名以及属性的值。条件是一个可选项,执行宏之前需要对条件进行判断,若是真值,则执行该宏;若是假值,则不执行该宏,转去执行下一个操作。

6．子宏

一个宏中可以包含一个或多个子宏,每个子宏又可以包含多个宏操作,因此,子宏是在一个宏名下共同存储的一组宏操作的集合。有单独名称的子宏可以独立运行。

7．注释

注释用于对宏进行文字说明,以便理解和维护。一个宏中可以有多条注释。

7.1.3　宏的设计视图

创建宏之前需要认知宏的设计视图,由如下部分组成。

1．"宏工具设计"选项卡

在 Access 2010 的"创建"选项卡的"宏与代码"选项组中,单击"宏"按钮,打开"宏工具/设计"选项卡。该选项卡共有 3 个组,分别是"工具""折叠/展开"和"显示/隐藏",如图 7-1 所示。

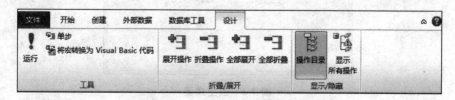

图 7-1　"宏工具设计"选项卡

(1)"工具"组包括"运行""单步"和"将宏转换成 Visual Basic 代码"三个按钮。

(2)"折叠/展开"组提供浏览宏代码的几种方式:展开操作、折叠操作、全部展开和全部折叠。展开操作可以详细地阅读每个操作的细节,包括每个参数的具体内容。折叠操作可以把宏操作收缩起来,不显示操作的参数,只显示操作名称。

（3）"显示/隐藏"组主要是对操作目录隐藏和显示。

2. 操作目录

进入"宏设计"选项卡,Access 2010 的操作目录由 3 部分组成,分别是程序流程部分、操作部分以及此数据库中的对象。此外顶部有"搜索"框,进行搜索和筛选操作,如图 7-2 所示,操作目录的底部有显示该操作的帮助说明。

1）程序流程

程序流程包括 Comment（注释）、Group（组）、If（条件）和 Submacro（子宏）。

2）操作

按操作类别把宏操作分成 8 组,分别是"窗口管理""宏命令""筛选/查询/搜索""数据导入/导出""数据库对象""数据输入操作""系统命令"和"用户界面命令",

图 7-2 操作目录

一共有 66 个操作。若进一步展开每个组,可以查看该组包含的所有宏操作。

3）在此数据库中

该部分列出了当前数据库中的所有宏,显示下一级列表"报表""窗体"和"宏"。用户可以进一步展开,显示出在报表、窗体和宏中的事件过程或宏。

3. 宏生成器

用户通过宏生成器可以创建、编辑和管理宏操作。在 Access 2010 中,当创建一个宏后,宏生成器中会出现一个组合框,组合框中显示添加新操作的占位符,如图 7-3 所示。可以通过直接在组合框中输入操作符、在组合框的下拉列表中选择、从"操作目录"窗格中拖曳等方式来添加新操作。

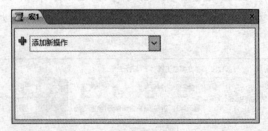

图 7-3 宏生成器

7.1.4 宏的常用操作

Access 2010 为用户提供了 66 种宏操作。一些以用途分类的常用宏操作如表 7-1～表 7-6 所示。

表 7-1　宏命令

操 作 名 称	功 能 说 明
CancelEvent	取消之前由宏操作引发的一个事件
OnError	指定宏出现错误时的处理操作
RemoveAllTempVars	删除所有临时变量
RemoveTempVar	删除一个临时变量
RunCode	调用 Visual Basic 的函数过程
RunMacro	运行指定的宏
RunDataMacro	运行数据宏
SetLocalVar	将本地变量设置为给定值
SetTempVar	将临时变量设置为给定值
StopAllMacros	终止当前所有宏的运行
StopMacros	停止当前正在运行的宏

表 7-2　窗口管理

操 作 名 称	功 能 说 明
CloseWindow	关闭指定的窗口,如无指定则关闭当前活动的窗口
MaximizeWindow	最大化当前活动的窗口
MinimizeWindow	最小化当前活动的窗口
MoreAndSizeWindow	移动并调整激活窗口的大小
RestoreWindow	还原窗口

表 7-3　数据库对象

操作名称	功 能 说 明
GoToControl	把焦点移到打开的窗体、数据表中当前记录的特定字段或控件上
GoToPage	将焦点移到当前活动的窗体指定页的第一个控件上
GoToRecord	将指定记录作为当前记录
OpenForm	打开指定窗体,并通过选择窗体的数据输入与窗口方式来限制窗体所显示的记录
OpenReport	打开或打印指定报表,可限制需要在报表中打印的记录
OpenTable	打开指定表,可以选择表的数据输入方式
PrintObject	打印当前对象
SetProperty	设置控件属性

表 7-4　数据输入操作

操作名称	功 能 说 明	操作名称	功 能 说 明
DeleteRecord	删除当前记录	SaveRecord	保存当前记录

表 7-5　系统命令

操作名称	功能说明	操作名称	功能说明
Beep	使计算机的扬声器发出"嘟嘟"声	QuitAccess	退出 Access
CloseDatabase	关闭当前数据库		

表 7-6　用户界面命令

操作名称	功能说明
AddMenu	为窗体或报表添加自定义的菜单栏,菜单栏中的每个菜单都需要一个独立的 AddMenu 操作
MessageBox	显示含有警告或提示信息的消息框
SetMenuItem	设置活动窗口中自定义菜单栏中菜单项的状态

7.2　宏 的 创 建

7.2.1　引例

宏是一个或多个操作的集合。用户在使用 Access 过程中,有时需要将多个操作集中起来使用,如打开登录窗体、校验登录密码、打开各级子窗体等多个操作,就要运用宏,使得操作任务能够自动完成。

下面介绍几种常见宏的创建方法。

7.2.2　创建独立宏

独立宏的创建方法是:打开一个数据库,在"创建"选项卡的"宏与代码"选项组中单击"宏"按钮,打开宏生成器后,单击"添加新操作"下拉列表或在操作目录中找到相应的操作并选择,根据宏操作的作用以及实际需要输入参数。

【例 7-1】　创建一个名为"简单宏"的独立宏,要求弹出"独立宏测试!"消息框。

操作步骤如下:

(1) 打开一个数据库。

(2) 在"创建"选项卡的"宏与代码"选项组中,单击"宏"按钮,打开"宏设计器"。

(3) 在"添加新操作"组合框中选择或直接输入 MessageBox 操作,并设置"消息"参数的值为"独立宏测试!",其他参数默认。如图 7-4 所示。

(4) 单击"保存"按钮,在"另存为"对话框中输入宏的名称"独立宏"。

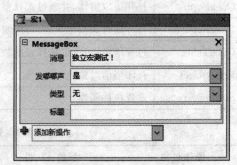

图 7-4　宏设计器

(5) 在"导航"窗格双击"独立宏"运行宏，或选中该宏后单击"运行"按钮，查看运行结果。

7.2.3 创建条件宏

通常，宏是按顺序从第一个宏操作依次往下执行，但在某些情况下，一些操作需要按照给定的条件进行判断来决定是否执行，这时就需要通过设置条件来控制宏的流程。通过使用 If 操作，宏就具有了逻辑判断能力。

条件是一个计算结果为 True/False 或"是/否"的逻辑表达式。使用 If、Else If 和 Else 块，根据条件沿着不同的分支执行。

当运行条件宏时，若 If 后的条件表达式为 True，则执行 Then 后的操作；若为 False，则执行 Else If 后的操作或 Else 后的操作。

【例 7-2】 运用条件宏创建一个登录界面，用户名为 admin，密码为 666666。要求当输入的用户名和密码都正确时，单击"登录"按钮，可以打开主界面窗体；当用户名和密码输入不正确时，单击"登录"按钮，弹出"用户名或密码不正确！"消息框并关闭本窗体。

操作步骤如下：

(1) 首先创建"登录"窗体，如图 7-5 所示；并将文本框 MM（输入密码的文本框）的输入掩码设置为"密码"，如图 7-6 所示。

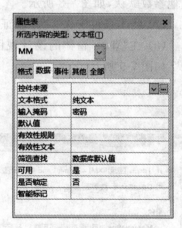

图 7-5 "登录"窗体   图 7-6 "输入掩码"属性

(2) 在"创建"选项卡的"宏与代码"组中，单击"宏"按钮，打开"宏设计器"。

(3) 在"添加新操作"组合框中，输入 If，单击条件表达式文本框右侧的按钮，弹出"表达式生成器"对话框。

(4) 在"表达式元素"窗格中，展开"教学管理/Forms/所有窗体"，选中"登录"窗体。在"表达式类别"窗格中，双击"XM"（用户名），在表达式值中输入"="admin" and"；再双击 MM（密码），在表达式值中输入"="666666""，如图 7-7 所示。单击"确定"按钮，返回到宏设计中。

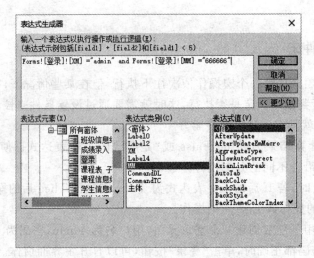

图 7-7 "表达式生成器"视图

（5）在下一个"添加新操作"组合框中单击下三角按钮，在打开的列表框中选择OpenForm，并将"窗体名称"参数的值设置为"主界面"，其他参数默认。

（6）在下一个"添加新操作"组合框的右边单击 Else，出现一个 Else 分支。接着在下一个"添加新操作"组合框中输入 MessageBox 操作，"消息"参数设置为"用户名或密码不正确!"，其他参数默认。继续在下一个"添加新操作"组合框中输入 CloseWindow 操作，其他参数默认，如图 7-8 所示。

（7）将本条件宏保存为"验证登录"宏。

（8）在"登录"窗体的设计视图中，将"登录"命令按钮的"单击"属性选择为"验证登录"，如图 7-9 所示。

图 7-8 宏的设计视图

图 7-9 命令按钮的"单击"属性

（9）运行"登录"窗体测试条件宏。

7.2.4　创建子宏

在 Access 2010 中,一个宏中可以包含多个子宏,每个子宏又可以包含多个宏操作。创建包含子宏的宏与创建宏的方法基本相同,但在创建过程中需要对子宏命名,并分别调用。

【例 7-3】　在"教学管理"数据库中,创建包含子宏的"信息管理"宏。

操作步骤如下:

(1) 在"创建"选项卡的"宏与代码"组中,单击"宏"按钮,打开"宏设计器"。

(2) 在"操作目录"窗格中,把程序流程中的 Submacro 拖到"添加新操作"组合框中(或双击 Submacro),在子宏名称文本框中,默认名称为 Sub1,如图 7-10 所示。

图 7-10　子宏的设计视图

(3) 在接下来的"添加新操作"组合框输入相应的宏操作。

(4) 重复(2)、(3)步操作,创建子宏"课程信息管理",如图 7-11 所示。

(5) 将宏保存为"信息管理"宏。

(6) 在"主界面"窗体的设计视图中,将"学生信息维护"命令按钮的"事件""单击"属性选择为"信息管理.学生信息维护",将"课程信息维护"命令按钮的"事件""单击"属性选择为"信息管理.课程信息维护",如图 7-12 所示。

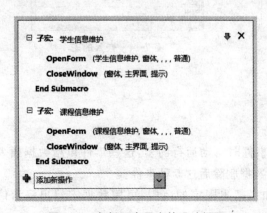

图 7-11　包括两个子宏的设计视图

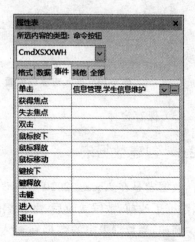

图 7-12　命令按钮的"单击"事件属性

7.2.5　创建嵌入宏

在 Access 2010 数据库系统开发中,嵌入宏替代了编写事件过程代码的工作,使得数据库管理更加简单。嵌入宏是存储于窗体、报表或其他控件对象的事件属性中的宏。用户在窗体等控件对象上使用向导创建一个命令按钮执行某种操作时,命令按钮的单击事件被创建,同时一个嵌入宏也被创建在此单击事件中,这个嵌入宏的运行伴随单击事件以完成指定的操作。

【例 7-4】　在图 7-5 所示的"教学管理系统"数据库"登录"主界面中,包含一个"退出"命令按钮。对该命令按钮的单击事件创建嵌入宏,要求当窗体运行时,单击"退出"按钮,弹出一个消息框"确定退出吗?",如确认则关闭当前窗体,否则不做任何操作。

操作步骤如下:

(1) 打开"教学管理"数据库,打开"登录"窗体的设计视图。

(2) 打开"登录"窗体中包含的"退出"命令按钮的属性表,并单击"事件"选项卡中"单击"属性的"生成器"按钮。

(3) 在打开的"选择生成器"对话框中,选择"宏生成器",并创建宏,如图 7-13 所示。

(4) 宏创建后,回到窗体的属性表窗口,可以看到"退出"命令按钮的"单击"事件属性显示为"[嵌入的宏]",如图 7-14 所示。

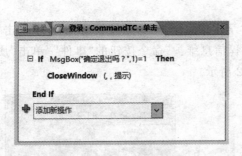

图 7-13　嵌入宏操作设置

图 7-14　嵌入的宏

(5) 保存窗体。

7.2.6　创建数据宏

数据宏是在 Access 2010 数据表发生事件时自动运行的宏,这些事件包括数据插入后、数据更改前、数据更改后、数据删除前、数据删除后这 5 种事件。

例如,当数据表中的数据在输入时,如果超出限定的范围,可用数据宏给出提示信息,来验证、提高数据的准确性。

【例 7-5】 在"教学管理"数据库中,为"选课表"创建"数据更改前"数据宏,将"成绩"字段的数值限定在 0~100 之间。如果超出该范围,则弹出提示消息框。

操作步骤如下:

(1) 在"教学管理"数据库中选择"导航"窗格的"选课表",打开该表的设计视图。

(2) 单击"表格工具"下的"设计"选项卡中的"字段、记录和表格事件"组中的"创建数据宏"按钮,单击弹出的"创建数据宏"下拉列表框的"更改前"命令,打开"选课表"的宏设计视图。

(3) 在宏生成器中,设置相应的操作命令,如图 7-15 所示。

(4) 操作完成后保存。

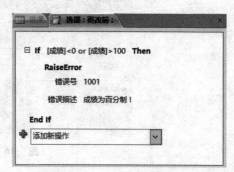

图 7-15 "数据宏"生成器

7.3 宏的调试和运行

宏在创建之后,运行之前需要进行调试,以保证宏运行与设计者的要求一致。通过调试后,宏就可以运行了。

7.3.1 宏的调试

创建宏后必须进行的工作就是调试宏,尤其是对于由多个操作组成的复杂宏,更需要反复进行调试,以排除错误,确保宏的流程和每一个宏操作正确无误。

1. "单步"调试

"单步"调试是通过 Access 2010 提供的"单步"执行功能对宏进行调试。"单步"执行一次只能运行宏的一个操作,这样可以观察宏的流程和每一个操作的运行结果,从而找到运行期间可能出现的错误。对于独立宏,可以在宏生成器中进行调试;对于嵌入宏,要在嵌入的窗体或报表对象中进行调试。

"单步"调试的执行步骤如下:

(1) 打开 Access 数据库后,右击"导航"窗格的宏对象列表中的某个宏名,在弹出的快捷菜单中单击"设计视图"命令,显示出宏设计视图。

(2) 单击"宏工具"下的"设计命令"命令组的"单步"按钮,使"单步"按钮处于选中状态。

(3) 单击"运行"按钮,弹出"单步执行宏"对话框。

(4) 在"单步执行宏"对话框中,单击"单步执行"按钮,则单步执行宏的操作,如图 7-16 所示。

2. 调试数据宏

宏调试工具"单步执行"命令和 MessageBox 宏操作不能适应数据宏的调试。若要调

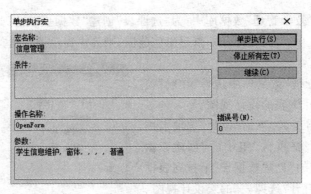

图 7-16　单步执行宏

试数据宏,需要使用 OnError、RaiseError 和 logEvent 宏操作并结合"应用程序日志表"来查找数据宏出现的错误。

应用程序日志表是一种 Access 2010 的系统表(USysApplocationLog),需要打开 Microsoft Backstage 视图进行查看。

7.3.2　宏的运行

宏在创建、调试正确后就可以运行了。

独立宏的运行方式包括:从导航窗格中直接运行、在宏组中运行、从另一个宏中运行、从 VBA 模块中运行或者是对于窗体、报表或控件的某个事件的响应而运行。

嵌入宏可以在窗体、报表、控件的设计视图中,通过单击运行按钮来运行,或者在与它关联的事件被触发时自动运行。

包含子宏的宏可以作为整体来运行,每个子宏也可以单独运行。运行的方法与独立宏的运行方法相同。

【例 7-6】　建立一个自动运行宏,即 AutoExec 宏,当打开数据库时出现一个"欢迎使用教学管理系统"消息框。

操作步骤如下:

(1) 打开"教学管理"数据库,在"创建"选项卡的"宏与代码"选项组中单击"宏"按钮。

(2) 在打开的宏生成器中,单击"添加新操作"组合框,输入 MessageBox,在"消息"文本框中输入"欢迎使用教学管理系统",如图 7-17 所示。

图 7-17　Autoexec 宏设计视图

（3）用 AutoExec 为宏名保存该宏，下一次打开数据库时，Access 2010 将首先自动运行该宏，弹出消息框，如图 7-18 所示。

图 7-18 自动运行宏

7.4 本 章 小 结

本章介绍了宏的基本概念，即宏是 Access 2010 数据库的一个对象，可以实现特定的功能，它的基本结构由操作、参数、组、条件、子宏、注释等部分组成；然后详细介绍在 Access 2010 的设计视图中进行独立宏、条件宏、子宏的创建过程，以及嵌入宏、数据宏的创建与操作；最后介绍了宏的调试和运行，即宏在运行之前需要进行调试，调试通过后才可以运行。

第 8 章

chapter **8**

VBA 与模块

本章学习目标

- 熟悉 VBE 操作环境；
- 了解 VBA 程序的组成，模块和过程的概念；
- 掌握 VBA 数据类型、常量、变量、表达式和函数的应用；
- 熟练掌握 VBA 的控制结构、子过程和函数过程的定义及调用方法；
- 掌握 VBA 数据库编程。

第 7 章中详细介绍了宏的应用，利用宏能够完成一般的数据库管理，但对于一些复杂的数据库操作或者与并不完全依赖于数据库的其他数据处理操作，只用宏是不能完成的，要实现这些功能需要编程工具——VBA（Visual Basic for Application）。VBA 是 Access 2010 内置的编程工具，使用这套编程工具，用户可以开发出功能完善的数据库应用系统。

本章主要介绍 VBA 编辑环境和模块、VBA 编程基础、程序控制流程、VBA 操作窗体和 VBA 数据库编程等内容。

8.1 VBA 概述

VBA 是 Access 2010 内置的编程工具，是 VB 的一个子集，使用 VBA 能够将数据库对象整合成一个整体，从而开发出功能完善的数据库应用系统。

Access 2010 中 VBA 程序的编写是在 VBE（Visual Basic Editor）中完成的，VBE 是一个集代码编辑、编译、执行和调试于一体的集成环境。

8.1.1 认识 VBE

在窗体/报表的设计视图（或布局视图）中，采用下列 3 种方法可以打开 VBE 窗口。

（1）单击"窗体（或报表）设计工具"选项卡的"设计"标签，在"工具"命令组中单击"查看代码"命令。

（2）右击需要编写事件代码的控件，在弹出的快捷菜单中选择"事件生成器"命令。

（3）打开控件的"属性"对话框，单击"事件"选项卡，单击某一事件属性右侧的"生成器"按钮，弹出"选择生成器"对话框，如图 8-1 所示，选择"代码生成器"，然后单击"确定"按钮。

在数据库窗口中，使用以下两种方法可以打开 VBE 窗口。

（1）在"创建"选项卡的"宏与代码"命令组中，单击"模块""类模块"、Visual Basic 这 3 个命令中的任意一个。

（2）在导航栏上任意选择一个模块对象，从右键快捷菜单中选择"设计视图"命令。

图 8-1 事件选择生成器

以上 5 种方法都会打开图 8-2 所示的 VBE 窗口。

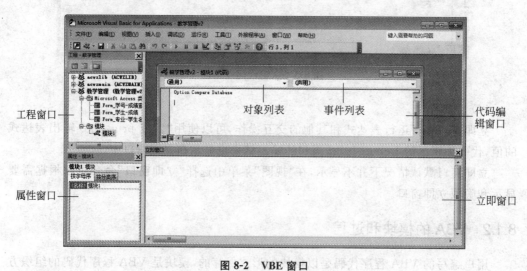

图 8-2 VBE 窗口

VBE 窗口主要包括 4 个窗口，分别是工程窗口、属性窗口、代码编辑窗口和立即窗口。这 4 个窗口的位置和功能如下：

（1）工程窗口。

工程窗口也称为工程资源管理器，用于显示应用程序的所有模块文件。该窗口上方有 3 个按钮，"查看代码"按钮 ▤ 可以打开当前模块的代码窗口，查看该模块的所有代码；"查看对象"按钮 ▤ 可以打开该模块的对象窗口，查看该模块包含的对象；"切换文件夹"按钮 ▭ 可以隐藏或显示某模块对象的分类文件夹。

（2）属性窗口。

属性窗口列出了在工程窗口中所选对象的属性，与窗体对象的"属性表"类似，用户可以在属性窗口中设置和修改对象的属性。

（3）代码窗口。

代码窗口主要用来编写、显示和编辑 VBA 代码，该窗口的顶部有两个下拉列表框，左侧为对象列表，右侧为过程列表。从左侧选择一个对象，右侧的列表框中会相应地列出该对象的所有事件,在事件列表框中选择某个事件后,系统会自动在代码编辑区生成相应事件过程的模板,用户可以向模板中添加代码,3 个部分结合在一起完成对象事件响应的设置,表示当某对象感知到某事件时,将执行哪些代码。

在图 8-3 中,对象列表中选择了 Command0,事件列表中选择了 Click;在代码编辑区的过程开始标志和结束标志之间加入了一条命令"DoCmd. Close";三者结合在一起表示当 Command0 感知到 Click(单击)事件时,将执行关闭当前窗体的命令,即当单击 Command0 时,关闭窗体。

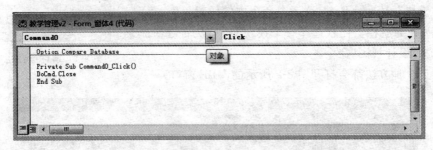

图 8-3　认识代码编辑区

(4) 立即窗口。

立即窗口用于运行表达式和其他的交互操作,可以使用"?"或 print 命令输出表达式的值,代码编辑区的 Debug. print 语句的输出结果也显示在立即窗口中。

立即窗口默认情况下并不显示,在"视图"菜单中选择"立即窗口"命令可以根据需要显示和隐藏立即窗口。

8.1.2　VBA 的模块和过程

用户编写的 VBA 程序代码是以模块的形式保存的,模块是 VBA 程序代码的组织方式,通常情况下,一个模块实现一个或者一组特定的功能,每个功能由一个过程来实现,每个模块拥有独立的代码编辑窗口,包含一个或多个过程。

在 Access 2010 中,根据模块与数据库对象的关系以及功能的不同,可以将模块分为两个类型:标准模块和类模块。

1. 标准模块

标准模块包含的是通用过程和常用过程,这些过程不与任何对象相关联,可以在数据库中的任何位置运行,也可以被其他模块中的过程调用。

2. 类模块

根据创建方法的不同,类模块也分为两种:一种类模块与窗体/报表相关联,所包含的过程一般是窗体/报表中某个对象的事件响应代码,每当用户创建一个窗体/报表时,系统会自动创建一个与之关联的类模块,用来存放该窗体/报表及其控件的事件代码;另一种类模块不与数据库对象关联,只为其他模块提供支持和服务,被称为自定义类模块。

无论哪种类型的模块,都是由声明和过程两个部分组成的,声明部分的作用是对本模块内的变量进行统一的定义,一般放在模块的前边;过程是模块的组成单元,用于保存实现某一功能的 VBA 代码,关于过程详细的介绍请参考 8.3.3 节。

声明和过程都是由语句组成的,语句是构成 VBA 程序的最基本单元。

8.1.3　将宏转换为 VBA 模块

通过宏能够实现的绝大多数功能都可以通过编写 VBA 程序来实现,宏命令可以被看作系统预先定义的 VBA 代码模板,用户使用宏命令创建宏其实是应用该模板创建 VBA 的模块。因此在数据库中可以将已存在的宏直接转换为相应的 VBA 事件过程或模块。

根据要转换宏的类型不同,转换操作有两种情况:一种是转换窗体或报表中的宏,另一种是转换独立的全局宏。

1. 转换窗体中的宏

在窗体的设计视图中,单击"窗体设计工具"→"设计"→"工具"→"将窗体的宏转换为 Visual Basic 代码"命令,显示"转换窗体宏"对话框,按提示完成操作。报表中的宏与窗体中的宏转换过程基本一样,此处不再赘述。

2. 转换独立的全局宏

打开宏的设计视图,选择"工具"组中的"将宏转换为 Visual Basic 代码"命令,打开"转换宏"对话框,此对话框与图 8-4 所示的对话框基本相同,按提示完成操作即可。

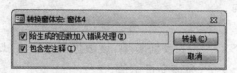

图 8-4　"转换窗体宏"对话框

8.2　VBA 程序基础

要掌握一门编程语言,首先要了解该语言所支持的数据类型,并能够利用这些数据类型定义和组织数据,然后选择合理的方法和步骤,对这些数据进行处理。本节主要介绍 VBA 中数据的类型、数据定义和引用方法等。

8.2.1　Access 2010 VBA 数据类型

在第 2 章中已经介绍过数据类型的概念,表 8-1 中列出了 VBA 支持的基本数据类型。

表 8-1 VBA 的基本数据类型

数据类型	类型标识	类型后缀	范　围	默认值
整数	Integer	％	−32 768～32 767	0
长整数	Long	&	−2 147 483 648～2 147 483 647	0
单精度数	Single	!	负数：−3.402 823E38～−1.401 298E−45 正数：1.401 298E-45～3.402 823E38	0
双精度数	Double	#	负数：−1.797 693 134 862 32E308～ 　−4.946 564 584 124 7E−324 正数：4.946 564 584 124 7E−324～ 　1.797 693 134 862 32E308	0
货币	Currency	@	−922 337 203 685 477.580 8～ 922 337 203 685 477.580 7	0
字符串	String	$	0～65 500 个字符	" "
布尔型	Boolean		Tree 或 False	False
日期型	Date		100 年 1 月 1 日～9999 年 12 月 31 日	
变体类型	Variant		数字和双精度同 文本和字符串同	Empty

除了表 8-1 列出的基本数据类型，VBA 还支持用户自定义类型，所谓的用户自定义类型是指利用基本数据类型的组合来表示具有复杂结构的数据，自定义类型用 Type 语句定义；其基本格式为：

```
Type 数据类型名
    数据元素定义语句
End Type
```

【例 8-1】 定义一个 Teacher 数据类型，该数据类型由 Tid、Tname、Tage 三个部分组成，用该类型创建一个变量，为该变量赋值。

```
Type Teacher
    Tid  As  String
    Tname  As  String
    Tage  As  Interger
End Type
```

在程序中使用：

```
Dim Tch As Teacher
    Tch.Tid="12345678"
    Tch.Tname="王立"
    Tch.Tage= 35
```

8.2.2 常量

常量是程序运行过程中始终保持不变，也无法变更的一个具体值。VBA 的常量包括数值常量、字符常量、符号常量、系统常量和内部常量 5 种。其中数值常量和字符常量最常用。

1. 数值常量

数值常量由数字、＋、－和小数点组成，如 123、123.45 等。

VBA 也支持指数形式的数值，其基本格式为"尾数 E 指数"，其中指数部分必须为整数，"E"也可以写作"e"，例如 12.345 E＋8、1.234e－5 等。

2. 字符常量

字符常量是由定界符" "定义的一串字符，如"VBA 模块"、"123"、"山东财经大学东方学院"等。

3. 符号常量

在程序中如果多次用到某个常量，而且该常量输入比较复杂或者容易出错，例如，比较长的字符串常量、尾数或者位数较多的数值型常量等，可以定义一个符号来代替该常量输入，在程序运行时会自动将符号转换为具体的数据，此时这个符号被称为符号常量。

符号常量用 Const 语句定义，格式如下：

```
Const 符号常量名称=常量值
```

其中符号常量的名称一般用大写字母，以便与变量区分开来。

例如：

```
Const  PI  3.1415927
Const  UNAME="山东财经大学东方学院"
Const  INCH=0.0833333
```

在定义符号常量时不需要指定数据类型，VBA 会自动按存储效率最高的方式确定其数据类型。注意在程序运行过程中对符号常量只能引用，不能修改或重新赋值。

4. 系统常量

系统常量是指 Access 启动时自动建立的常量，包括 True、False、Yes、No、Off、On 和 Null 等。系统常量可以应用在 Access 中的任何地方。

此外，VBA 预定义的常量还包括一些来源于对象库的常量，其中来自 Access 库的常量以"ac"开头，来自 ActiveX Data Objects(ADO)库的常量以"ad"开头，而来自 VB 库的常量则以"vb"开头。

8.2.3　变量

变量是指在程序运行过程中其值可以改变的量。变量由变量名、变量类型和变量值组成，变量名是变量的标识符号，系统通过变量名来区分变量；数据类型决定了变量的存储方式，从而规范了该变量可以被赋予的值和可执行的运算；变量的值是指在数据类型的约束下实际赋予变量的值。

1. 变量的命名

在为变量命名时，应遵循一定的规则，这些规则包括：

(1) 变量名只能由字母、数字和下画线组成；

(2) 变量名只能以字母开头，所以"x2"是合法的变量名，而"2x"是违法的变量名；

(3) 变量名不能使用系统保留的关键字，例如 if、while 等；

(4) 变量名不区分大小写字母，例如 ABC、abc 或 aBc 表示同一个变量。

除了变量名外，在 Access 2010 VBA 中的过程名、自定义类型名、元素名等在命名时都遵循以上规则。

2. 变量类型的定义

VBA 的变量在使用前需要先定义数据类型，数据类型可以是表 8-1 中的任意一种，定义方法有隐含式定义和显式定义两种。

1) 隐含式定义

隐含式定义是指在使用变量时，在变量名之后添加不同的后缀表示变量的类型，关于后缀的知识请参考表 8-1。

例如：

```
Typetest%=123                    '变量为整型,值为 123
Dim MyUniv$                      '变量为字符型
```

如果在变量名称后面没有添加后缀字符来指明隐含变量的类型时，系统会默认为 Variant 数据类型。

变量隐含声明不够直观，在程序阅读和调试时不够方便，因此一般情况下不推荐这样的声明方式。

2) 显式定义

显式定义是指用 Dim 直接指定变量数据类型，其中数据类型使用英文字母表示，其格式为：

```
<Dim><变量名 1>[<As><类型名 1>],<变量名 2>[<As><类型名 2>],…
```

例如，下面的语句定义了整型变量：

```
Dim Typetest As Integer
Dim MyUniv As String
```

在一条 Dim 语句中也可以定义多个变量，例如，下面的语句将 Test1 和 Test2 分别定义为字符串变量和单精度变量：

```
Dim Test1 AS String, Test2 AS Single
```

若在 Dim 语句中省略了 As 和类型名,则表示定义的是变体类型,例如:

```
Dim Test3
```

此时 Test3 可以表示多种数据类型,可以赋予各种类型的值,而 Test3 最终的数据类型是由它此时被赋予的值决定的。

3) 变量的赋值

在 VBA 中,变量赋值的格式为"变量名＝表达式",表示将表达式的结果赋予变量,每次赋值都会覆盖掉变量原有的值。

例如:

```
mytext=123          '变量 mytext 的值为 123
mytext=123+4        '此时变量被重新赋值为 127
```

8.2.4　数组变量

如果需要使用多个相同类型、作用相近的变量,为每个变量单独命名和声明过于烦琐,也不利于编程者记忆,此时可以将这些变量组织成一组变量,使用数组进行统一的声明。

数组是一组变量的集合体,所有的变量拥有统一的数组名和不同的序号,这些序号在 VBA 数组中用下标来表示,例如数组名为 student,第 1 个成员为 student(0),……,第 6 个成员为 student(5),每个成员被称为一个数组元素,可以作为一个单一的变量使用。

1. 声明数组

数组必须先声明后使用,在声明时需指定数组名、所存储数据的类型,同时还要指明数组下标的下界和上界以确定数组可以容纳元素的数目。

数组定义格式为:

```
<Dim><数组名>([下标下界 to] <下标上界>) [As <数据类型>]
```

说明:

(1) 数组名的定义规则与变量定义规则相同,但不能是已经声明过的数组名或变量名。

(2) 下标上界不可以省略,但下标下界可以省略,此时默认下标下界为 0,即数组的第一个数组元素为"数组名(0)";若不省略下标下界则数组元素的下标应落在下界和上界之间。

(3) 如果省略了数据类型的定义,则数组中的每个元素均为变体型。

例如 Dim Aa(3) as String,数组包含 4 个元素,分别为 Aa(0)、Aa(1)、Aa(2)、Aa(3),这些元素均为字符型。

Dim Bb(1 to 4),数组包含 4 个元素,分别为 Bb(1)、Bb(2)、Bb(3)和 Bb(4),这些元素均为变体类型。

2. 数组的赋值和引用

数组声明后,每个数组元素可以表示为"数组名(下标)",作为一个独立的变量使用,但是不在数组声明的下标范围内的不允许使用,否则会出现"下标越界"的错误。

例如:

```
Dim Aa(1 to 4)
Aa(1)=123          '为第一个数组元素赋值
Aa(4)=456          '第四个数组元素赋值
Aa(6)=789          '下标越界
X=Aa(1)+3          '引用第一个数组元素的值
```

3. 多维数组

如果在声明数组时指定多个下标,则声明的数组被称为多维数组。例如:

```
Dim Aa(1 to 2,1 to 3)As String
```

此命令声明了一个 2 行 3 列的二维数组,包含 6 个成员,分别是 Aa(1,1)、Aa(1,2)、Aa(1,3)、Aa(2,1)、Aa(2,2)、Aa(2,3)。

除了引用时需要指定每个下标的序号,多维数组的使用与一维数组没有区别。

对于任意的数组元素,如果没有赋值,则保持该数据类型的默认值,各类型的默认值请参考表 8-1。

8.2.5　运算符与表达式

表达式是指用运算符将常量、变量和函数连接起来的有意义的式子。VBA 中有算术运算符、关系运算符、日期运算符、逻辑运算符、连接运算符 5 种,使用这些运算符构建的表达式相应也有 5 种。

各种运算符在同一个表达式中出现时,计算的顺序有先有后,这种先后关系被称为运算优先级,运算优先级高的运算符先运算,优先级低的后运算,对于运算优先级相同的运算符按照从左到右的顺序计算。

1. 算术运算符

算术运算符用于算术运算,主要包括乘幂^、乘法 * 、除法/、整数除法\、求模 Mod、加法＋和减法－一共 7 个运算符。

(1) ＋、－、*、/中请注意乘、除的写法。

(2) ^乘幂运算符用于乘方运算,例如,3^2 的结果是 9,$(-2)^3$ 的结果是－8。

(3) "\"整数运算符用来对两个数值的整数部分做除法运算并返回结果的整数部分,结果中小数部分直接舍去,例如 8\3 的结果是 2, 8.3\3.5 结果是 2。

(4) mod 求模运算符返回两个整数相除后的余数,如果操作数有小数部分,系统会先四舍五入将其变成整数后再运算,运算结果的符号与被除数相同。例如,10 Mod 3 的结果是 1,12 Mod −5 的结果是−3。

算数运算符的优先级从高到低顺序是乘幂、乘除、整数除法、求模、加减法。

使用算数运算符构建的表达式被称为算数表达式,表达式的结果为数值型。

2. 关系运算符

关系运算符用来表示两个值或两个表达式之间的大小关系,有相等＝、不等<>、大于>、大于等于>=、小于<、小于等于<=共 6 个运算符。

关系运算符用来对两个数据进行大小的比较,运算的结果为逻辑值,分别是 True(真)和 False(假)。

不同数据类型的数据不能用关系运算符连接,同一种数据类型其比较规则与第 3 章中介绍过的比较规则相同。

3. 日期运算符

日期运算符包括＋和−两种,其运算规则为:

(1)“日期”＋“数值”或“日期”−“数值”结果都是一个新的日期,此时数值的单位是“天”,表示某日期之间或之后的日期。

(2)“日期”−“日期”结果是一个数值,表示两个日期间相隔多少天。

如果将公式中的日期替换为时间,则数值的单位为“秒”,计算含义不变。

4. 逻辑运算符与逻辑表达式

逻辑运算符有逻辑与 AND、逻辑或 OR 和逻辑非 NOT 共 3 个运算符,其运算规则如表 8-2 所示。

表 8-2　逻辑运算规则表

A	B	NOT A	A AND B	A OR B
True	True	False	True	True
True	False	False	False	True
False	True	True	False	True
False	False	True	False	False

逻辑运算的优先级顺序依次为:NOT→AND→OR。

例如,3>2 AND 7>3 的结果是 True,8＝8 AND"山东">"泰安"的结果是 False,4>3 or 5>8 and 1=2 的结果为 True。

在 VBA 中 True 值为−1,False 的值为 0,所以 Ture>False 的结果为 False。

5. 字符连接运算符

字符连接运算符有＋和 & 两个,作用是将两个字符串连接成一个新的字符串。

(1)＋运算符要求两个数据都是字符串数据,运算结果是将两个给字符串连接成一个新的字符串。

例如,"山东财经大学"+"东方学院"的结果是"山东财经大学东方学院","计算机系"+123 的结果是错误提示。

(2)"&"运算符不要求参与运算的数据必须是字符串数据,可以对两个数据强制进行连接,运算符两端无论是不是字符串,都会被作为字符串,直接连接在一起。

例如,

"山东财经大学"&"东方学院"的结果是"山东财经大学东方学院"。

"2 * 3" & "=" & (2 * 3)的结果是"2 * 3=6"。

"计算机系"&123 结果是"计算机系 123"。

以上 5 类运算符如果出现在同一个表达式中,其优先级从高到低的顺序是算术运算符、日期运算符、连接运算符、关系运算符、逻辑运算符;可以采用"()"来强制改变运算优先级。

8.2.6　VBA 标准函数

在前面的章节中,已经介绍过 Access 2010 系统函数的格式、调用方法等基础知识,本章介绍的 VBA 标准函数的格式、调用方法基本相同。这些函数的运行效果可以在立即窗口中查看,如果需要输出运行结果,可以使用"?"命令,例如? abs(-1),将在立即窗口中显示 abs(-1)的运行结果。

根据函数参数类型和作用的不同,可以将 VBA 标准函数分为如下 7 大类。

1. 数值函数

① 求绝对值函数。

格式:Abs(数值)

功能:返回参数的绝对值。

示例:

```
Abs(-10)          结果:10
```

② 向下取整函数。

格式:Int(数值)

功能:返回不大于参数的最大整数部分。

示例:

```
Int(13.4)          结果:13
Int(13.6)          结果:13
Int(-13.6)         结果:-14
```

③ 去尾取整数函数。

格式:Fix(数值)

功能:返回参数的整数部分。

示例：

```
Fix(13.4)        结果：13
Fix(13.6)        结果：13
Fix(-13.6)       结果：-13
```

④ 四舍五入函数。

格式：Round(数值,[小数位])

功能：在指定的小数位对数值进行四舍五入，如果省略小数位，则默认为无小数。

示例：

```
Round(123.456,2)   结果：123.46
Round(-123.45)     结果：-123
Round(-1234.5)     结果：-1235
```

⑤ 开方函数。

格式：Sqrt(数值表达式)

功能：求数值表达式结果的平方根。

示例：

```
Sqrt(9)结果：3
```

⑥ 随机函数。

格式：Rnd(数值)

功能：产生一个 0～1 的随机数。

可以通过表达式改变随机数的取值范围，例如"Int(100 * Rnd())+1"表达式可以产生一个 1～100 间的随机整数。

2. 日期函数

① 当前日期函数。

格式：Date()

功能：返回系统当前日期。

② 当前时间函数。

格式：Time()

功能：返回系统当前时间。

③ 当前日期时间函数。

格式：Now()

功能：返回系统的日期和时间。

④ 取出年份函数。

格式：Year(日期)

功能：取出日期中的年份，结果为整型。

示例：

```
Year(Date())        结果：返回系统日期中的年份
```

⑤ 取出日期月份函数。

格式：Month(日期)

功能：取出括号日期中月份，结果为整型。

示例：

```
Month(Date())        结果：返回系统日期中的月份
```

3. 字符串函数

① 字符串求长度函数。

格式：Len(字符串)

功能：返回括号中字符串的长度，即字符串中字符的个数，注意空格也要计算。

示例：

```
Len("welcome to Beijing")     结果：18
```

② 左边截取。

格式：Left(字符串，整数 N)

功能：从字符串左边截取 N 个字符。

示例：

```
Left("北京奥运 2008 ",2)       结果：北京
```

③ 右边截取子字符串函数。

格式：Right(字符串，整数 N)

功能：从字符串右边截取 N 个字符。

示例：

```
Right("北京奥运 2008",4)       结果：2008
```

④ 中间截取字符串函数。

格式：Mid(字符串，开始位置 N1，截取长度 N2)

功能：从字符串左边第 N1 个位置开始截取 N2 个字符串。

示例：

```
Mid("北京欢迎你",3,2)          结果：欢迎
```

在上述 3 个截取子字符串函数中汉字和英文都作为一个字符处理，另外需要注意函数中截取的是子字符串，结果应该作为一个子字符串出现，而不是一个一个字符的截取后组合。

⑤ 删除左边/右边/两端空格。

格式：Ltrim/Rtrim/Trim(字符串)

功能：删除字符串左边/右边/两端空格。

示例：

```
Ltrim("welcome to beijing")          结果：welcome to Beijing
```

说明：这 3 个函数只去掉处在字符串端点的空格，字符串中间的空格不会被去掉。

⑥ 字符串查找。

格式：Instr([N],str1,str2)

功能：在 str1 中从 N 位置开始查找 str2，返回首次出现的位置，N 可以省略，省略表示从第一个字符开始查找。若找到，则返回所在位置整数；若找不到，则返回值为 0。

示例：

```
Instr("welcome to 东方学院","o")  结果：5
```

说明：在"welcome to 东方学院"中查找"o"，返回所在位置。

```
Instr(8,"welcome to 东方学院","o")    结果：10
```

说明：在"welcome to 东方学院"中从第 8 个字符开始查找"o"，返回所在位置。

4. 转换函数

① 数字转换为字符串。

格式：Str(数值表达式)

功能：将数字转换为字符串。

示例：

```
"程序运行结果是："+123          结果：出错，字符串不能和数字运算
"程序运行结果是："+Str(123)     结果：程序运行结果是："123"
```

② 字符串转换为数字。

格式：Val(字符串)

功能：将数字字符串转换为数值，当字符串中出现第一个非数字字符时即停止转换，这些非数字字符不包括空格。

示例：

```
"100"+100               结果：出错，字符串不能和数字运算
Val("100")+100          结果：200
```

5. 验证函数

在窗体上使用控件输入数据时，可通过一些验证函数验证输入的数据是否有效，验证函数的结果为逻辑型，比如使用文本框输入课程分数时，可使用 IsNumeric 判断输入的数值是否为数值。

① IsNumeric(表达式)测试表达式结果是否为数值。

② IsDate(表达式)测试表达式结果是否为日期。

③ IsNull(表达式)测试表达式结果是否无效。

④ IsEmpty(变量名)测试变量名是否未初始化。

⑤ IsError(表达式)测试表达式是否存在错误。

6. 选择函数

① IIf 函数。

格式：IIf(judgeexpr，valtrue，valfalse)

功能：根据 judgeexpr 表达式的结果来决定函数的最终结果，如果 expr 结果为真，则函数结果为 valtrue，否则函数结果为 valfalse。

示例：

```
Score=85
IIf(score>=60,"及格","不及格")    结果：及格
```

说明：该函数可以构建更复杂的选择函数，例如 IIf(score>=60,IIf(score>=85,"优秀","及格"),"不及格")。

② Switch 函数。

格式：Switch(条件 1，表达式 1[，条件 2，表达式 2…[，条件 N，表达式 N]])

功能：从左边条件开始计算，若某个条件成立，函数的值就为该条件对应的表达式的值。

示例：

```
Score=85
Switch(score<60,"不及格",score< 85,"及格",score>=85,"优秀")     结果：优秀
```

③ Choose 函数。

格式：Choose(index，choice-1[，choice-2，…[，choice-n]])

功能：Choose 会根据 index 的值来返回选择项列表中的某个值。如果 index 是 1，则 Choose 会返回列表中的第一个选择项。如果 index 是 2，则会返回列表中的第二个选择项，以此类推。

示例：

```
aa=2
choose(aa,"财金系","信息系","会计系")     结果：信息系
```

7. 输入输出函数

① InputBox。

该函数的作用是用对话框为程序输入数据，如图 8-5 所示，系统会显示函数指定的提示信息，等待用户输入正文或按下按钮，返回用户输入的值，该值默认为字符型，所以如果要得到其他类型的数据，需要使用数据类型转换函数去完成转换。

格式：InputBox(提示信息 [，标题][，默认值][，左边距][，右边距])

示例 1：

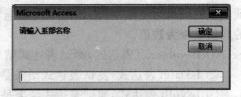

图 8-5　InputBox 对话框

Aa=InputBox("请输入所属系部")

结果是弹出图 8-5 所示对话框,输入"工商管理",单击"确定"按钮,则 Aa 的值为"工商管理"。

示例 2:

Aa=InputBox("请输入学生人数") as integer　　　　　　　'此时输入的数据为整型

② MsgBox。

MsgBox 函数用于输出数据,并返回用户选择的控制选项,如图 8-6 所示,系统会在对话框中显示信息,等待用户单击按钮,并返回一个 Integer 类型的数值来确定用户单击了哪一个按钮。

格式:MsgBox(提示信息[,按钮及图标组合值][,标题])

示例:

Aa=MsgBox("关闭当前窗体",vbYesNo,"关闭提醒")

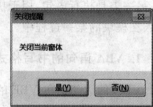

图 8-6　MsgBox 对话框

功能:弹出图 8-6 所示的对话框,单击"是(Y)"按钮,返回值为 6;单击"否(N)"按钮,返回值为 7,在接下来的程序中可以根据 Aa 的值来判断用户究竟单击了哪个按钮。

表 8-3 列出了 MsgBox 中的按钮及图标组合值,表 8-4 列出了消息框中单击按钮后返回的值。

表 8-3　按钮及图标组合样式值

常　　数	值	描　　述
vbOKOnly	0	只显示"确定"按钮(缺省)
vbOKCancel	1	显示"确定"和"取消"按钮
bAbortRetryIgnore	2	显示"终止""重试"和"忽略"按钮
vbYesNoCancel	3	显示"是""否"和"取消"按钮
vbYesNo	4	显示"是"和"否"按钮
vbRetryCancel	5	显示"重试"和"取消"按钮
vbCritical	16	显示"错误信息"图标
vbQuestion	32	显示"询问信息"图标
vbExclamation	48	显示"警告消息"图标
vbInformation	64	显示"通知消息"图标

表 8-4　单击消息框按钮后返回值

常　数	值	描　　述	常　数	值	描　　述
vbOK	1	单击了"确定"按钮	vbIgnore	5	单击了"忽略"按钮
vbCancel	2	单击了"取消"按钮	vbYes	6	单击了"是"按钮
vbAbort	3	单击了"终止"按钮	vbNo	7	单击了"否"按钮
vbRetry	4	单击了"重试"按钮			

8.3　VBA 程序结构

VBA 程序最基本的组成单位是语句,每条语句执行一个操作命令,这些语句按一定的流程组织起来构成过程,若干流程按一定的方式组织在一起构成模块,模块组织在一起构成一个完整的 VBA 应用程序。

8.3.1　语句

语句是 VBA 基本的组成单位,按功能不同,可以将语句分为两类。

一类是声明语句,用于定义变量、常量或过程,这类语句一般输入在模块声明部分中;另一类是执行语句,用于执行赋值操作、调用过程、实现各种流程控制,这类语句一般输入在模块的某一过程中。

1. VBA 语句的书写格式

VBA 的语句是在 VBE 的代码编辑区中输入的,在输入语句时要遵循下面的规则:

(1) 一条语句写在一行中,以回车结尾,本行输入结束并按下回车键后,VBE 会自动检查本行是否有语法错误,如果有语法错误,系统会给出提示对话框。

(2) 如果一条语句较长、一行写不完时,可以将语句写在连续的多行,除了最后一行之外,前面每一行的末尾要使用续行符"_"。

(3) 如果需要将几条语句写在同一行内,可以使用冒号":"分隔各条语句。

(4) 为提高程序的可读性,以方便检查、调试和维护,在过程的开始或者关键语句之后一般要求添加适当的注释,这些注释的内容在程序运行时自动被忽略掉,只起到注释说明作用,不参与程序的运行。

在 VBA 程序中,为程序添加注释的方法有两种:一种是整行注释,在一行语句前添加 Rem,则整行被视为注释语句;另外一种方法是在某行代码最后添加注释,注释部分以英文单引号"'"开头,单引号之后为注释内容。

2. 声明语句

声明语句用来定义和命名变量、符号常量和过程,在定义这些内容的同时,也定义了它们的作用范围。

例如,在模块的声明部分添加"Option Base 1",则定义数组时如果省略了下标下限,默认下标从 1 而不是从 0 开始,因此输出 aa(0)时会出现下标越界的错误,具体效果如图 8-7 所示。

3. 赋值语句

赋值语句用来为变量指定一个值,在 8.2.3 节中已经做过介绍,此处不再赘述。

图 8-7　Option Base 1 声明语句效果

8.3.2　程序的控制结构

语句的执行顺序被称为流程，程序的流程有 3 种：顺序结构、分支结构和循环结构。

1. 顺序结构

简单的程序大多为顺序结构，整个程序按书写顺序依次执行。

2. 分支结构

分支结构要求根据特定的条件是否成立来决定执行哪些语句，采用分支结构可以对不同的数据采用不同的操作，使程序更加灵活。在 VBA 中，构成分支结构的语句有以下 3 种。

1) 简单分支语句

语法格式如下：

```
If  <条件>  Then
    <语句序列>
End  If
```

说明：如果条件为真，执行 Then 下面的语句序列，如果条件为假，则不执行 Then 下面的语句序列，无论是否执行了 then 后边的语句序列，都要执行 End If 后面的语句，其流程如图 8-8 所示。

如果语句序列中只有一条语句，则 If 语句可以写成单行的形式，这时可以省略 End If。

【**例 8-2**】　假定乘客携带行李的重量少于 20kg，不收运费，高于 20kg，按每公斤 1.5 元收费，使用输入框输入乘客携带的行李的重量，在立即窗口中显示要收取的费用。

（1）在数据库中单击"创建"选项卡，选择"宏与代码"命令组中的"模块"命令创建一个 VBA 模块，默认为"模块 1"，保存该模块。

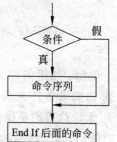

图 8-8　单分支程序流程

（2）在该模块中输入以下代码：

```
Sub tae()
Dim tae, het As Single
    tae=0
het=Val(inputbox("请输入行李重量","",0# ))
If het>=20 Then
    tae=(het-20) * 1.5
End If
    Debug.Print "应付运费为："&tae
End Sub
```

（3）在 VBE 中单击"运行"菜单，选择"运行子过程/用户窗体"命令，或者直接单击任务栏上的运行按钮，在图 8-9 所示的列表框中选择要运行的宏，在这里是 tae。

（4）在图 8-10 所示的输入框中分别输入重量 15 和 35，在"立即窗口"中观察结果。

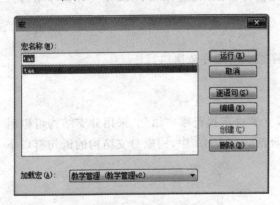

图 8-9　运行模块对话框

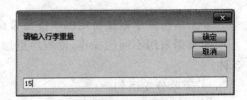

图 8-10　InputBox（）对话框

2）选择分支语句

语法格式如下：

```
If  <条件>  Then
    <语句序列 1>
Else
    <语句序列 2>
End  If
```

说明：如果条件为真，执行 Then 下面的语句序列 1；如果条件为假，则执行 Else 下面的语句序列 2，无论执行的是哪些语句序列，都要执行 End If 后边的语句，其流程如图 8-11 所示。

【例 8-3】　假定乘客携带行李的重量少于 20kg，每公斤收运费 0.5 元，高于 20kg，每公斤收费 1.5 元，使用输入框输入乘客携带的行李的重

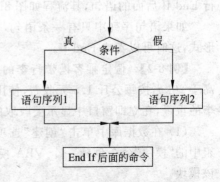

图 8-11　双分支结构流程图

量,在立即窗口中显示要收取的费用。

步骤同上,只需在代码区添加如下代码:

```
Sub tae2()
        Dim tae, het As Single
tae=0
        het=Val(inputbox("请输入行李重量", "", 0# ))
        If het>=20 Then
tae=(het-20) * 1.5
Else  tae=het * 0.5
        End if                                      '可以省略
    Debug.Print "应付运费为: " & tae
End Sub
```

本例中未涉及输入值小于 0 的情况,如果需要检查输入值是否小于 0,可以通过分支的嵌套来实现,即一个分支中再添加一段分支语言,则上例的 Else 语句应修改为:

```
Else  If het> = 0                         '分支的嵌套
    tae=het * 0.5
    Debug.Print "应付运费为: " & tae
    Else
    Debug.Print "应付运费为: " & tae
    End If                                '内层 If 的结束语句
End If                                    '外层 If 的结束语句
```

3) 多重分支语句

有些程序条件较多,例如将 100 分制成绩转化为 5 级制,需要 4 个 If 语句嵌套才可以实现,这使得整个程序阅读起来比较复杂,输入代码时容易出现 If-Eles-End If 的配对错误。此时如果使用 Select 语句实现多重选择,可以使代码清晰易读。Select 语句的语法格式如下:

```
    Select Case 测试表达式
        Case 表达式列表 1
语句序列 1
        [Case 表达式列表 2
        语句序列 2]
...
        [Case 表达式列表 n
语句序列 n]
        [Case Else
语句序列 E]
    End Select
```

说明:Case 语句的匹配测试是按顺序进行的,只要任何一个测试得到真值即执行该条件后边的语句,然后跳转到 End Select 语句之后,即如果有多个分支的值与测试表达式相匹配,则只执行第一个相匹配的 Case 下面的语句序列,其他符合条件的分支不会再执行。如果没有找到匹配的条件,则执行 Case Else 子句(此项是可选的)中的语句,如果 Case Else 语句被省略则不执行任何语句,其流程如图 8-12 所示。

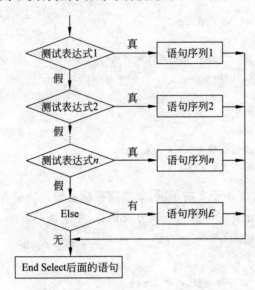

图 8-12   多分支 Select Case 流程图

测试表达式可以是数值型或字符型的表达式,通常为一个数值型或字符型的变量。表达式列表是一个或几个值的列表。如果在一个列表中有多个值,需要用逗号把值隔开。

【例 8-4】   编写一个 VBA 过程,使用输入框为 score 输入值,根据该值确定学生所属 5 级制级别。

步骤同上,只需在代码区添加如下代码:

```
Sub range()
    Dim score As Single
    Dim range As String
    score=Val(inputbox("请输入学生百分制成绩", "", 0))
    Select Case score
    Case Is<60
        range="不及格"
    Case Is<70
        range="及格"
    Case Is<80
        range="中等"
    Case Is<90
        range="良好"
    Case Is<= 100
        range="优秀"
    Case Else
```

```
        range="输入错误!"
    End Select
    Debug.Print "该学生成绩为: " & range
End Sub
```

3. 循环结构

在程序执行时,顺序结构和分支结构中的每条语句只执行一次,但是在实际应用中,有时需要重复执行某一段语句,此时可以采用循环结构来避免重复输入。重复执行的语句称为循环体。在 VBA 中可以使用 Do…Loop 与 For…Next 实现循环结构。

1) Do while…Loop 循环语句

Do…Loop 语句构成的循环有 Do…While…Loop 和 Do…Until…Loop 两种形式。

Do…While…Loop 形式的语法格式如下:

```
    Do While 条件表达式
循环体
        [Exit Do]
    Loop
```

说明:

(1) 判断"条件表达式"的值,当"条件表达式"为真(Ture)时执行循环体,否则,结束循环,跳转到 Loop 后边的语句。

(2) 在循环体中可以有条件地使用 Exit Do 语句,目的是使循环提前结束并退出循环。

(3) 无论有没有 Exit Do 命令,在循环体中至少要有一个语句用于使循环条件发生变化,否则循环将无法停止,陷入"死循环"。

Do While 循环的流程如图 8-13 所示。

与 Do…While…Loop 形式相对的,还有一种 Do…Until…Loop 格式,它的语法格式如下:

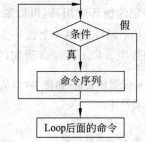

图 8-13　Do…While…Loop 流程图

```
    Do Until 条件表达式
循环体
        [Exit Do]
    Loop
```

语句的执行过程与 Do…While…Loop 语句相似,不同的是在该格式中,当条件式的值为假时重复执行循环,直到条件式为真时结束循环。

【例 8-5】　编写一个 VBA 过程,计算 n!。

步骤略,在代码区添加代码如下:

```
    Sub Factorial()
Dim aa As Integer
```

```
    Dim Facto as long
aa=1
Facto=1
Do While aa<=  5                    '可以调整为 do until aa>5
    Facto=Facto * aa
    aa=aa+1
Loop
    Debug.Print  "整数" & aa-1 & "的阶乘是: " & Facto
    End Sub
```

例 8-5 中的循环语句是先判断条件表达式,后执行循环体,如果初始条件不满足循环条件,则循环体不会被执行。也可以先执行循环体后判断要不要继续。这样,Do…Loop语句又有下面两种演变形式。

Do…While…Loop 形式的另一种写法如下:

```
    Do
循环体
    Loop While 条件表达式                        ' 或调整为 Loop Until 条件表达式
```

这两种循环格式保证循环体至少执行一次。

2) For…Next 循环语句

Do…Loop 循环适用于循环次数不方便预先确定的循环应用。对于循环次数可以预先确定的循环应用,则可以采用 For…Next 循环,它有利于程序的清晰与可读性。

For 循环使用一个循环变量,每重复一次循环后,循环变量的值会增加或减少一个确定的数值。For…Next 语句的语法格式如下:

```
For 循环变量=初值 TO 终值 [Step 步长]
循环体
    [Exit For]
Next [循环变量]
```

说明:

(1)首先为循环变量赋初值,检查循环变量的值是否超过终值,若未超过终值,循环继续,执行循环体;若超过终值,则跳过循环体,转而执行 Next 后面的语句。

(2)每执行一遍循环体,循环变量自动增加一个步长值,并返回条件判断。

(3)如果步长为 1,则关键字 Step 和步长都可以省略,如果终值小于初值,步长应为负值,否则循环体一次也不执行。

(4)在循环体中可以有条件地使用 Exit For 语句,作用是满足某个条件时提前结束循环体的执行,并退出循环。

(5)循环可以用公式 $\left\lfloor \dfrac{终值-初值}{步长} \right\rfloor+1$ 来确定,其中 $\lfloor\ \rfloor$ 代表向下取整,即不大于括号内的最大整数。

【例 8-6】　编写一个 VBA 过程,依次输入 11 个数字,串成一个电话号码并显示。

因为要输入 11 个数字,所以可以确定循环次数为 11 次,可以通过 For…Next 循环来实现。

步骤略,在模块中添加代码如下:

```
Sub sstring()
    Dim n As Integer
    Dim ss As String
    For n=1 To 11
        ss=ss+inputbox("请输入下一个数字")
    Next
    Debug.Print ss
End Sub
```

8.3.3　过程定义和调用

已编写完成的过程可以完成特定功能,如果新编写的过程也需要这些功能,可以直接调用已有的过程,此时被调用的过程被称为子过程,按照调用方式的不同,可以分为子(Sub)过程、函数(Function)过程和属性(Property)过程 3 种,在此只介绍前两种。

1. 子过程的定义和调用

子过程使用 Sub…End Sub 语句定义,能完成某个特定功能,包括计算数值,执行动作及更新对象属性等功能,但使用子过程不能返回值,即过程的结果不能返回给调用者,在上级程序中使用,子过程定义格式如下:

```
[Public|Private][Static]Sub 子过程名(形式参数)
        [子过程语句]
        [Exit Sub]
        [子过程语句]
End Sub
```

说明:

(1) 使用 Public 表示该过程可以被任何模块中的任何过程访问,使用 Private 时,表示该过程只能在声明它的模块中使用,缺省时,Sub 过程默认为 Public。

(2) 使用 Static 时,表示在两次调用之间保留过程中的局部变量的值。

(3) 形式参数简称形参,用来接收调用过程时由实参传递过来的参数。如果有多个形参,则参数之间用逗号分开。

子过程定义好后,可以使用过程名直接调用,也可以在过程名的前边加上 Call 来调用,其格式为:

```
[Call]<子过程名>([实际参数))
```

说明:

(1) 实际参数简称实参,是传递给形参的数据。

（2）如果使用 Call 来调用一个需要参数的过程，则参数要放在括号中，如果省略了关键字 Call，则参数外面的括号也必须省略。

（3）每调用一次过程，Sub 与 End Sub 之间的语句就执行一次。

【例 8-7】 下面的命令可以打开"学生基本情况"窗体：

```
DoCmd.OpenForm "学生"
```

将此命令放在一个子过程中，用来打开窗体，其中要打开的窗体名用形参表示，编写的子过程如下：

```
Sub OpenForms(strForm As String)            '形参 strForm 为变长字符串
    DoCmd.OpenForm strForm
End Sub
```

如果要调用该过程打开窗体，只需将窗体名通过实参传递给过程的形参即可，代码如下：

```
Call OpenForms("学生基本情况")
```

或使用不带 Call 的调用：

```
OpenForms"学生基本情况"
```

2. 函数过程的定义和调用

8.2.6 节介绍了系统提供给用户的大量函数，使用这些函数可以很方便地完成一些操作，其实用户也可以定义自己的函数，这些函数被称为函数过程，其调用方法与标准函数一样，但功能需要用户预先定义。函数过程的定义使用 Function 语句，定义格式如下：

```
[Public|Private][Static] Function 函数过程名(形参)[As 数据类型]
    [函数过程语句]
        [函数过程名=表达式]
    [Exit Function]
    [函数过程语句]
        [函数过程名=表达式]
End Function
```

说明：

（1）其中的 Public、Private 和 Static 的作用与 Sub 过程中是一样的，如果将一个函数过程说明为模块对象中的私有函数过程，则不能从查询、宏或另一个模块中的函数过程调用这个函数过程。

（2）格式中的[As 数据类型]用来指定函数返回值的类型。

（3）格式中的[函数过程名 = 表达式]用来定义函数返回的值。

与 Sub 过程一样，Function 过程也是一个独立的过程，它可以接收参数，执行一系列的语句并改变其自变量的值，与 Sub 过程不同的是，它具有一个返回值，而且有数据类型。

【例 8-8】 编写一个 VBA 子过程，求解 C(m,n)，即组合数计算，其计算法则为 m!/

n!/(m-n)!,此时可以编写一个函数来实现阶乘的求解。

(1) 编写一个求解阶乘的函数 factorial(),代码如下:

```
Public Function factorial(aa As Integer)  As Long
    Dim i As Integer
factorial=1
    For i=1 To aa
factorial=factorial * i
    Next i
End Function
```

如果要计算某数字阶乘的值,可以使用 Y=factorial(x)实现调用,也可以把函数直接放在表达式中。

(2) 编写子过程,实现组合数求解。代码如下:

```
Public Sub mixup(m As Integer, n As Integer)
    Dim mixup As Long
    If m>=n And n>=1 Then
mixup=factorial(m)/factorial(n)/factorial(m-n)
        Debug.Print mixup
    Else
        Debug.Print "无法求解,输入有错!"
    End If
End Sub
```

(3) 在立即窗口中使用 call mixup(5,3)调用子过程,观察输出的结果为 10。

8.4 VBA 操作窗体

窗体是 Access 2010 用户操作数据库的基本界面,通过第 7 章的介绍,读者已经能够对窗体进行一些固定和简单的操作,如果需要更复杂或者功能更强的操作则需要借助于 VBA。

8.4.1 引例

有些操作无法通过宏来完成,尤其是一些不完全依赖于数据库中表的窗体,例如登录窗体中登录次数的限制,例如创建一个用于抽取号码的抽奖程序,例如设计一个在系统中使用的用于计算的工具等。

要实现这些功能需要使用 VBA 为窗体提供事件代码。

8.4.2 对象引用

在第 5 章介绍过窗体属性的作用和修改方法,但是那些修改是在属性窗口中进行的静态修改,很多时候用户需要在某些事件发生时动态地去修改它们,例如当单击命令按钮时,修改某文本框内显示的内容。此时需要使用如下语句格式引用对象的属性:

[<窗体名.>]<对象名>.属性名

说明:

(1) 可以省略窗体名,如果省略了窗体名,则表示引用本类模块当前窗体中的控件;

(2) 如果需引用当前窗体,可以使用 me 或者 form,例如 me.caption 即当前窗体的标题属性;

(3) 在属性窗口中显示的属性名一般是汉字,但在 VBA 中属性名需要使用英文,不能使用汉字。

如果需要对某一对象进行多个属性的设置,使用多行赋值语句过于麻烦,而且不利于差错控制,此时可采用统一设置的方式进行操作,其格式如下:

```
With <对象引用>
    .属性名 1=属性值 1
    .属性名 2=属性值 2
    ...
End with
```

【例 8-9】　创建一个窗体,添加一个命令按钮 cmd1,设置该窗体"弹出方式"为"是",使用 VBA 实现以下操作要求:当双击该窗体的主体时,将窗体标题修改为"hello!"。

操作步骤如下:

(1) 创建一个窗体,采用默认主题。

(2) 打开 VBE,在该窗体同名的类模块上双击打开代码设置对话框,输入如下内容:

```
Private Sub 主体_DblClick(Cancel As Integer)
    Me.Caption="hello!"
  With me.cmd1
    .width=2500
    .caption="退出"
  End with
    Me.Refresh
End Sub
```

(3) 返回数据库窗口,切换到窗体视图,在窗体上双击,查看运行效果。

8.4.3　窗体对象的重要属性

在 VBA 中引用窗体对象的属性,需要使用英文属性名,本节将列出窗体和窗体控件常用属性的英文名称及作用。

(1) name 窗体及窗体对象的名称,是对象引用的唯一标识符,任何对象都是以 name 来完成引用的。

(2) caption 窗体及部分对象的标题,这些对象包括命令按钮、标签等。

（3）enabled 对象是否可用，如果对象是按钮类，则表示按钮是否可以触发 click 事件，如果对象是编辑类控件，则表示该类控件是否可以获得焦点，该属性为 boolean 型，有 True 和 False 两个值。

（4）visible 对象是否可见，同样为 boolean 型，有 True 和 False 两个值。

（5）fontbold、fontsize、fontname 等分别对应着字体是否为粗体、字体大小、字体名称等。

（6）backcolor 和 forecolor 窗体主体或者窗体控件的背景色和文本颜色，为这两个属性赋值有 3 种格式：

① 使用 VBRed、VBGreen、VBBlue 等，例如，cmd1. forecolor＝VbRed 表示按钮 cmd1 的字体颜色为红色。

② 使用三原色函数 RGB(X,Y,Z)，其中 X、Y、Z 的取值范围均为(0～255)，代表 3 种原色 red、green 和 blue 的浓重程度，例如，me. 主体. backcolor＝RGB(255,255,0)表示设置窗体主体的背景色为黄色。

③ 不写 RGB 函数，直接给出颜色的长整型值，一般不采用这种方法。

（7）width 和 height 窗体或者控件的宽度和高度，其单位默认为"缇"，每个缇为 1/20 磅或者 1/1440 英寸。

（8）left 和 top 窗体中控件距主体左和上边沿的距离，其单位同样为"缇"。

（9）value 值属性，对于不同的控件，值的含义也不尽相同，例如，文本框的 value 属性决定了文本框中显示或输入的内容，而命令组的值表示第几个选项被选中。在窗体的设计视图中使用控件名来引用各种控件，但本质上引用的是控件的 value 属性。

例如，在窗体上设置两个文本框 txt1 和 txt2，在 txt2 的控件来源中输入"＝txt1＋100"，可以在 txt2 中显示 txt1 中输入内容加上 100 后的值，该语句在 VBA 中被写为"txt2. value＝txt1. value＋100"。

8.4.4　窗体编程示例

示例 1：抽奖窗体的设计与实现。

要求：设计一个窗体，实现抽奖功能，根据用户输入的参与抽签人数，随机抽出一个两位数的号码。

操作步骤如下：

（1）创建一个窗体，该窗体包括两个文本框，分别命名为 txtrs 和 txthm，添加两个命令按钮，分别命名为 cmd1 和 cmd2，标题分别为"开始"和"结束"，添加一个标签，其标题为"抽奖"，运行外观效果如图 8-14 所示。

（2）打开 VBE，双击类模块中的"form_抽奖"，打开对应的代码编辑窗口，输入如下代码：

```
Private Sub Cmd1_Click()
    Me.TimerInterval=100                   '每隔100毫秒更新1次
End Sub
Private Sub Cmd2_Click()
```

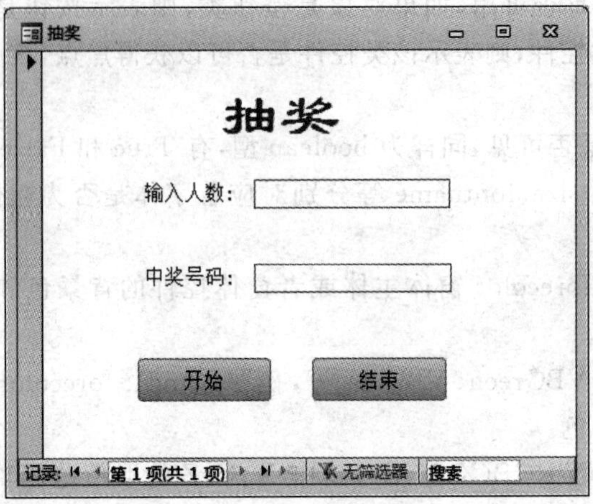

图 8-14　抽奖窗体外观

```
    Me.TimerInterval=0                         '停止更新
End Sub
Private Sub Form_Timer()
Me.txthm.Value=Int(Rnd() * Me.txtrs.Value)+1
                          '每次更新文本框 txthm 都有一个随机值
End Sub
```

（3）保存窗体，切换到窗体视图，可以看到图 8-14 所示的效果图。

如果读者不希望自己手动输入过程名，可以在窗体属性表中选择事件选项卡，在对应事件中打开 VBE，则过程名自动生成。

示例 2：计价器窗体的设计与实现，设计一个窗体实现计价功能，可以选择价格，输入数量，选择是否八折优惠。

操作步骤如下：

（1）创建一个窗体，该窗体包括两个文本框，分别命名为 txtsl 和 txtyf，其附加标签标题分别设置为"数量"和"应付"。

（2）添加 3 个命令按钮，分别命名为 cmdjs、cmdqc 和 cmdtc，标题为"计价""清除"和"退出"，添加一个组合框 cmbdj，自行输入值 100、300 和 500，附加标签标题修改为"单价"。

（3）添加一个复选框控件 chkdz，附加标签标题为"打折"，在属性表窗口中为复选框设置默认值为 false。

（4）右击 cmdjs 按钮，单击"代码生成器"命令，在弹出的对话框中选择"代码生成器"，打开 VBE 窗口，输入如下代码：

```
me.txtyf.value= me.txtsl.value* me.cmbdj.value            '计算应付
If  Me.Check10.Value  Then Me.Text2.Value=Me.Text2.Value *  0.8 '是否打折
Me.txtyf.enable= false                          '禁止结果修改
```

（5）打开 cmdqc 的代码编辑窗口，输入如下代码：

```
Me.txtyf.value= 0
```

```
Me.txtsl.value= 0               '将两个文本框的值改为 0
Me.cmbdj.value= 0               '价格组合框的值设为 0
Me.chkdz.value= false           '复选框设置为未选中状态
```

（6）打开 cmdtc 的代码编辑窗口，输入如下代码：

```
Docmd.Close
```

（7）保存并返回窗体设计界面，切换到窗体视图查看运行效果，其效果如图 8-15 所示。

图 8-15　计价器窗体的设计

8.5　VBA 的数据库编程

在前面介绍的内容中，编程所用的数据均为临时指定或者事先设定的值，下面要介绍的是使用 VBA 访问数据库，使用数据库为程序提供数据，这样可以更有效地管理数据，开发更实用的应用程序。

8.5.1　引例

当数据库的管理者需要对数据库中的数据进行统一的查找、修改、添加、删除操作时，可以通过编写 SQL 命令来实现，但是数据库系统的最终用户可能不掌握 SQL 语言，或者没有时间去编写 SQL 命令，此时需要系统开发者在程序中提供处理数据库的功能。

8.5.2　数据库引擎及其接口

所谓数据库引擎，实际上是一组动态链接库（DLL），当程序运行时，数据库引擎连接到 VBA 程序，从而实现对数据库的访问。数据库引擎是应用程序与数据库之间的桥梁，利用数据库引擎用户可以用统一的方式访问不同的数据库。

在 VBA 中，主要有 3 种数据库访问接口，分别是开放数据库互联应用编程接口

ODBC API（Open DataBase Connectivity API）、数据访问对象 DAO（Data Access Objects）和 ActiveX 数据对象 ADO（ActiveX Data Objects）。

1. ODBC API

ODBC 是微软为 Windows 提供的数据库驱动程序，可以用在每一种数据库上，但是直接使用 ODBC API 需要大量的 VBA 函数的原型声明，并且编程比较烦琐，因此在实际编程中很少直接进行 ODBC API 的访问。

2. DAO

DAO 提供了一个访问数据库的对象模型，模型中定义了一系列的数据访问对象，通过这些对象可以实现对数据库的各种操作。

3. ADO

ADO 是一个基于组件的数据库编程接口，可以和多种编程语言结合使用，例如，VB、VC++ 等，因此比较方便。使用该接口可以方便地和任何符合 ODBC 标准的数据库连接。

8.5.3 数据库访问对象 DAO

1. DAO 模型结构

DAO 是一个分层设计的结构，其中数据引擎对象 DBEngine 处于底层，用户在使用时，通过设置属于不同层次的对象变量，并通过对象变量来调用访问对象、设置访问对象的属性，以实现对数据库的各项访问操作。图 8-16 所示为 DAO 的分层结构模型。

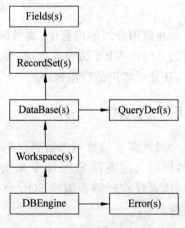

图 8-16　DAO 模型的层次结构

各层对象的含义如下：

（1）DBEngine 对象——数据库引擎，是 DAO 模型最底层的对象，包含并控制 DAO 模型中的其他全部对象。

（2）Workspace(s)对象——工作区。

（3）DataBase(s)对象——操作的数据库对象。

（4）RecordSet（s）对象——数据操作返回的记录集。

（5）Field(s)对象——记录集中的字段信息。

（6）QueryDef(s)对象——数据库的查询信息。

（7）Error(s)对象——出错处理。

2. 设置 DAO 库的引用

在 Access 的模块中要使用 DAO 访问数据库的对象,先要增加一个对 DAO 库的引用,操作方法如下:

(1) 进入 VBE 环境。

(2) 选择"工具"菜单中的"引用"命令,打开"引用"对话框,如图 8-17 所示。

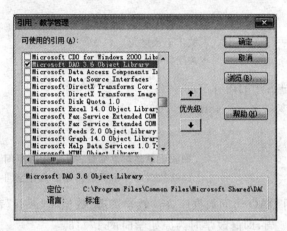

图 8-17　DAO 对象库引用对话框

(3) 在该对话框中,从"可使用的引用"列表框中选中 Microsoft DAO 3.6 Object Library 复选框,单击"确定"按钮。

3. 使用 DAO 访问数据库

无论何种数据库,使用 DAO 访问过程都是一样的,通常有下面几个过程:

1) 定义对象变量

格式: Dim 变量名 As DAO 对象名

例如:

```
Dim ws As Workspace            '定义工作区对象变量 ws
Dim db As DataBase             '定义数据库对象变量 db
Dim rs As RecordSet            '定义记录集对象变量 rs
```

2) 通过 Set 语句设置各对象变量的值

格式: Set 对象变量名 ＝ 常量或已赋值的变量

例如:

```
Set ws=DBengine.Workspace(0)                    '打开默认工作区
Set db=ws.OpenDataBase(数据库文件名)             '打开数据库文件
Set rs=db.OpenRecordSet(表名、查询名或 SQL 语句)  '打开记录集
```

3) 通过对象的方法和属性进行操作

通常使用循环结构处理记录集中的每一条记录。

```
Do  While  Not  rs.EOF          '对记录集逐行进行相同处理,直到末尾
...
    rs.MoveNext                 '记录指针移到下一条记录
Loop
```

4) 关闭对象

格式：对象变量名.Close

例如：

```
rs.Close                    '关闭记录集
db.Close                    '关闭数据库
```

5) 回收对象变量占用的内存空间

格式：Set 对象变量名 = Nothing

例如：

```
Set rs=Nothing              '回收记录集对象变量占用的内存空间
Set db=Nothing              '回收数据库对象变量占用的内存空间
```

【例 8-10】　使用 DAO 访问数据库,将"教学管理"数据库"课程"表中每门课程的"学时"从 16 周调整为 17 周,即修改学时为原始学时的 17/16。

操作步骤如下：

(1) 在 Access 中建立一个标准模块。

(2) 设置 DAO 库的引用。

(3) 在模块中建立如下过程：

```
Sub setclasshours()
    Rem 定义对象变量
    Dim  ws  As  DAO.Workspace
    Dim  db  As  DAO.Database
    Dim  rs  As  DAO.Recordset
    Dim  bb  As  DAO.Field                              '定义字段对象变量 bb
       Rem 设置对象变量的值
    Set  ws=Dbengine.WorkSpace(0)                       '0 号工作区
    Set  db=ws.OpenDatabase("D:\教学管理.accdb")         '打开 d 盘上的数据库
    Set  rs=db.OpenRecordSet("课程")                    '生成"课程"表记录集
    Set  bb=rs.Fields("学时")                           '设置"学时"字段的引用
       Rem 处理每条记录
    Do  While  Not  rs.EOF
          rs.Edit                                      '设置为可编辑状态
bb= bb * 17/16                                          '修改学时为原始学时的 17/16
    rs.Update                                           '更新记录集,使修改生效
    rs.MoveNext                                         '记录指针下移到记录集下一条
    Loop
       Rem 关闭并回收对象变量
```

```
        rs.Close
        db.Close
        Set rs=Nothing
        Set db=Nothing
End sub
```

（4）运行完毕,回到数据库窗口,打开程序中修改的表,检查修改效果。

8.5.4　ActiveX 数据对象 ADO

1. ADO 的模型结构

ADO 的模型结构如图 8-18 所示,各对象的含义如下:

（1）Error(s)对象——出错处理。

（2）Connection 对象——指定可连接的数据源。

（3）Command 对象——一个命令。

（4）RecordSet(s)对象——数据操作返回的记录集。

（5）Field(s)对象——表记录集中的字段信息。

2. 设置 ADO 库的引用

和 DAO 一样,在使用 ADO 访问数据库之前,也要设置 ADO 库的引用。如图 8-19 所示,在"可使用的引用"列表框中选择 Microsoft ActiveX Data Objects 2.5 Library 复选框,单击"确定"按钮,此处 ADO 有多个版本,其实各版本差别不大,任意选择一个均可。

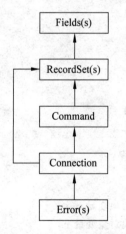

图 8-18　ADO 模型的结构

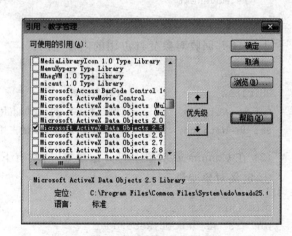

图 8-19　设置 ADO 引用

3. 使用 ADO 访问数据库的方法

使用 ADO 访问数据库的步骤与 DAO 类似,也是在程序中先创建对象变量,然后通过对象变量的方法和属性实现对数据库的操作。

使用 ADO 时,不要求为每个对象都创建变量,可以只为部分对象创建变量,可以是 Connection 对象、RecordSet(s)对象和 Field(s)对象的组合,也可以是 Command 对象、RecordSet 对象和 Field 对象的组合,这两种组合分别被称为在 Connection 对象上打开记录集和在 Command 对象上打开记录集,下面介绍在 connection 对象上打开记录集的过程。

(1) 在 Connection 对象上打开记录集,其一般过程如下:

① 定义对象变量。

格式:Dim 变量名 As New 对象名

例如:

```
Dim  conn  AS  New  ADODB.Connection          '定义连接对象变量 conn
Dim  rs  AS  New  ADODB.RecordSet             '定义记录集对象变量 rs
Dim  fieldname  AS  New  ADODB.Field          '定义字段对象变量
```

② 打开对象。

```
Conn.Open…                                    '打开一个连接
rs.Open…                                      '打开一个记录集
Set fieldname =…                              '设置字段引用 feildname
```

③ 通过对象的方法和属性进行操作。

通常使用循环结构处理记录集中的每一条记录。

```
Do  While  Not  rs.EOF
    …
    rs.MoveNext
Loop
```

④ 关闭并回收对象变量占用的内存空间。

```
rs.Close          '关闭记录集
db.Close          '关闭数据库
Set rs=Nothing    '回收记录集对象变量占用的内存空间
Set db=Nothing    '回收数据库对象变量占用的内存空间
```

(2) 在 Command 对象上打开记录集,通常有下面几个过程:

① 定义对象变量。

```
Dim  conn  AS  ADODB.Connection               '定义命令对象变量 conn
Dim  rs  AS  ADODB.RecordSet                  '定义记录集对象变量 rs
Dim  feildname  AS  ADODB.Field               '定义字段对象变量 feildname
```

② 设置命令对象的活动连接、命令类型、查询等属性。

```
With  conm
    .ActiveConnection=<连接串>
    .CommandType=<命令类型参数>
```

```
      .CommandText=<查询串>
End With
rs.Open conm, <其他参数>                          ' 设置 rs 的 ActiveConnection 属性
```

③ 通过对象的方法和属性进行操作。

通常使用循环结构处理记录集中的每一条记录。

```
Do  While  Not  rs.EOF
...
      rs.MoveNext
Loop
```

④ 关闭并回收对象变量占用的内存空间。

```
rs.Close                                         ' 关闭记录集
Set rs=Nothing                                   ' 回收记录集对象变量占用的内存空间
```

【例 8-11】 使用 ADO 访问数据库，完成与例 8-10 相同的操作。

操作步骤如下：

(1) 在 Access 中建立一个标准模块。

(2) 设置 ADO 库的引用。

(3) 在模块中建立如下过程：

```
Sub  sub1()                                      ' 定义对象变量
Dim conn As New ADODB.Connection                 ' 定义连接对象变量 conn
Dim rs As New ADODB.Recordset                    ' 定义记录集对象变量 rs
Dim ll As ADODB.Field                            ' 定义字段对象变量 ll
Dim mywork As String                             ' 定义查询字符串
Set conn=CurrentProject.Connection               ' 设置本地数据库的连接
mywork="Select 学时 from 课程"                    ' 设置查询表
      rs.Open mywork, connn, adOpenDynamic, adLockOptimistic    ' 打开记录集
Set ll=rs.Fields("学时")                          ' 设置学时字段的引用
      Do While Not rs.EOF
ll=ll * 17/16                                    ' 修改学时
rs.Update                                        ' 更新记录集,使更新生效
rs.MoveNext                                      ' 记录指针下移
      Loop
          '关闭并回收对象变量
      rs.Close
      conn.Close
      Set rs=Nothing
      Set conn=Nothing
End Sub
```

8.6　本章小结

本章介绍的是 Access 2010 数据库内嵌的编程工具 VBA。首先介绍了 VBA 的编辑环境 VBE,然后介绍了 VBA 程序的组织形式,接下来介绍了 VBA 编程的基础知识,包括语句、数据类型、常量和变量、运算符和表达式以及标准函数;在介绍 VBA 基础知识的基础上,陈述了 VBA 程序的流程控制、子过程和过程函数的使用;最后通过实例介绍了 VBA 操作窗体和数据库编程的一般方法。

参 考 文 献

[1] 王珊,张俊. 数据库系统概论. 5 版. 北京：高等教育出版社,2015.

[2] 董延华. Access 2010 数据库应用教程. 北京：人民邮电出版社,2013.

[3] 叶恺,张思卿. Access 2010 数据库案例教程. 北京：化学工业出版社,2012.

[4] (美)西尔伯沙茨,等. 数据库系统概念(原书第 6 版). 北京：机械工业出版社,2012.

[5] 孟强,陈林琳. 中文版 Access 2010 数据库应用实用教程. 北京：清华大学出版社,2013.

[6] 张强,杨玉明. Access 2010 中文版实例教程. 北京：电子工业出版社,2011.

[7] 卢湘鸿,李湛. Access 2010 数据库应用教程. 北京：清华大学出版社,2013.

[8] 赖利君,曹丽娜,侯健群. Access 2010 数据库基础与应用. 北京：人民邮电出版社,2013.

[9] 刘卫国. Access 2010 数据库应用技术. 北京：人民邮电出版社,2013.

[10] 何立群,丁伟. 数据库技术应用教程(Access 2010). 北京：高等教育出版社,2014.

[11] 谷岩,刘敏华. 数据库技术及应用—Access 2010.2 版. 北京：高等教育出版社,2014.

[12] 陈洁. Access 数据库与程序设计.2 版. 北京：清华大学出版社,2013.

[13] 李湛. Access 2010 数据库应用教程. 北京：清华大学出版社,2013.

[14] 教育部考试中心. 全国计算机等级考试二级教程 Access 数据库程序设计. 2013 版. 北京：高等教育出版社,2013.

[15] 高雅娟. Access 2010 数据库实例教程. 北京：北京交通大学出版社,2013.

[16] 山东省地方税务局. 税务信息化基础及应用. 北京：中国税务出版社,2012.